高等职业教育电子信息工程系列精品教材

单片机技术及应用

Microcontroller Technology and Application

主编◎胡迎九　张桂红

同济大学出版社
TONGJI UNIVERSITY PRESS
·上海·

内 容 提 要

本书以项目为载体，依据典型工作任务需求组织技术要素和知识要点，构建了基于工作过程的项目化教学体系，开发了项目驱动、任务引领的教学内容。全书以89C51单片机的应用为对象，循序渐进地引导学生掌握单片机原理、接口、通信、寄存器、A/D技术、应用开发技术等。内容设计理论与实践相结合，注重过程，知识点覆盖全面，相关章节都融入相应的课程思政元素，有意识地培养学生爱岗敬业和精益求精的"工匠"精神。书中所有的代码都有硬件支持，并免费提供源代码、电路图及教师授课课件、配套视频等资源下载。

本书适合单片机初学者使用，可以作为职业院校、技师院校、本科院校电子信息类相关专业的单片机教材使用，也可以供有关技术培训及工程技术人员自学参考使用。

图书在版编目(CIP)数据

单片机技术及应用 / 胡迎九，张桂红主编. --上海：同济大学出版社，2023.8

ISBN 978-7-5765-0764-5

Ⅰ.①单… Ⅱ.①胡… ②张… Ⅲ.①单片微型计算机 Ⅳ.①TP368.1

中国国家版本馆CIP数据核字(2023)第017946号

高等职业教育电子信息工程系列精品教材

单片机技术及应用

主编 胡迎九 张桂红 **副主编** 何晓鸿 赵 新 鲜麟波

责任编辑 陈佳蔚 **责任校对** 徐逢乔 **封面设计** 渲彩轩

出版发行 同济大学出版社 www.tongjipress.com.cn
(地址：上海市四平路1239号 邮编：200092 电话：021-65985622)
经 销 全国各地新华书店
排 版 南京月叶图文制作有限公司
印 刷 常熟市大宏印刷有限公司
开 本 787mm×1092mm 1/16
印 张 18.5
字 数 462 000
版 次 2023年8月第1版
印 次 2023年8月第1次印刷
书 号 ISBN 978-7-5765-0764-5

定 价 59.00元

前　言

单片机课程作为计算机、通信、电子、自动化等专业的一门重要的专业课程，实践性较强，能够综合培养学生解决实际工程问题的能力。为了全面地阐述单片机应用的理论及系统开发设计的技巧，我们精心组织了多年从事单片机应用技术教学的一线教师和单片机应用开发的实战工程师，根据多年的教学及实践经验，一同编写了本教材。

本书以项目为载体，依据典型工作任务需求组织技术要素和知识要点，构建了基于工作过程的项目化教学体系，开发了项目驱动、任务引领的教学内容。以89C51单片机的应用为对象，循序渐进地引导学生掌握单片机原理、接口、通信、寄存器、A/D技术、应用开发技术等。内容设计理论与实践相结合，注重过程，知识点覆盖全面，相关章节都融入相应的课程思政元素，有意识地培养学生爱岗敬业和精益求精的“工匠”精神。

全书共9个项目，每个项目又分为2～3个任务，建议采用“理实一体化”模式进行教学。

项目一主要围绕51单片机的基本结构及工作原理进行讲解，重点讲述51单片机内部资源的应用，并通过汇编语言的讲解和应用帮助读者加强对单片机硬件结构的理解。项目二主要介绍了一些常用外部模块的使用、C51的基本语法和结构化编程思路。项目三—项目六主要介绍了定时器及中断系统、串口通信技术等，构建单片机综合应用系统的设计思路。项目七—项目九主要基于增强型51单片机STC12C5A60S2的实用型案例分析，涉及AD转换、PWM调制、IIC通信协议等技术，应用了数字温度传感器18B20、EEPROM存储器2402等电路模块。

本书采用校企合作与产教融合的方式组建编写队伍，书中所有项目由校、企联合开发，具有较强的实用性。本书由武汉交通职业学院胡迎九、张桂红任主编，武汉交通职业学院何晓鸿、赵新，武汉需要智能技术有限公司鲜麟波任副主编。其中，项目一由何晓鸿编写，项目二由张琴编写，项目三由胡迎九编写，项目四由商林编写，项目五、项目六由张钦彦编写，项目七由鲜麟波编写，项目八由赵新编写，项目九以及附录由张桂红编写。武汉凌特电子技术有限公司沈瑞华参与了实训项目的开发。

本书内容丰富、深入浅出，项目后附有习题，十分适合应用型计算机专业、通信专业、电子信息专业、机电一体化及其他相关专业的读者学习，同时也是从事单片机应用开发技术人员的参考书。

本书配套的源代码、电路图及教师授课课件、配套视频等资源可扫二维码获取。

本书在编写过程中得到了许多同行和专家的支持，并提出了很多宝贵的意见，在此一并表示感谢。

限于编者水平，书中若有疏漏和不妥之处，恳请读者批评指正。

编　者

2023 年 6 月

目　录

项目一

流水灯花样控制

知识目标

- 了解 MCS-51 单片机的结构。
- 掌握内部数据存储器的分配。
- 掌握单片机的基本概念。
- 掌握 MCS-51 单片机的外部引脚功能及其应用。
- 掌握单片机最小应用系统。
- 掌握 51 单片机的寻址方式和指令系统。

技能目标

- 能利用 89C51 单片机制作一个简单的实用电路。
- 能对工作任务进行分析,找出相应算法,绘制流程图。
- 能根据流程图编写程序。
- 会使用 Keil51 集成开发环境,观察和修改存储器。
- 会仿真、下载和调试汇编语言程序。

思政目标

- 坚定信念,勇于探索,培养创新意识。
- 掌握原理,打牢基础,争当技术能手。

课程思政点

●从单片机可以应用于多种不同的控制场景的角度,引导学生坚定信念,勇于探索,培养创新意识。

●从只有掌握了单片机工作的原理和运行机制,才能得心应手地应用于不同系统的角度,引导学生积极学习单片机的工作原理、打牢基础,争当技术能手。

单片机实质上是一个芯片,它包含了微型计算机应具备的基本部件,因此它也是一个结构完整的微型计算机。它具有结构简单、控制功能强、可靠性高、体积小、价格低等特点。单片机技术作为计算机技术的一个重要分支,广泛应用于工业控制、智能化仪器仪表、家用电器、电子玩具等各个领域。

本书以目前使用最广泛的 MCS-51 系列 8 位单片机为研究对象，介绍单片机的硬件结构、工作原理及应用系统设计。现从 51 单片机最小系统控制一个 LED 灯的亮灭开始，开启单片机的学习探索之旅。

任务 1.1 点亮一个 LED

任务描述：用单片机控制一个 LED 灯的闪烁。要求 LED 灯能间隔亮灭，即亮 1s，灭 1s，实现闪烁控制。

1.1.1 单片机介绍

1. 什么是单片机

单片机是微型机的一个主要分支，是指把一个计算机系统集成到一个芯片上。它在结构上的最大特点就是把中央处理器(CPU)、存储器、定时器/计数器和多种输入/输出接口电路集成在一块超大规模集成电路芯片上。就其组成和功能而言，一块单片机芯片就是一台计算机。由于它的结构与指令都是按照工业控制要求所设计的，故又称微控制器(Micro-Controller Unit，简称 MCU)。

2. 单片机系统

按照单片机要求在外部配置单片机运行所需要的时钟电路、复位电路等，构成了单片机的最小系统。在实际应用中常常将它完全融入单片机应用系统中。

单片机应用系统是以单片机为核心，结合单片机的技术要求和嵌入对象对单片机的资源要求，配置外围接口电路和控制程序，实现具体功能的实用系统。单片机应用系统由硬件和控制程序两部分组成，二者相互依赖，缺一不可。硬件是应用系统的基础，控制程序是在硬件的基础上，对其资源进行合理调配和使用，控制其按照一定顺序完成各种时序、运算或动作，从而实现应用系统所要求的任务。单片机应用系统设计人员必须从硬件结构和控制程序设计两个角度深入了解单片机，将二者有机地结合起来，才能开发出具有特定功能的单片机应用系统。

3. MCS-51 单片机

MCS-51 是由美国英特尔公司生产的一系列单片机的总称，这一系列单片机包括了很多品种，如 8031，8051，8751，8032，8052，8752 等。英特尔公司生产出 MCS-51 单片机以后，于 20 世纪 90 年代将 MCS-51 核心技术授权给了其他半导体器件公司，包括 Philip、Atmel、Winbond、SST、Siemens、Temic、OKI、Dalas、AMD 等。这些公司生产的单片机普遍使用 MCS-51 内核，并在 8051 这个基本型单片机基础上增加了资源和功能改进，使其速度越来越快，功能越来越强大，片上资源越来越丰富，即所谓的“增强型 51

单片机”。89C51 是 MCS-51 单片机的典型芯片。

目前,单片机正朝着低功耗、高性能、多品种方向发展,近年来,32 位单片机已进入了实用阶段。但是由于 8 位单片机在性能价格比上占有优势,且 8 位增强型单片机在速度和功能上可以挑战 16 位单片机,因此 8 位单片机仍被广泛应用。

同时随着集成电路技术的发展,51 单片机的集成度越来越高,除了基本 51 单片机的基本模块之外,有的还集成了 A/D 转换模块、I^2C 接口、SPI 接口、PWM 输出、看门狗、在系统可编程(In System Programming,简称 ISP)接口等功能模块。例如,后续项目中使用的 STC12C5A60S2 单片机就包含了 A/D 转换模块、PWM 输出等模块。

1.1.2　MCS-51 单片机的基本组成及信号引脚

1. MCS-51 单片机的内部结构

单片机的结构有两种类型,一种是程序存储器和数据存储器分开的形式,即哈佛(Harvard)结构,另一种是采用通用计算机广泛使用的程序存储器和数据存储器合二为一的结构,即普林斯顿(Princeton)结构。MCS-51 单片机采用的是哈佛结构。

MCS-51 单片机的功能模块如图 1-1-1 所示。在一块芯片上,集成了一台微型计算机的各个部分。MCS-51 单片机是由 8 位 CPU、存储器、并行 I/O 口、串行 I/O 口、定时器/计数器、中断系统、振荡器和时钟电路等部分组成,各部分之间通过总线相连。MCS-51单片机的内部结构,如图 1-1-2 所示。

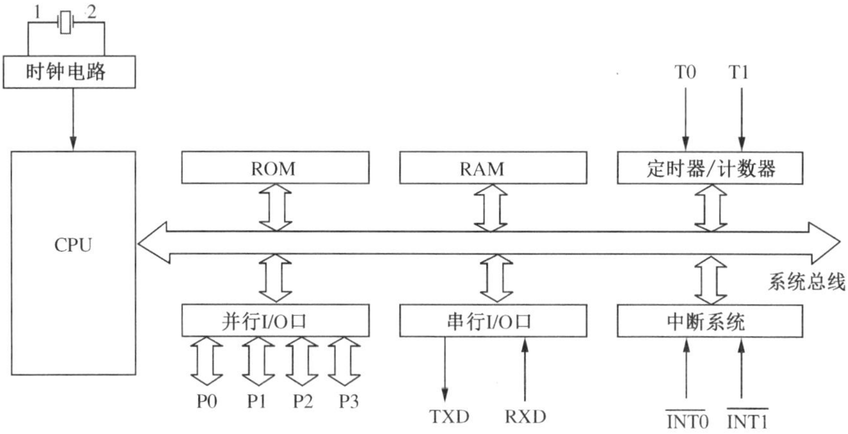

图 1-1-1　MCS-51 单片机的功能模块

(1) 中央处理器(CPU)

CPU 是单片机的核心,由运算器和控制器组成。运算器以 ALU 为核心,用来完成算术运算、逻辑运算和进行位操作(布尔处理)。控制器是 CPU 的大脑中枢,它在时钟信号的同步作用下对指令进行译码,使单片机系统的各部件按时序协调有序地工作。

(2) 片内 RAM

89C51 单片机的芯片内部共有 256 个字节的 RAM,高 128 个单元只有一部分被特殊功能寄存器(SFR)占用,其余单元用户不能使用。这些特殊功能寄存器,其功能已有专门规定,用户不得随意赋值。只有低 128 单元可以作为随机存取单元供用户使用,这些单元主要用于存放随机存取的数据及运算结果。通常所说的片内 RAM 就是指低 128 单元。

(3) 片内 ROM

89C51 单片机内部有 4 KB 掩膜 ROM,主要用于存放程序、原始数据和表格内容,称为程序存储器,也称为片内 ROM。

(4) 定时器/计数器

89C51 单片机内部有 2 个 16 位的定时器/计数器,以实现定时或计数功能,并以其定时或计数的结果对系统进行控制。

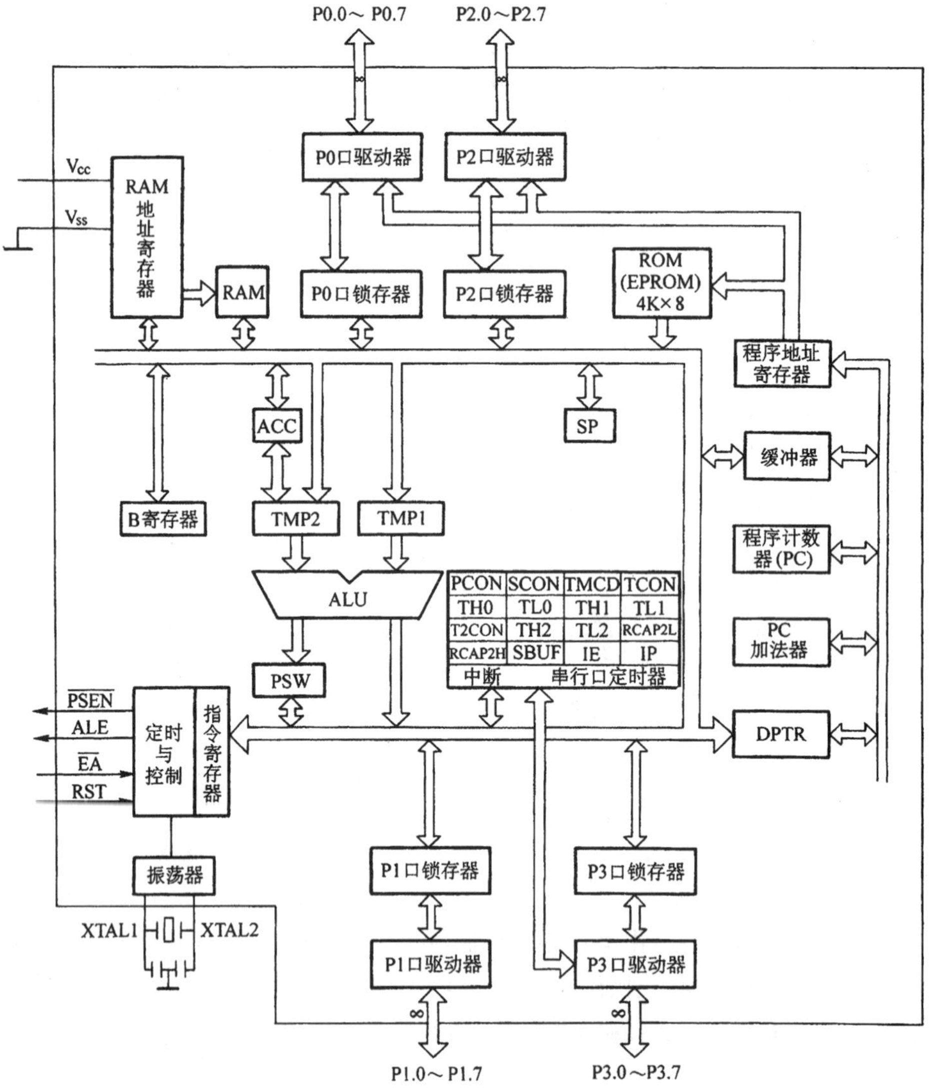

图 1-1-2 MCS-51 单片机的内部结构

（5）并行 I/O 口

MCS-51 单片机内部有 4 个 8 位并行 I/O 口，即 P0、P1、P2、P3 口。这些端口可以用作一般的输入或输出。通常 P0 口作为 8 位数据总线/低 8 位地址总线复用口，P2 口常用作高 8 位地址总线，而 P3 口的各个管脚多以第二功能输入或输出的形式出现。因此，一般情况下，只有 P1 口的 8 个管脚作为通用的 I/O 口。

（6）串行口

MCS-51 单片机有一个全双工的串行口，用以实现单片机和其他设备之间的串行数据传送。该串行口功能较强，既可以作为全双工异步通信收发器使用，也可以作为同步移位寄存器使用。

（7）中断控制系统

MCS-51 单片机共有 5 个中断源，即 2 个外部中断源、2 个定时器/计数器中断源和 1 个串行中断源。全部中断源可设为 2 个高低 2 个优先级，用来满足控制应用的需要。

（8）时钟电路

MCS-51 单片机内部有时钟电路，但石英晶体和微调电容需外接。时钟电路为单片机产生时钟脉冲序列。系统允许的最高晶振频率为 12 MHz。

2. MCS-51 单片机的管脚功能

89C51 单片机采用 DIP40 封装，图 1-1-3 为采用双列直插式封装的 MCS-51 单片机的管脚。

各管脚功能说明如下。

（1）电源管脚

V_{CC}（40 脚）：接+5V；V_{SS}（20 脚）：接地。

（2）时钟信号管脚

XTAL1（19 脚）和 XTAL2（18 脚）：它们的内部是一个振荡电路。当使用内部振荡电路时，在这两个管脚上外接石英晶体和微调电容；当使用外部时钟时，接外部时钟脉冲信号。

（3）控制线

RST/VPD（9 脚）：RST 为复位信号输入端。当 RST 端保持两个机器周期（24 个时钟周期）的高电平时，可对单片机实现复位操作。该管脚的第二功能 VPD 是作为内部备用电源的输入端。当 V_{CC} 处于掉电情况下，可通过 VPD 为单片机内部 RAM 提供电源，保持信息不丢失。

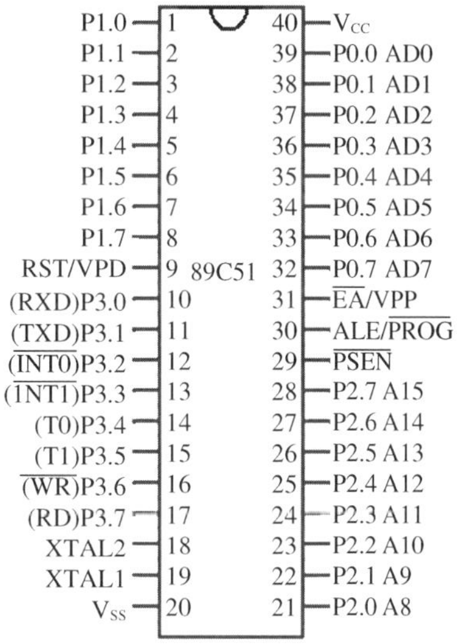

图 1-1-3　MCS-51 单片机的管脚

ALE/$\overline{PROG}$（30 脚）：ALE 为地址锁存允许输出信号。在访问外部存储器时，ALE 用来锁存 P0 扩展地址低 8 位的地址信号。在不访问外部存储器时，ALE 以时钟振荡频率 1/6 的固定频率输出。此时可以用它作为对外输出的时钟或定时脉冲。但要注意，每当访问外部数据存储器时，将跳过一个 ALE 脉冲，以 1/12 的振荡频率输出。ALE 能驱动 8 个 LSTTL 负载。该管脚的第二功能($\overline{\text{PROG}}$)是对 8751 单片机片内 EPROM 编程时编程脉冲输入端。

$\overline{\text{PSEN}}$(29 脚)：外部程序存储器读选通控制信号，低电平有效，以区别读外部数据存储器。在读取外部程序存储器指令时，每个机器周期产生两次 $\overline{\text{PSEN}}$ 有效信号。但执行片内程序存储器指令时，不产生 $\overline{\text{PSEN}}$ 信号。$\overline{\text{PSEN}}$ 信号同样能驱动 8 个 LSTTL 负载。

$\overline{\text{EA}}$/VPP(31 脚)：$\overline{\text{EA}}$ 为访问内部或外部程序存储器的选择信号。若使用 CPU 片内的程序存储器单元，$\overline{\text{EA}}$ 必须接高电平，当 PC 值小于 0FFFH 时，CPU 访问内部程序存储器；当 PC 值大于 0FFFH 且外部有扩充的程序存储器时，CPU 将自动转向执行外部程序存储器内的程序。若使用片内无 ROM/EPROM 的 CPU 时，$\overline{\text{EA}}$ 必须接地。CPU 全部访问外部程序存储器。当向内含 EPROM 的单片机(如 8751)固化程序时，通过该管脚的第二功能 VPP 外接 12～25 V 的编程电压。

(4) 输入/输出口线

P0 口(P0.0～P0.7，32～39 脚)：具有漏极开路型 8 位双向并行 I/O 口。在访问外部存储器时，P0 口作为低 8 位地址/数据总线复用口，通过分时操作，先传送低 8 位地址，利用 ALE 信号的下降沿将地址锁存，然后作为 8 位双向数据总线使用，用来传送 8 位数据。在对片内 EPROM 编程时，P0 口接收指令代码；而在内部程序验证时，则输出指令代码，并要求外接上拉电阻。外部不扩展而单片使用时，则作双向 I/O 口用，P0 口能以灌电流的方式驱动 8 个 LSTTL 负载。

P1 口(P1.0～P1.7，1～8 脚)：具有内部上拉电阻的 8 位准双向 I/O 口。在片内 EPROM 编程及效验时，它接收低 8 位地址。P1 口能驱动 4 个 LSTTL 负载。

P2 口(P2.0～P2.7，21～28 脚)：具有内部上拉电阻的 8 位准双向 I/O 口。外接存储器时，P2 口作为高 8 位地址总线。在对片内 EPROM 编程、效验时，它接收高 8 位地址。P2 口能驱动 4 个 LSTTL 负载。

P3 口(P3.0～P3.7，10～17 脚)：具有内部上拉电阻的 8 位准双向 I/O 口。每一位的特殊功能(或称第二功能)见表 1-1-1。

表 1-1-1　P3 口各位的第二功能

P3 口管脚	第二功能
P3.0	RXD(串行输入端)
P3.1	TXD (串行输出端)
P3.2	INT0(外部中断 0 输入端，低电平有效)
P3.3	INT1(外部中断 1 输入端，低电平有效)
P3.4	T0(定时器/计数器 0 外部事件计数输入端)
P3.5	T1(定时器/计数器 1 外部事件计数输入端)
P3.6	WR(外部数据存储器写选通信号，低电平有效)
P3.7	RD(外部数据存储器读选通信号，低电平有效)

1.1.3　单片机最小系统

单片机最小系统又称最小应用系统，是指由单片机能够实现运行的最少元件组成的工作系统。对于 MCS-51 单片机，最小系统除了单片机本身，一般还包括时钟电路和复位电路。MCS-51 单片机最小系统如图 1-1-4 所示。

单片机最小系统

1. 时钟电路

所有 MCS-51 单片机均有片内振荡器和时钟电路，并以此作为 CPU 的时钟源。这种时钟源是用来产生单片机工作所需要的时钟信号。振荡器和时钟电路一旦确定，CPU 的时钟频率也就确定了。CPU 的时序是指令执行中各控制信号在时间上的相互关系。单片机本身就如同一个复杂的同步时序电路，为了确保同步工作方式的实现，电路应在唯一的时钟信号控制下严格地按时序进行工作。

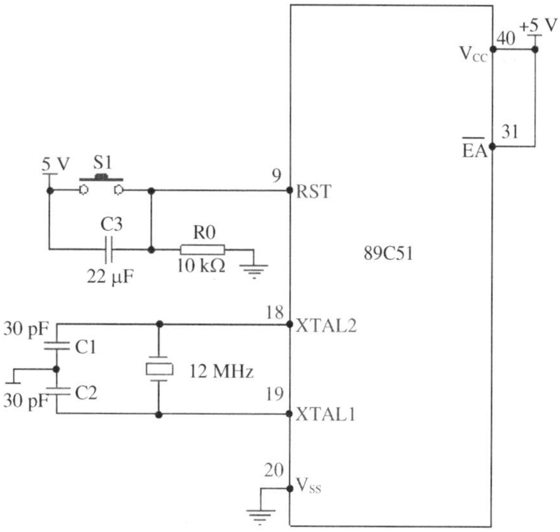

图 1-1-4　MCS-51 单片机最小系统

MCS-51 单片机内部有一个用于构成振荡器的高增益反相放大器，管脚 XTAL1 和 XTAL2 分别是反相放大器的输入端和输出端，由于这个放大器与作为反馈元件的片外晶体或陶瓷谐振器一起构成了一个自激振荡器，其振荡频率由片外晶体或陶瓷谐振器的频率决定，这种方式形成的时钟信号称为内部时钟方式，如图 1-1-5 所示。

电容 C1、C2 对频率有微调作用，其容量的选择通常为 30 pF±10 pF，振荡频率的选择范围为 1.2～12 MHz，一般常用 6 MHz 或 12 MHz。

在使用外部时钟时，89C51 单片机的 XTAL2 用来输入外部时钟信号，而 XTAL1 则接地，如图 1-1-6 所示。

时钟电路

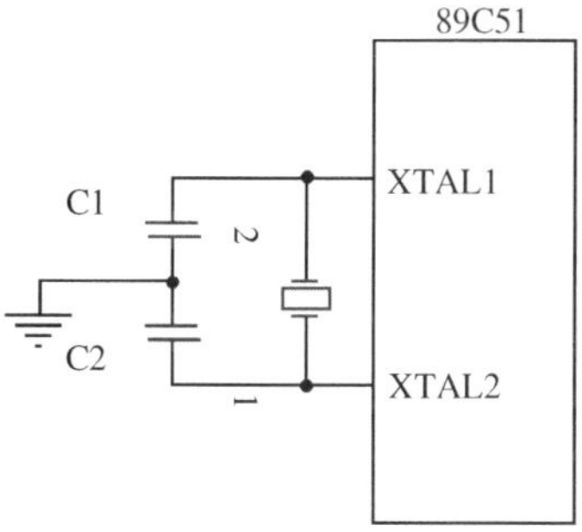

图 1-1-5　内部时钟方式

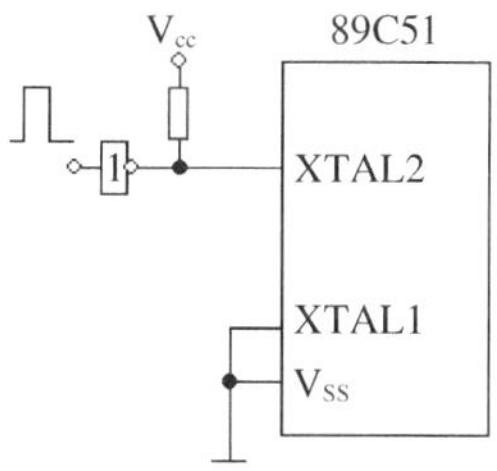

图 1-1-6　外部时钟方式

外部时钟方式常用于多块 89C51 同时工作，以便同步工作，对外部脉冲信号要求高低电平的持续时间大于 20 ns，一般为低于 12 MHz 的方波。

晶体振荡信号从 XTAL2 端输出到片内的时钟发生器上。外接晶体振荡信号如图 1-1-7 所示。

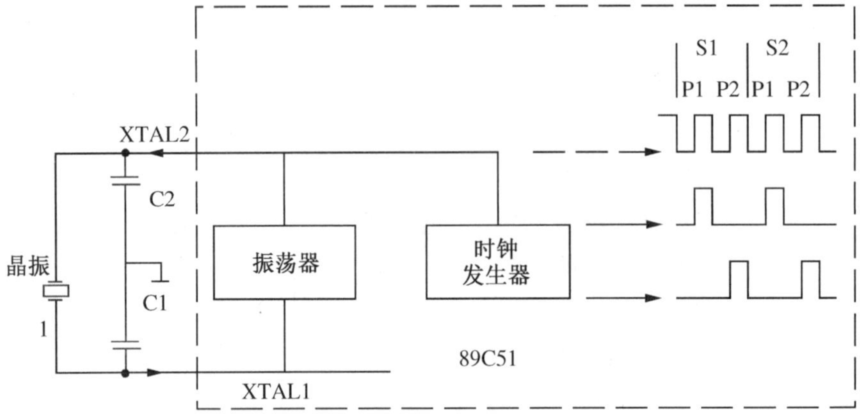

图 1-1-7　外接晶体振荡信号

时序

时钟发生器是一个二分频触发器电路，它将振荡器的信号频率（f_{osc}）除以 2，向 CPU 提供了两相时钟信号 P1 和 P2。时钟信号的周期称为机器状态时间 S，是振荡周期的 2 倍。在每个时钟周期（即机器状态时间 S）的前半周期，相位 1（P1）信号有效，在每个时钟周期的后半周期，相位 2（P2）信号有效。

每个时钟周期（状态 S）有两个节拍（相）P1 和 P2，CPU 就以两相时钟 P1 和 P2 为基本节拍指挥 89C51 单片机各个部件协调地工作。

单片机在执行指令时，一条指令经译码后产生若干个基本的微操作，这些微操作所对应的脉冲信号在时间上的先后次序称为单片机的时序。描述 MCS-51 单片机时序的有关单位有 4 个，分别是振荡周期、时钟周期、机器周期、指令周期。

（1）振荡周期 P

振荡周期又称拍，用 P 表示，是为单片机提供定时信号的振荡源的周期。若为内部产生方式，即为石英晶体的振荡周期。

（2）时钟周期 S

时钟周期又称状态周期，用 S 表示，是单片机中最基本的时间单位。在一个时钟周期内，CPU 完成一个最基本的动作。MCS-51 单片机的一个时钟周期为振荡周期的 2 倍。通常把一个状态的前后两个振荡脉冲用 P1、P2 来表示。

（3）机器周期

为了便于管理，常把与一条指令的执行过程划分为若干个阶段，每一个阶段完成一个基本的操作，例如取指令、存储器读、存储器写等。完成一个基本操作所需要的时间称为机器周期。MCS-51 单片机有固定的机器周期，规定一个机器周期有 6 个状态(12 个振荡脉冲)，分别用 S1～S6 表示。这样，一个机器周期的 12 个振荡周期就可以表示为 S1P1，S1P2，S2P1，S2P2，…，S6P2。

当单片机系统的振荡频率 f_{osc} 为 12 MHz 时，它的一个机器周期就等于 $12/f_{osc}$，也就是 1 μs。

(4) 指令周期

完成一条指令所需的时间称为指令周期。MCS-51 单片机的指令周期含 1～4 个机器周期，其中多数为单机器周期指令、双机器周期指令和四机器周期指令。而四机器周期指令只有乘法和除法。指令的运算速度和它的机器周期数直接相关，机器周期数较少，则执行速度较快。在编程时要注意选用具有同样功能而机器周期数较少的指令。

MCS-51 单片机各种周期的相互关系如图 1-1-8 所示。

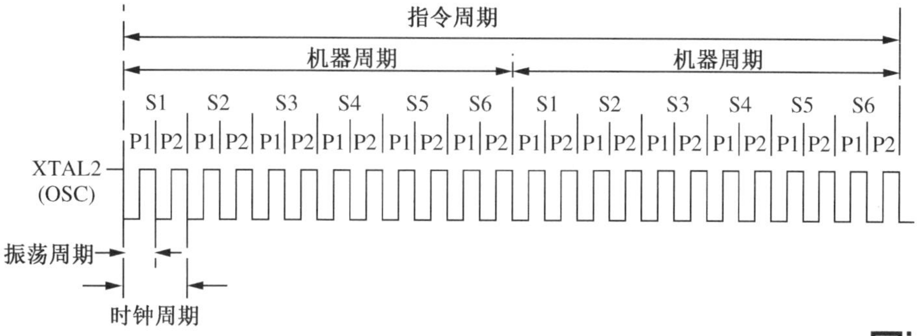

图 1-1-8　MCS-51 单片机各种周期的相互关系

复位电路

2. MCS-51 单片机的复位电路

任何单片机上电时必须复位。对于 MCS-51 单片机，只要在 RST 管脚出现 10 ms 以上时间的高电平，就实现复位状态。

(1) 复位信号和复位状态

89C51 复位结构如图 1-1-9 所示。复位信号 RST 通过片内一个施密特触发器与片内复位电路相连。施密特触发器用于脉冲整形及抑制噪声，其输出在每个机器周期的 S5P2 时被复位电路采样一次，如果输出一定宽度的正脉冲，89C51 便执行内部复位。

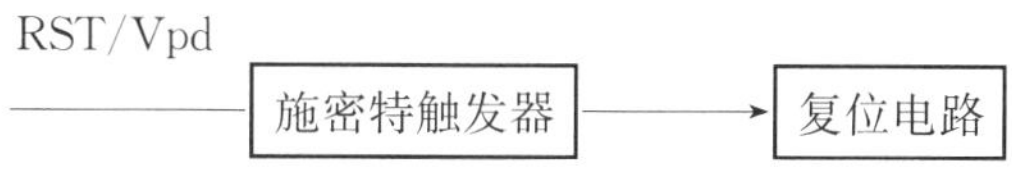

图 1-1-9　89C51 复位结构

89C51 单片机系统的复位管脚一般接成上电复位方式，系统上电后，单片机就复位，震荡器及时钟发生器也同时开始工作，CPU 的工作时序从此开始了。复位后各片内特殊功能寄存器状态见表 1-1-2。

表 1-1-2　复位后各片内特殊功能寄存器状态

寄存器	内容	寄存器	内容
PC	0000 H	TMOD	00H
A	00H	TCON	00H
B	00H	TH_0	00H
PSW	00H	TL_0	00H
SP	07H	TH_1	00H
DPTR	0000H	TL_1	00H
P0～P3	FFH	SCON	00H
IP	(XXX00000)B	SBUF	不变
IE	(0XX00000)B	PCON	(0XXXXXXX)B

复位后，PC 内容为 0000H，使单片机从起始地址 0000H 单元开始执行程序。所以当单片机运行出错或进入死循环时，可以按复位键重新启动。

单片机的复位，是靠外部电路复位。单片机的复位方式有上电复位和按键手动复位两种。复位电路中的电阻、电容数值的设置，是为了保证在 RST 管脚处至少保持两个机器周期(24 个振荡周期)的高电平而完成复位过程的，也就是在施密特触发器的输入端维持在最低阈值电压以上足够长时间，使施密特触发器产生一个正脉冲。

(2) 常用的复位电路

常用的两种复位电路是上电复位和按键手动复位。

上电复位电路如图 1-1-10 所示。上电瞬间，RST 端的电位与 V_{CC} 相同，随着充电电流的减小，RST 端的电位逐渐下降，只要在 RST 处有足够长时间的阈值以上的电压就能可靠复位。

按键手动复位电路如图 1-1-11 所示。该电路是由上电复位电路另加一个电阻和手动开关组成。实际上该电路是上电复位兼按键手动复位电路。当开关常开时，为上电复位；当常开按键闭合时，相当于 RST 端通过电阻与 V_{CC} 电源接通，提供足够宽度的阈值电压完成复位。

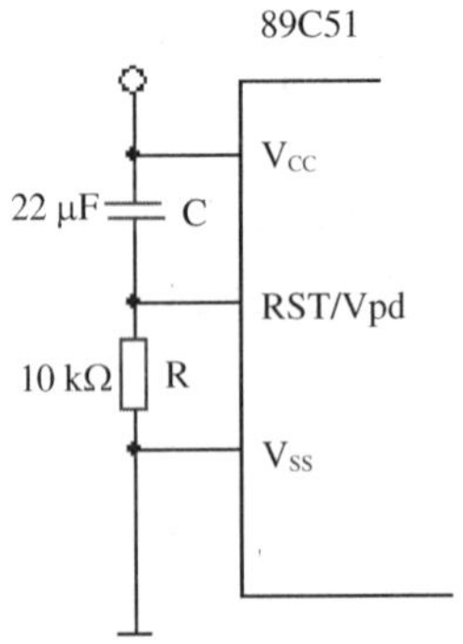

图 1-1-10　上电复位

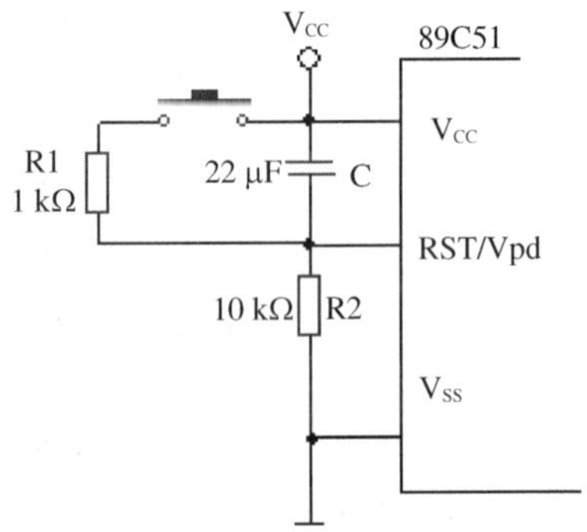

图 1-1-11　按键手动复位

1.1.4　任务实施

任务实施

1. 硬件电路

单片机控制发光二极管闪烁系统的硬件电路如图 1-1-12 所示，包括单片机、时钟电路、复位电路和一个发光二极管 VD1 的显示电路。这构成了一个单片机最简单的工作电路。其中，单片机选用 89C51 芯片；时钟电路由一个 12 MHz 的晶振和两个 30 pF 的瓷片电容 C1、C2 组成；复位电路由一个 22μF 电容 C3 和一个 10 kΩ 电阻 R1 组成。由于内部使用程序存储器，89C51 芯片的 $\overline{\text{EA}}$ 端接电源正端。选用驱动能力较强的 P1 口中的第一个端口 P1.0 控制一个发光二极管 VD1。当 P1.0 输出为"1"，即输出为高电平时，VD1 上无电流流过不发光。当 P1.0 输出为"0"，即输出为低电平时，流过 VD1 的电流为

$$I=\frac{V_{CC}-U_{LED}-V_{OL}}{R1}=\frac{5-2-0}{510}\approx 0.0058(\text{A})=5.8(\text{mA})$$

发光二极管 VD1 亮灭的控制方法：当 P1.0=1 时，VD1 灭；当 P1.0=0 时，VD1 亮。

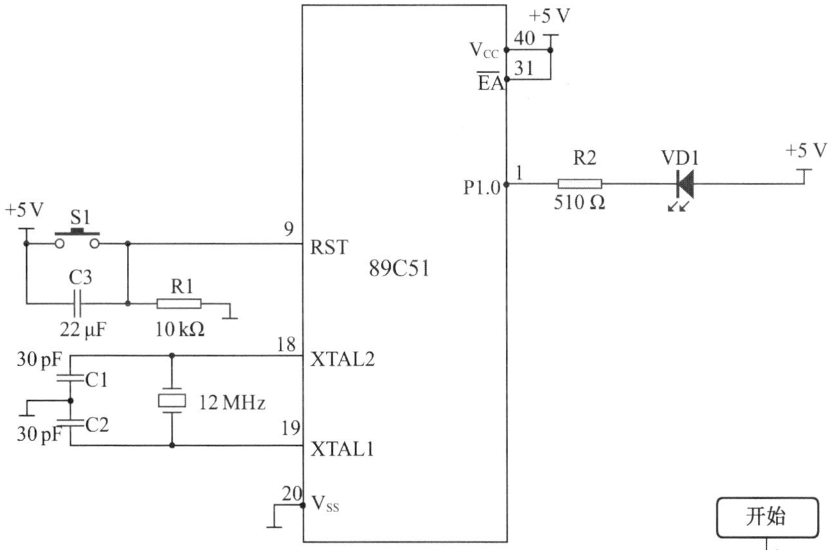

图 1-1-12　一个 LED 灯的闪烁控制电路

2. 程序设计

单片机控制系统与传统的模拟和数字控制系统的最大区别在于，单片机除了硬件以外还必须有程序支持，即软件程序设计。本任务须在 P1.0 口输出交替的高低电平，每种电平的持续时间为 1s。程序流程如图 1-1-13 所示。

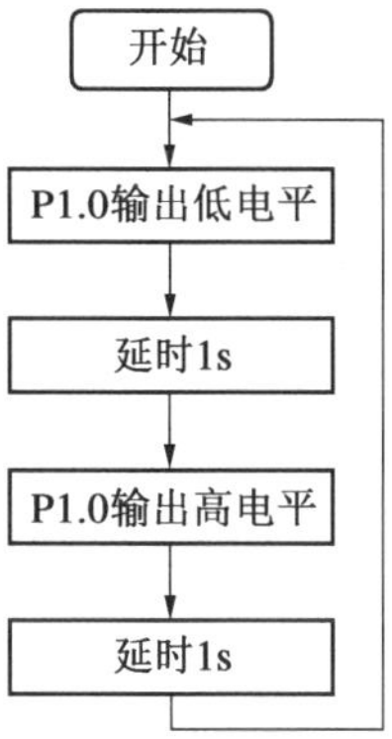

图 1-1-13　发光二极管闪烁系统程序流程

以下提供汇编程序参考代码。

汇编程序：

一个 LED 灯的闪烁控制编译

```
         ORG 0000H
         AJMP   MAIN
         ORG 0030H
MAIN:    MOV P1, #0FEH        ;  P1.0 端口电位为 0
         ACALL   DELAY        ;  延时 1s
         MOV P1, #0FFH        ;  P1.0 为 1
         ACALL   DELAY        ;  延时 1s
         AJMP MAIN            ;  重复
DELAY:   MOV   R5, #20        ;  延时 1s 的子程序,此行工作时间为 1T
DE1:     MOV   R6, #200       ;  1T
DE2:     MOV   R7, #123       ;  1T
DE3:     DJNZ  R7, DE3        ;  2T
         DJNZ  R6, DE2        ;  2T
         DJNZ  R5, DE1        ;  2T
         RET                  ;  2T
```

一个 LED 灯的闪烁控制调试

任务 1.2　流水灯花样控制

任务描述：用单片机控制 8 个并排的发光二极管 VD1～VD8,低电平点亮。发光二极管点亮的规律从 VD1～VD8 依次轮流点亮,然后 8 个灯同时闪烁一次,重复以上过程,依次循环,各个灯亮的时间为 1 s。

1.2.1　存储器组织结构

存储器组织结构

MCS-51 单片机内部集成了一定容量的程序存储器和数据存储器。其存储结构的特点之一是将程序存储器和数据存储器分开,并有各自的寻址机构和寻址方式。

89C51 单片机在物理上有四个存储器空间.片内程序存储器、片外程序存储器、片内数据存储器、片外数据存储器。按逻辑划分有三个存储器地址空间:片内外统一编址的 64 KB 程序存储器地址空间、内部 128B 数据存储器和外部 64 KB 数据存储器地址空间、片内 128 B 特殊功能寄存器(SFR)。在访问这三个不同的逻辑空间时,应选用不同形式的指令。图 1-2-1 为 89C51 单片机存储器地址空间分配。

1. 程序存储器地址空间

程序存储器用于存放调试好的应用程序和表格常数。89C51 单片机有 4 KB 内部程序存储器,编址为 0000H～0FFFH。当需要扩展时,外部程序存储器从 1000H 开始编

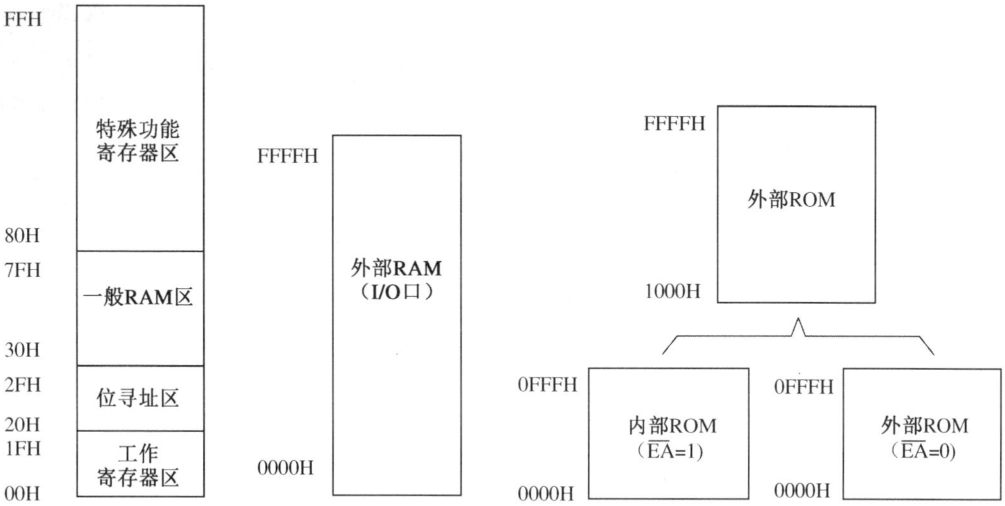

(a) 内部数据存储器　　(b) 外部数据存储器　　(c) 程序存储器

图 1-2-1　89C51 单片机存储器地址空间分配

程序存储器地址空间

址，这种内外存储器统一编址的方式，是为了便于程序的连续执行。其内外 ROM 的选择，是由 $\overline{EA}$ 信号来控制的。

当管脚 $\overline{EA}$ 接高电平时，89C51 单片机程序计数器 PC 在 0000H～0FFFH 范围内执行片内 ROM 程序，当指令地址超过 0FFFH 后，就自动地转向片外 ROM 取指令。但 $\overline{EA}$ 接低电平时(接地)，89C51 单片机片内 ROM 失效，CPU 只能从片外 ROM 中取指令，地址从 0000H 开始。

在读取程序存储器常数、表格中的数据时，通常采用“MOVC”指令。

89C51 程序存储器中某些特定单元是留给系统使用的，用户不能占用。如 0000H 单元是复位(程序)入口。当单片机上电复位时，CPU 总是从 0000H 单元开始执行程序，通常在 0000H～0002H 单元安排一条无条件转移指令，使之能够转向主程序的入口地址，0003H～002AH 单元均匀分为 5 段，存放 5 个中断源入口地址及对应的中断服务程序。而通常情况下，8 个单元难以存放一个完整的中断服务程序。因此，通常是从中断入口地址开始存放无条件转移指令，以便中断响应后，通过中断地址区再转到中断服务程序的实际入口地址。所以，一般主程序是从 002BH 单元之后开始存放的。表 1-2-1 为中断向量的入口地址分配。

表 1-2-1　中断向量的入口地址分配

中断源	中断矢量地址	中断源	中断矢量地址
外部中断 0(INT0)	0003H	定时器 T1 中断	001BH
定时器 T0 中断	000BH	串行口中断	0023H
外部中断 1(INT1)	0013H		

2. 数据存储器地址空间

数据存储器由内部数据存储空间和外部数据存储空间组成。

数据存储器
地址空间

内部数据存储器有 256B 数据存储空间，地址为 00H～FFH，分为 00H～7FH 和 80H～FFH 两部分。其中地址为 80H～FFH 的空间为特殊功能寄存器区。外部数据存储器地址空间为 64 KB，编址为 0000H～FFFFH。二者地址存在重叠，通过不同的指令来区别，当访问内部 RAM 时，用“MOV”指令；当访问外部 RAM 时，则用“MOVX”指令，所以地址重叠不会造成操作混乱。

（1）内部数据存储空间（00H～FFH）

89C51 单片机内部数据存储空间的低 128B 内部数据存储器 RAM，地址为 00H～7FH，按其功能的不同，可划分为 3 个区域，如图 1-2-2 所示。

片内RAM字节地址	（高位）							（低位）
7FH～30H	通用RAM区							
2FH	7FH	7EH	7DH	7CH	7BH	7AH	79H	78H
2EH	77H	76H	75H	74H	73H	72H	71H	70H
2DH	6FH	6EH	6DH	6CH	6BH	6AH	69H	68H
2CH	67H	66H	65H	64H	63H	62H	61H	60H
2BH	5FH	5EH	5DH	5CH	5BH	5AH	59H	58H
2AH	57H	56H	55H	54H	53H	52H	51H	50H
29H	4FH	4EH	4DH	4CH	4BH	4AH	49H	48H
28H	47H	46H	45H	44H	43H	42H	41H	40H
27H	3FH	3EH	3DH	3CH	3BH	3AH	39H	38H
26H	37H	36H	35H	34H	33H	32H	31H	30H
25H	2FH	2EH	2DH	2CH	2BH	2AH	29H	28H
24H	27H	26H	25H	24H	23H	22H	21H	20H
23H	1FH	1EH	1DH	1CH	1BH	1AH	19H	18H
22H	17H	16H	15H	14H	13H	12H	11H	10H
21H	0FH	0EH	0DH	0CH	0BH	0AH	09H	08H
20H	07H	06H	05H	04H	03H	02H	01H	00H
1FH～18H	工作寄存器组3							
17H～10H	工作寄存器组2							
0FH～08H	工作寄存器组1							
07H～00H	工作寄存器组0							

图 1-2-2　内部数据存储器地址空间的分配

① 工作寄存器区（00H～1FH）

工作寄存器区分为 4 组，每组包含 8 个通用工作寄存器，编号为 R0～R7。在某一时刻，只能选择一个工作寄存器组使用，选择哪个工作寄存器组是通过软件对程序状态字

PSW 的第 3、4 位（即 RS0，RS1）设置实现的。CPU 复位后，选中第 0 组工作寄存器。

工作寄存器主要用来存放操作数和运算的中间结果。由于工作寄存器在电路设计上的特殊性，使得在系统中大量使用工作寄存器可以提高程序编制的灵活性，也有利于简化程序设计、提高程序的运行速度。

② 位寻址区（20H～2FH）

位寻址区有 16 个单元，对这 16 个单元既可以进行字节寻址，又可以进行位寻址。这 16 个单元共有 16×8 位＝128 位，其位地址为 00H～7FH，它们和 SFR 区中可位寻址的专用寄存器一起，构成了布尔（位）处理器的数据存储器空间。图 1-2-2 为内部 RAM 中的位地址空间，而表 1-2-2 为专用寄存器中的位地址空间。所谓位寻址就是指 CPU 能直接寻址这些位，对其进行置“1”、清“0”、求反、传送等逻辑操作。

表 1-2-2　专用寄存器中的位地址空间

SFR 名称	字节地址	D7			位地址空间				D0
B	F0H	F7H	F6H	F5H	F4H	F3H	F2H	F1H	F0H
A	E0H	E7H	E6H	E5H	E4H	E3H	E2H	E1H	E0H
PSW	D0H	D7H	D6H	D5H	D4H	D3H	D2H	D1H	D0H
P0	80H	87H	86H	85H	84H	83H	82H	81H	80H
P1	90H	97H	96H	95H	94H	93H	92H	91H	90H
P2	A0H	A7H	A6H	A5H	A4H	A3H	A2H	A1H	A0H
P3	B0H	B7H	B6H	B5H	B4H	B3H	B2H	B1H	B0H
IP	B8H				BCH	BBH	BAH	B9H	B8H
IE	A8H	AFH			ACH	ABH	AAH	A9H	A8H
TCON	88H	8FH	8EH	8DH	8CH	8BH	8AH	89H	88H
SCON	98H	9FH	9EH	9DH	9CH	9BH	9AH	99H	98H

③ 一般 RAM 区（30H～7FH）

一般 RAM 区又称数据缓冲区，从 30H 开始的 80 个单元，就是供用户使用的一般数据存储区域。这些单元只能按字节寻址。该区域主要用来存放随机数据及运算的中间结果，另外也常把堆栈开辟在该区域中。

④ 特殊功能寄存器（80H～FFH）

在 89C51 单片机中，共有 22 个特殊功能寄存器 SFR，又称专用寄存器，它们离散地分布在片内 RAM 的高 128B（地址为 80H～FFH）中。专用寄存器并没占满高 128B 的 RAM 地址空间，但对没有被定义的单元用户不能使用，换句话说，用户对这些空闲地址的操作是无意义的。

其中,程序计数器 PC 不占据 RAM 单元,它在物理上是独立的,因此是唯一的一个不可寻址的专用寄存器。在除 PC 外的专用寄存器 SFR 中,有 11 个专用寄存器既可字节寻址,又可位寻址,见表 1-2-2。其余的 SFR 则只能字节寻址。表 1-2-3 为特殊功能寄存器及其地址分配。下面对其中一部分寄存器的功能进行介绍,另外一些将在后面的有关项目中介绍。

表 1-2-3　特殊功能寄存器及其地址分配

寄存器符号	名称	地址
ACC	累加器	E0H
B	B 寄存器	F0H
PSW	程序状态字	D0H
SP	堆栈指针寄存器	81H
DPTR	数据指针寄存器(分 DPH 和 DPL)	83H、82H
P0	P0 口	80H
P1	P1 口	90H
P2	P2 口	A0H
P3	P3 口	B0H
IP	中断优先级控制寄存器	B8H
IE	中断允许控制寄存器	A8H
TMOD	定时器/计数器方式控制寄存器	89H
TCON	定时器/计数器控制寄存器	C8H
TH0	定时器/计数器 0(高字节)	8CH
TL0	定时器/计数器 0(低字节)	8AH
TH1	定时器/计数器 1(高字节)	8DH
TL1	定时器/计数器 1(低字节)	8BH
SCON	串行口控制寄存器	98H
SBUF	串行口数据缓冲器	99H
PCON	电源控制寄存器	87H

a. 累加器 ACC

在累加器操作指令中,累加器的助记符简记为 A。

MCS-51 单片机中,8 位算术逻辑部件 ALU 的结构,从总体上说仍是以累加器 A 为核心的结构。累加器在大部分操作运算中存放着某个操作数和运算结果。在很多逻辑运算、数据传送等操作中作为源或目的操作数,这和典型的以累加器 A 为中心的微处理器相同。但是,它在内部硬件结构上作了改进,一部分指令在执行时不经过累加器 A,以直接或间接寻址方式使数据在内部的任意地址单元和寄存器之间直接传输。逻辑操作等也可以不经过累加器 A 而直接进行，进一步提高了操作速度。

b. B 寄存器

B 寄存器主要用于与累加器 A 配合执行乘法和除法指令的操作，对其他指令也可作为暂存寄存器。

c. 程序状态字 PSW

程序状态字 PSW 是一个 8 位寄存器，用来存放程序状态信息。某些指令的执行结果会自动影响 PSW 的有关状态标志位，有些状态位可用指令来设置。PSW 寄存器各位的定义如图 1-2-3 所示。

D_7	D_6	D_5	D_4	D_3	D_2	D_1	D_0	
CY	AC	F0	RS1	RS0	OV	—	P	字节地址 0D0H

图 1-2-3　程序状态字 PSW 各位的定义

CY(PSW. 7) 进位标志。可由硬件或软件置位或复位。在进行加法(或减法)运算时，如果操作结果最高位(位 7)向上有进位(或借位)，CY 置 1，否则清 0。此外，在进行位操作时，CY 又作为位累加器使用。

AC(PSW. 6) 半进位标志。在进行加法(或减法)运算时，如果运算结果低半字节(位 3)向高字节有进位(或借位)，AC 置 1，否则清 0。AC 也可用于 BCD 码调整时的判别位。

F0(PSW. 5)用户标志位。用户可以根据自己的需要对 F0 位赋予一定的含义。F0 可用软件置位或复位，也可以通过软件测试 F0 来控制程序的流向。

RS1、RS0(PSW. 4、PSW. 3)工作寄存器组选择控制位。通过软件可对 RS1、RS0 作不同的组合，以确定工作寄存器(R0～R7)的组号，这两位与寄存器组的对应关系见表 1-2-4。

表 1-2-4　RS1、RS0 的功能

RS1　RS0	寄存器组	内部 RAM 地址
0　0	工作寄存器组 0	00H～07H
0　1	工作寄存器组 1	08H～0FH
1　0	工作寄存器组 2	10H～17H
1　1	工作寄存器组 3	18H～1FH

OV(PSW. 2) 溢出标志。当进行带符号数补码运算时，如果有溢出，即当运算结果超出－128～＋127 的范围时，OV 置 1；无溢出时，OV 清 0。

—(PSW. 1) 为保留位，89C51 未用，89C52 作为 F1 用户标志位，同 F0。

P(PSW. 0) 奇偶标志。每个指令周期均由硬件来置位或清 0，以指出累加器 A 中 1 的个数的奇偶性。若 1 的个数为奇数，P 置位；否则清 0。在串行通信中常用此标志位校验数据传输的可靠性。

d. 堆栈指针寄存器 SP

堆栈指针寄存器 SP 是一个 8 位的特殊功能寄存器,用来存放堆栈的栈顶地址。

堆栈是一种数据结构。所谓堆栈,就是数据只允许在其一端进出的一段存储空间。数据写入堆栈,称为入栈或压栈,对应指令的助记符为 PUSH。数据从堆栈中读出,称为出栈或弹出,对应指令的助记符为 POP。

堆栈区域是怎么设定的呢?

MCS-51 单片机复位后,SP 初值自动设为 07H。但由于内 RAM07H 单元的后继区域分别为工作寄存器和位寻址区,通常这两个区域在程序中有重要用途,所以在用户程序设计的开始,一般都将堆栈设在内部 RAM 的 30H～7FH 地址空间的高端,而不设在工作寄存器区和位寻址区。

堆栈是为程序调用和中断操作而设立的,具体功能是保护现场和断点地址。

堆栈有两种类型:向上生长型和向下生长型。MCS-51 单片机属于向上生长型堆栈,其栈底在低地址单元。随着数据进栈,地址递增,SP 的内容逐渐增大,指针上移;相反,随着数据的出栈,地址递减,SP 的内容逐渐减小,指针下移。堆栈操作遵守先进后出的原则,即:先压入堆栈的数据,最后才能弹出,如图 1-2-4 所示。

进栈操作:首先(SP)+1,然后写入数据。

出栈操作:首先读出数据,然后(SP)-1。

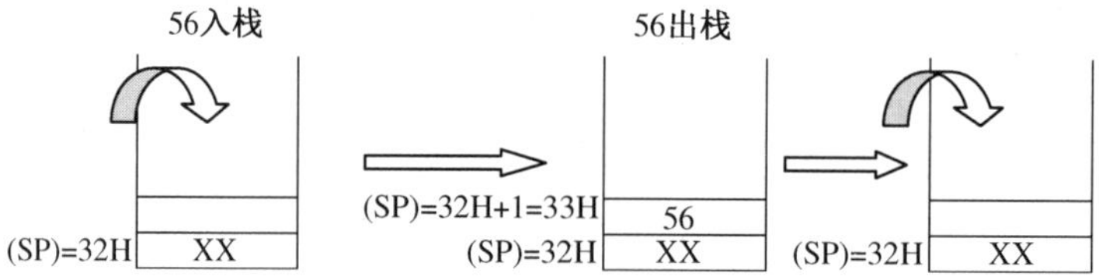

图 1-2-4　堆栈操作

e. 数据指针寄存器 DPTR

数据指针寄存器 DPTR 是一个 16 位的特殊功能寄存器,由 DPH 和 DPL 两个 8 位的特殊功能寄存器组成,是一个对片外 RAM 及扩展 I/O 口进行存取用的地址指针。可分成两个 8 位寄存器进行操作。

f. 程序寄存器 PC

程序寄存器 PC 是一个 16 位的寄存器,用于存放将要执行的指令地址。CPU 每读取指令的一个字节,PC 值便自动加 1,指向本指令的下一个字节或下一条指令。PC 可寻址 64 KB 范围 ROM,在物理结构上是独立的,不属于内部 RAM 中 SFR 范围。

PC 没有地址,因此不可寻址。用户无法对其进行读写,但可以通过转移、调用、返回等指令改变其内容,以实现程序的转移。

(2) 外部数据存储空间(0000H～FFFFH)

外部数据存储器地址空间寻址范围为 64 KB,采用 R0、R1 或 DPTR 寄存器间接寻址的方式访问。当采用 R0、R1 间接寻址只能访问低 256B，采用 DPTR 间接寻址可访问整个 64 KB 空间。

P0 口结构

1.2.2　并行 I/O 端口

MCS-51 单片机的 32 条 I/O 线隶属于 4 个 8 位双向端口。每个端口均由锁存器、输出驱动电路和输入缓冲器组成，对外呈现为一组管脚，对内则对应一个 8 位的特殊功能寄存器。可以字节寻址也可以位寻址。但这四个端口的功能不完全相同。

在无片外扩展存储器的系统中，这四个端口的每一位都可作为准双向通用 I/O 端口使用。在具有片外扩展存储器系统中，P2 口送出高 8 位地址，P0 口为双向总线，分时送出低 8 位地址和数据的输入/输出。

1. P0 口

P0 口的一个管脚的内部结构如图 1-2-5 所示。由图可见，电路中包含一个数据输出锁存器和两个三态数据输入缓冲器。另外，还有数据输出驱动和控制电路。

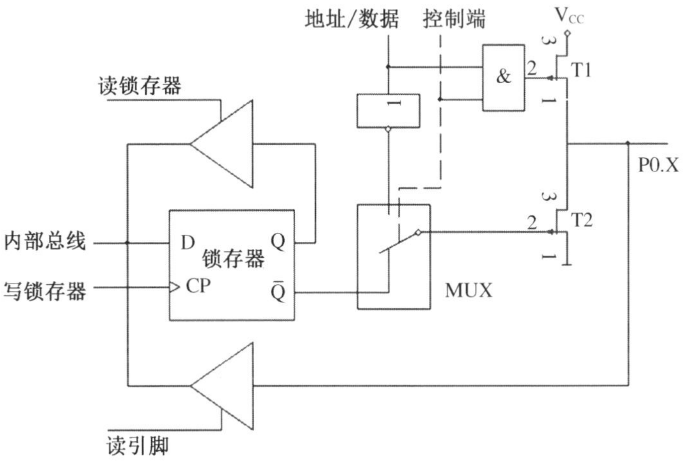

图 1-2-5　P0 口位的内部结构

考虑到 P0 口不仅可以作为通用的 I/O 口使用，而且也可以作为单片机系统的地址/数据总线使用，为此在 P0 口的内部电路中有一个多路转接电子开关 MUX。在控制信号的作用下，MUX 可以分别接通锁存器输出或地址/数据线。

（1）P0 口作为一般的 I/O 口使用

① P0 口作为通用输出口

P0 口作为一般的 I/O 口使用

在这种方式下，内部的控制信号为低电平，封锁与门，将输出驱动电路的上面的场效应管 FET(T1)截止，同时使多路转接开关 MUX 接通锁存器 $\overline{Q}$ 端的输出通路。输出锁存器在 CP 脉冲的配合下，将内部总线传来的信息反映到输出端并锁存。

从图 1-2-4 不难看出，若向管脚写入“1”时，$\overline{Q}$ 为“0”，下面的场效应管 FET(T2)也截止，此时输出脚呈现高阻状态，并不能向外部输出高电平。显然，若要使管脚能输出正确的电平，必须外接上拉电阻，即在输出管脚与+5V 电源之间外接一个适当的电阻(如 10 kΩ)。

② P0 口作为通用输入口

当 P0 口作为通用输入口使用时，应区分读引脚和读锁存器两种情况。所谓读引脚就是直接读取 P0. X 引脚的状态，这时在“读引脚”信号的控制下把缓冲器打开，将端口引脚上的数据经缓冲器通过内部总线读进来。

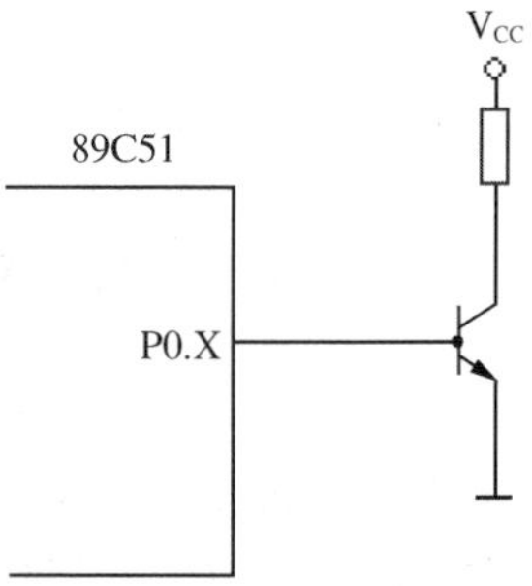

图 1-2-6　外设把输出高电平拉成低电平

但在有些情况下，如果仍然采用读引脚方式，就会读到错误数据。如图 1-2-6 所示电路，如果先向 P0. X 管脚输出一个高电平，然后立即读取该管脚的状态，得到的却是一个低电平。这时由于外接的晶体管导通，其 be 结把 P0. X 引脚钳位到低电平上。显然在这个情况下就不能再来读取管脚状态，为了能够适应“读-修改-写”操作的需要，在 P0 口的口电路中另外设置可读取锁存器的输入通道，在“读锁存器”信号的控制下可以直接读取锁存器 Q 端的状态，从而避免了这类错误。

用户在使用时，并不需要关心应该选择哪一条输入支路，MCS-51 单片机的控制器会根据执行指令的不同而自动选择相应的输入方式。

还应指出，P0 口在作为通用输入口使用时，读取管脚之前还应向锁存器写入“1”，使上下两个场效应管均处于截止状态，使外接的状态不受内部信号的影响，然后再来读取。

(2) P0 口作为地址/数据总线使用

当 89C51 外扩展存储器系统中，CPU 对片外存储器读写时，此时内部的控制信号为高电平，使得 MUX 接到了上挡位置，这时 P0 口可作为地址/数据总线分时使用，并且分为两种情况。

① P0 口作为输出地址/控制总线

在扩展系统中，一种是从 P0 口管脚输出低 8 位地址或数据信息。MUX 开关把 CPU 内部地址/数据线经反相器与场效应管 FET(T2)栅极接通，从图 1-2-4 可以看到，上下两个场效应管处于反相，形成推挽式结构，负载能力大大提高。

P0 口作为输出地址/控制总线使用

② 由 P0 口输入数据

这种情况是在“读管脚”信号有效时打开输入缓冲器使数据进入内部总线。

P0 口作为地址/数据总线使用时，无须外接上拉电阻。

2. P1 口

P1 口的管脚的内部结构如图 1-2-7 所示。P1 口是一个准双向 I/O 口。它只能作为通用 I/O 口使用，没有第二功能，因此在其内部不需要多路转接开关 MUX。

P1 口

在输出级内部作阻性元件使用的场效应晶体管组成的上拉电阻，P1 口作为通用输出口使用时，不需要再外接上拉电阻。

当 P1 口作为输入口使用时，仍需要向锁存器写入“1”，使场效应管截止，然后再读取输入信号。其输入方式也分为读引脚和读锁存器两种。

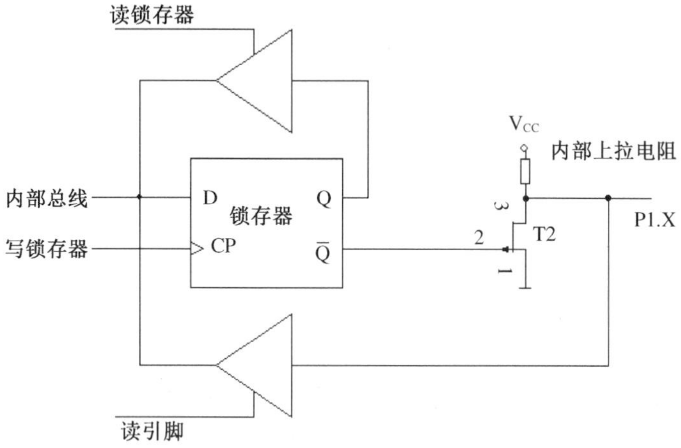

图 1-2-7　P1 口位的内部结构

3. P2 口

P2 口的管脚的内部结构如图 1-2-8 所示。P2 口也是一个准双向 I/O 口。在 P2 口电路中也有一个多路转接开关 MUX，这与 P0 口类似。当 P2 口作为高 8 位地址总线使用时，MUX 应打到地址线端；当 P2 口作为通用 I/O 口使用时，MUX 应倒向锁存器的 Q 端。

P2 口

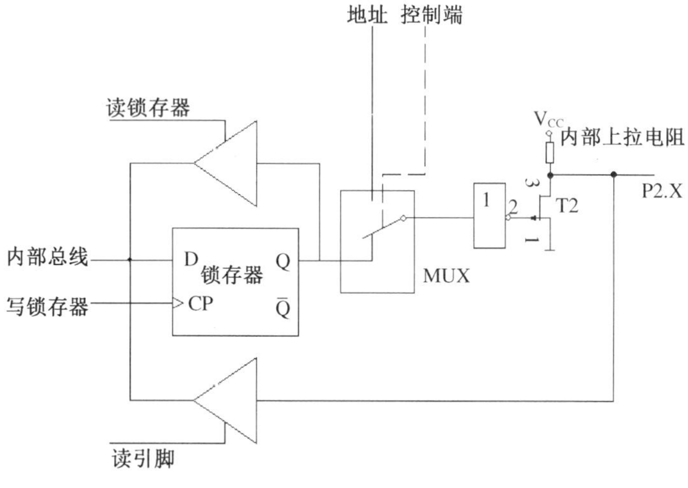

图 1-2-8　P2 口位的内部结构

在 P2 口作为通用 I/O 口使用时，与 P1 口类似，用于输出时不需要外接上拉电阻；当用于输入时，仍需要向锁存器先写入“1”，然后再读取。其输入方式也分为读引脚和读锁存器两种。

当系统扩展外部 EPROM 和 RAM 时，由 P2 口输出高 8 位地址（低 8 位地址由 P0 输出）。因为访问片外 EPROM 和 RAM 的操作往往接连不断，P2 口要不断送出高 8 位地址，此时 P2 口无法再作为通用的 I/O 口使用。

在不需要外接 EPROM 而只需要扩展 256B 片外 RAM 的系统中，P2 口仍可作为通用的 I/O 口使用。

4. P3 口

P3 口的一个管脚的内部结构如图 1-2-9 所示。在 P3 口上增加了第二功能控制逻辑。

P3 口

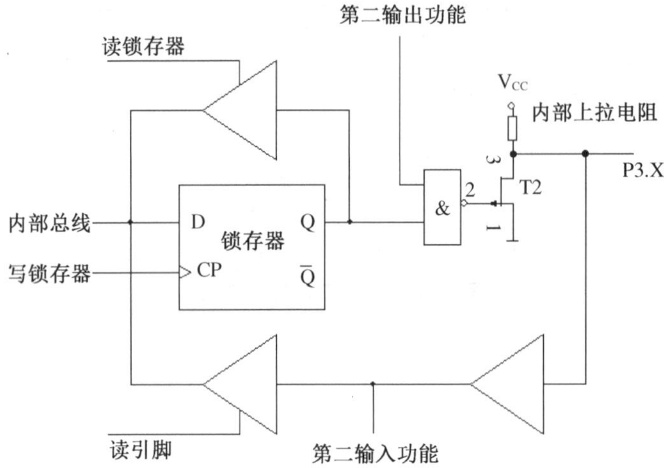

图 1-2-9　P3 口位的内部结构

当 P3 口作为通用输出口使用时，其第二功能输出应保持高电平，以维持从锁存器到输出端的数据通路通畅。

当 P3 口作为通用输入口使用时，为了正确读取输入信号，在读取管脚之前，应先向锁存器写入“1”，同时令第二功能输出维持高电平。对于有第二功能输入功能的引脚，在其输入通路上增加了一个缓冲器，其第二功能输入信号就取自三态缓冲器的输出端。在读取管脚之前，应先向锁存器写入“1”以使场效应管处于截止状态。

必须指出的是，MCS-51 单片机的 P3 口并非所有 8 个管脚同时具有第二功能输入和第二功能输出，而是要么具有第二功能输出，要么具有第二功能输入。

1.2.3　51 单片机指令系统

任意一个实际的单片机应用系统都是由硬件和软件组成的。对于 MCS-51 单片机来说，汇编语言是通常用来进行软件开发的语言之一，是一种简单易掌握、效率较高的开发语言。但汇编语言可读性非常差，移植性也不好，处理计算问题非常烦锁，对编程技巧要求较高。然而，汇编语言对于理解单片机应用系统的编程原理、优化程序结构，却有着非常重要的作用。这里主要介绍 MCS-51 单片机的指令系统和 7 种寻址方式。

1. 指令系统概述

计算机在工作中要执行各种操作和运算，这些操作和运算是通过二进制代码表示的操作命令来实现的，这些操作命令被称为指令。一台计算机所能执行指令的集合称为该计算机的指令系统。指令系统与机器密切相关，不同系列机器的指令系统是不同的。

计算机能直接识别、执行的指令是机器语言指令。所谓机器语言就是用二进制编码表示的语言。但机器语言具有难学、难记、不易书写、难于阅读和调试、容易出错且不易查找、程序可维护性很差等缺点。MCS-51 单片机提供了用助记符表示的汇编语言，其克服了机器语言编程的缺点。汇编语言与机器语言一一对应。

（1）指令格式

指令的表示方法称为指令格式，它规定了指令的长度和内部信息的安排等。一个完整的 MCS-51 汇编语言指令格式如下：

[标号：]＜操作码＞[操作数 1][，操作数 2][，操作数 3][；注释]

其中，"标号："实际上为符号地址，表示这条指令在程序存储器中存放的首地址，以字母开始，后可跟 1～8 个字母或数字，但标号不能用操作码或专用符号；"操作码"即指令的助记符，它规定了指令的具体操作，是指令中唯一不能缺少的部分；"操作数"为指令的具体操作对象，有些指令有 3 个操作数，有些指令有 2 个或 1 个操作数，还有些指令无操作数，仅有操作码；"；注释"用作解释和备忘。

（2）指令常用的符号

在 MCS-51 单片机的指令中，常用的符号有：

＃data8、＃data16：分别表示 8 位、16 位立即数。

direct：片内 RAM 单元地址（8 位），也可以指特殊功能寄存器的地址或符号名称。

addr11、addr16：分别表示 11 位、16 位目的地址。

rel：相对转移指令中偏移量，为 8 位带符号数（补码形式）。

bit：片内 RAM 中（可位寻址）的位地址。

A：累加器 A，ACC 则表示累加器 A 的地址。

Rn：当前寄存器组的 8 个工作寄存器 R0～R7。

Ri：可用作间接寻址的工作寄存器，只能是 R0、R1。

@：间接寻址的前缀标志。

/：位操作指令中，表示对该位求反再参与操作，但不影响该位的值。

（×）：表示由×所指定的某寄存器或单元中的内容。

（（×））：表示由×间接寻址的单元的内容。

∧：逻辑与。

∨：逻辑或。

⊕：逻辑异或。

2. 51 单片机的寻址方式

所谓寻址方式就是通过确定操作数的位置（地址），把操作数提取出来的方法。一个处理器寻址方式的多少，说明了其寻址操作数的灵活程度。MCS-51 指令系统有 7 种寻址方式：立即寻址、直接寻址、寄存器寻址、寄存器间接寻址、位寻址、变址寻址和相对寻址。

（1）立即寻址

立即寻址是指在指令中直接给出其操作的数据，该操作数称为立即数。为了与直接寻址指令中的直接地址相区别，在立即数前面加上前缀“#”。例如：

MOV A，#48H

其中48H就是立即数，指令的功能是把立即数48H传送(复制)到累加器A，如图1-2-10所示。

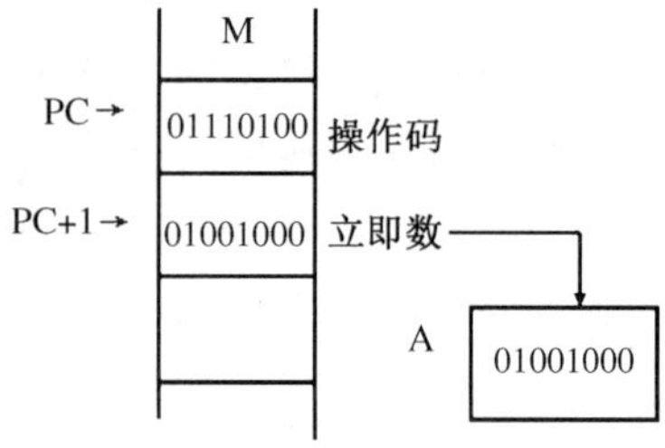

图1-2-10 立即寻址

（2）直接寻址

直接寻址就是在指令中直接给出存放数据的地址。例如：

MOV A，3CH

其中3CH就是要操作的数据所在的单元地址，如果内部RAM(3CH)=55H，执行指令后(A)=55H，如图1-2-11所示。

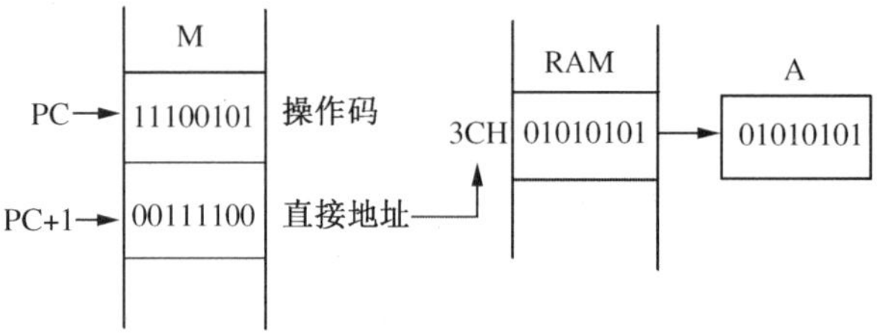

图1-2-11 直接寻址

（3）寄存器寻址

寄存器寻址就是操作的数据在寄存器中。例如：

MOV A，R1

其中R1就是存放操作数据的寄存器，如果(R1)=F0H，则指令执行后(A)=F0H，如图1-2-12所示。

采用寄存器寻址方式的指令都是1字节的指令，指令中以符号名称来表示寄存器。寄存器寻址方式的寻址范围包括：工作寄存器组R0～R7，部分特殊功能寄存器A、B、DPTR。

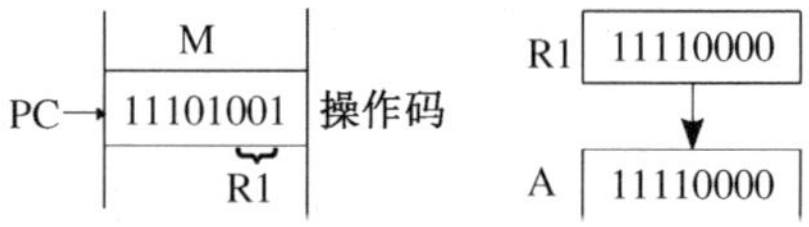

图1-2-12 寄存器寻址

（4）寄存器间接寻址

寄存器间接寻址就是指指令中的的操作数据在寄存器的内容所指的地址单元中。也就是说，寄存器内存放的是操作数据的地址。寄存器间接寻址需要以寄存器符号的形式表示，并在寄存器前面加前缀“@”。例如：

MOV 60H，#50H ；把立即数50H送到直接地址单元60H

MOV R1，　#60H　；把立即数 60H 送到寄存器 R1

MOV A，@R1　　；把 60H 单元的内容(50H)送到累加器 A

执行完上述三条指令后累加器(A)=50H,如图 1-2-13 所示。

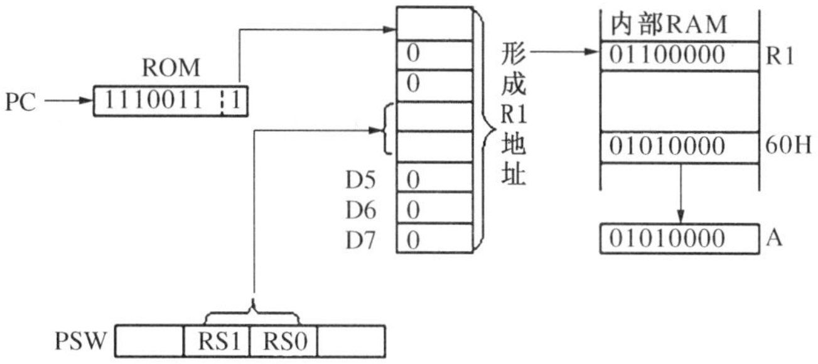

图 1-2-13　寄存器间接寻址

(5) 位寻址

位寻址是指对片内 RAM 的位寻址区、可以位寻址的专用寄存器的各位进行位操作的寻址方式。例如：

MOV C,00H　　；00H(内部 RAM　20H 单元的第 0 位)送 C

MOV P1.0,C　　；C 的值送 P1.0(P1 口的第 0 位)

SETB　RS1　　；把 RS1 置 1。RS1 是位符号,是 PSW 中的第 4 位

(6) 变址寻址

变址寻址用于访问程序存储器中的一个字节,该字节的地址是:基址寄存器(DPTR 或 PC)的内容与变址寄存器 A 中的内容之和。例如：

MOV DPTR，#8800H　　；把立即数 8800H 送 DPTR

MOV A，#88H　　；把立即数 88H 送 A

MOVC A,@A+DPTR　　；取 ROM 中 8888H 单元的数送 A

变址寻址方式如图 1-2-14 所示。

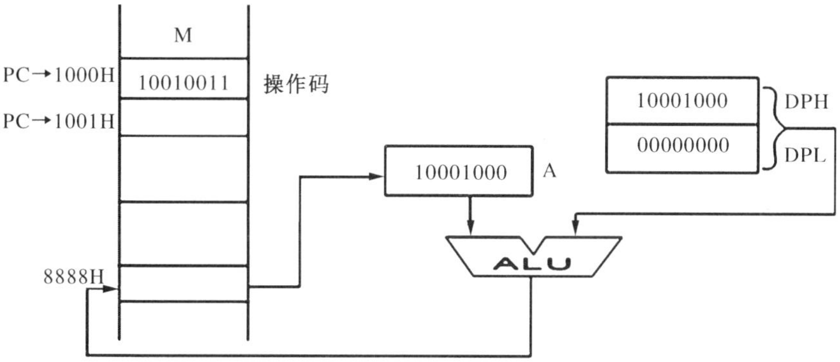

图 1-2-14　变址寻址

（7）相对寻址

相对寻址方式是为实现程序的相对转移而设计的，由相对转移指令所采用。在这种寻址方式下，将程序计数器 PC 的当前值加上由指令中给出的偏移量(rel)，构成了程序转移的目的地址。转移的目的地址为

目的地址＝转移指令所在的地址＋转移指令字节数＋rel

实际使用时，rel 常写成符号地址形式，编程者一般不标偏移值，但要注意它的 范围为－128～＋127。例如：

```
1000H:JC   80H
```

这是一条转移指令，该指令为 2 字节，存放在 1000H 和 1001H 单元中，则执行该指令后 CPU 将转去执行 0F82H(1000H－80H＋2)单元的指令，如图 1-2-15 所示。

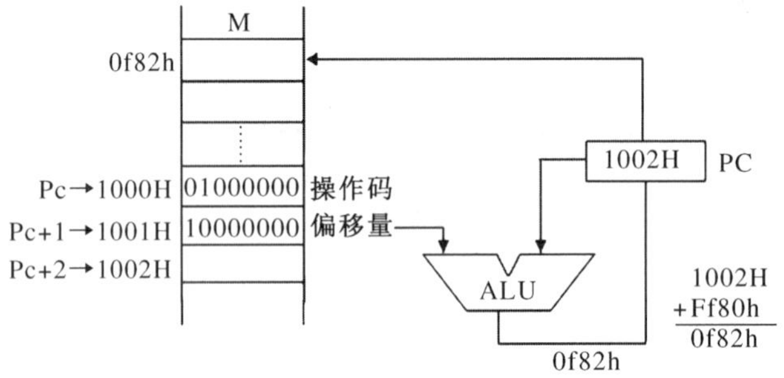

图 1-2-15　相对寻址

3. 51 单片机的指令系统

（1）数据传送指令及其应用

MCS-51 的数据传送指令共有 29 条，8 种助记符。这类指令的一般操作是把源操作数的内容传送到目的操作数中，指令执行后，源操作数的内容不变，目的操作数的内容修改为源操作数的内容。

① 以累加器 A 为目的操作数的指令

```
MOV A, #data      ;  data → A
MOV A, Rn         ;  (Rn) → A
MOV A, direct     ;  (direct) →A
MOV A, @Ri        ;  ((Ri)) → A
```

以上指令影响奇偶标志 P。

② 以寄存器 Rn 为目的操作数的指令

```
MOV Rn, #data     ;  data → Rn
MOV Rn, direct    ;  (direct) → Rn
MOV Rn, A         ;  (A) → Rn
```

③ 以直接地址为目的操作数的指令

```
MOV   direct1 , #data     ; data → direct
MOV   direct2 , direct1   ; (direct1) → direct2
MOV   direct  , Rn        ; (Rn) → direct
MOV   direct  , A         ; (A) → direct
MOV   direct  , @Ri       ; ((Ri)) → direct
```

④ 以间接地址为目的操作数的指令

```
MOV   @Ri ,#data     ; data →  (Ri)
MOV   @Ri ,direct    ; (direct) →  (Ri)
MOV   @Ri ,A         ; (A) →  (Ri)
```

⑤ 16 位数据传送指令

```
MOV   DPTR , #data16 ; data16→ DPTR
```

⑥ 累加器 A 与 片外 RAM 数据传送指令

```
MOVX  A, @DPTR   ; ((DPTR)) → A
MOVX  @DPTR , A  ; (A) → (DPTR)
MOVX  A,  @Ri    ; ((Ri)) → A
MOVX  @Ri , A    ; (A) → (Ri)
```

⑦ 查表指令

```
MOVC  A , @ A+DPTR  ; ((A)+(DPTR))→ A
MOVC  A , @A+PC     ; ((A)+(PC))→ A
```

⑧ 交换指令

```
XCH   A,  Rn      ; (A) ←→ (Rn)
XCH   A,  direct  ; (A) ←→ (direct)
XCH   A,  @Ri     ; (A) ←→ ((Ri))
XCHD  A,  @Ri     ; (A)3～0 ←→ ((Ri))3～0
SWAP  A           ; (A)7～4 ←→ (A)3～0
```

前三条指令是实现两个操作数的数据相互交换。XCHD A，@Ri 指令仅把累加器 A 与 Ri 间址的内部 RAM 单元中的数据的低 4 位相互交换，而高 4 位保持不变。SWAP　A　指令是把累加器 A 中数据的高 4 位与低 4 位相互交换。

⑨ 堆栈操作指令

```
PUSH  direct  ; (SP)+1 → SP ,(direct) → (SP)
POP   direct  ; (SP) → direct , (SP)-1 → SP
```

PUSH(进栈)指令是先将 SP 的内容加 1，使 SP 指向新单元，然后把所 direct 的单元中的数据传入其中,POP(出栈)指令是先将 SP 所指向的单元中的数据取出并传送到 direct 单元中,然后把堆栈指针 SP 的内容减 1。

(2) 算术运算指令及应用

MCS-51 的算术运算指令共有 24 条,8 种助记符,包括加、减、乘、除等各种运算。

① 不带进位的加法指令

```
ADD   A, #data     ;  (A) +data → A
ADD   A, Rn        ;  (A)+(Rn) → A
ADD   A, direct;   ;  (A)+(direct) → A
ADD   A, @Ri       ;  (A)+((Ri)) → A
```

这 4 条加法指令,其被加数总是累加器 A,并且结果也放在累加器 A 中。加法操作影响 PSW 中的 Cy、AC、OV 和 P。

② 带进位的加法指令

```
ADDC   A, #data    ;   (A)+data+(Cy)→A
ADDC   A,Rn        ;   (A)+(Rn)+(Cy)→A
ADDC   A,direct    ;   (A)+(direct)+(Cy)→A
ADDC   A,@Ri       ;   (A)+(Ri)+(Cy)→A
```

这 4 条指令的操作,除了指令中所规定的两个操作数相加之外,还要加上进位标志 Cy 的值。需注意,这里所指的 Cy 是指令开始执行时的进位标志值,而不是相加过程中产生的进位标志值,只要指令执行时 Cy=0,则这 4 条指令的执行结果就和不带进位的加法指令的执行结果一样,带进位加法指令主要用于多字节二进制数的加法运算。

带进位的加法指令执行后,同样影响 Cy、AC、OV 和 P 标志,并把相加的结果存放到累加器 A 中。

③ 加 1 指令

```
INC A        ;  (A)+1→A
INC Rn       ;  (Rn)+1→Rn
INC direct   ;  (direct)+1→direct
INC @Ri      ;  ((Ri))+1→Ri
INC DPTR     ;  (DPTR)+1→DPTR
```

加 1 指令有 5 条,是对指定单元的内容加 1 的操作。加 1 指令不影响程序状态字 PSW。这 5 条指令中,唯一的例外是 INC A 指令可以影响奇偶标志 P,前 4 条指令是对 1 字节单元的内容加 1,最后 1 条指令是给 16 位的寄存器内容加 1。

④ 减法指令

```
SUBB   A, #data    ;   (A)-data-(Cy)→A
SUBB   A,Rn        ;   (A)-(Rn)-(Cy)→A
```

```
SUBB  A,direct    ;  (A)-(direct)-(Cy)→A
SUBB  A,@Ri       ;  (A)-(Ri)-(Cy)→A
```

带借位减法指令有 4 条,与带进位加法指令类似,其被减数和结果都在累加器 A 中。

⑤ 减 1 指令

```
DEC A           ; (A)-1→A
DEC Rn          ; (Rn)-1→Rn
DEC direct      ; (direct)-1→direct
DEC @Ri         ; ((Ri))-1→Ri
```

⑥ 乘除指令

乘除指令各有 1 条,完成 2 个 8 位无符号整数的乘法或除法。乘法指令和除法指令都是 1 字节指令,执行时需要 4 个机器周期。

```
MUL AB          ; (A)×(B)→BA
DIV AB          ; (A)÷(B)→A(商)、B(余数)
```

参加乘法运算的两个操作数是无符号数,两个 8 位无符号数相乘结果为 16 位无符号数,它的高 8 位存放于寄存器 B 中,低 8 位存放于累加器 A 中。乘法指令执行后会影响三个标志:Cy、OV 和 P。执行乘法指令后,进位标志一定被清除,即 Cy 一定为 0;若相乘后有效积为 8 位,即(B)=0,则 OV=0;若相乘后寄存器 B 不等于 0,则 OV=1。奇偶标志仍按累加器 A 中 1 的奇偶性来确定。

参加除法运算的两个操作数也是无符号数,被除数置于累加器 A 中,除数置于寄存器 B 中。相除之后,商存于累加器 A 中,余数存于寄存器 B 中。除法指令也影响 Cy、OV 和 P 标志。相除之后,Cy 也一定为 0,溢出标志也只在除数 B=0 时才被置 1,其他情况下 OV 都清 0。奇偶标志 P 仍按一般规则确定。

⑦ 十进制调整指令

十进制调整指令的功能是对 BCD 数加法运算结果进行调整。在 MCS-51 指令系统中,所有的加法运算结果都放在累加器 A 中,因此这条指令是对 A 的内容进行调整。两个压缩 BCD 数执行二进制加法后,必须由 DAA 指令调整后才能得到正确的 BCD 和。

这条指令对加法结果的调整规则是:

- 若累加器 A 低 4 位大于 9 或辅助进位标志 AC=1,则低 4 位加 6;
- 若累加器 A 高 4 位大于 9 或 Cy=1,则高 4 位加 6;
- 若累加器 A 高 4 位等于 9 且低 4 位大于 9,则高 4 位加 6;
- 若累加器 A 的最高位因调整而产生进位时,将 Cy 置 1,若不产生进位,保留 Cy 在调整前的状态而并不清 0。

(3) 逻辑运算指令及应用

MCS-51 的逻辑操作指令共有 24 条,9 种助记符,完成与、或、异或、取反、移位等操作，逻辑运算都是按位进行的。

① 逻辑“与”指令

```
ANL A, #data          ; (A)∧data →A
ANL A, Rn             ; (A)∧(Rn) →A
ANL A, direct         ; (A)∧(direct) →A
ANL A, @Ri            ; (A)∧((Ri)) →A
ANL direct, A         ; (direct)∧(A) →direct
ANL direct, #data     ; (direct)∧data →direct
```

前 4 条指令以累加器 A 为目的操作数，后 2 条以直接地址单元为目的操作数，这样便于对各个特殊功能寄存器的内容按需进行变换，如将一个字节中的某几位变为 0，而其余位不变。

逻辑“与”运算可用于将某些位屏蔽（即使之为 0）。方法是：将要屏蔽的位和“0”相与，把要保留的位同“1”相与。

② 逻辑“或”指令

```
ORL A, #data          ; (A)∨data →A
ORL   A, Rn           ; (A)∨(Rn) →A
ORL A, direct         ; (A)∨(direct) →A
ORL A, @Ri            ; (A)∨((Ri)) →A
ORL direct, A         ; (direct)∨(A) →direct
ORL direct, #data     ; (direct)∨data →direct
```

逻辑“或”运算可用于将累加器 A 或 direct 单元中的某些位置位（即使之为 1）。方法是：将要置位的位和“1”相或，把要保留的位同“0”相或。

③ 逻辑“异或”指令

```
XRL A, #data          ; (A)⊕data →A
XRL A, Rn             ; (A)⊕(Rn) →A
XRL A, direct         ; (A)⊕(direct) →A
XRL A, @Ri            ; (A)⊕((Ri)) →A
XRL direct, A         ; (direct)⊕(A) →direct
XRL direct, #data     ; (direct)⊕data →direct
```

逻辑“异或”运算可用于将累加器 A 或 direct 单元中的某些位求反（即 1 变 0，0 变 1）。方法是：将要求反的位和“1”相异或，把要保留的位同“0”相异或。

④ 累加器清 0、取反指令

CLR A ；0→A

CPL A ；$(\overline{A})$→A

这里的清 0 指令可以进一步节省存储空间，提高程序执行效率。对 PSW 中奇偶标志位 P 有影响。取反指令用于对累加器 A 的 8 位按位取反，不影响 PSW。

⑤ 移位指令

● 循环左移

```
RL   A      ;(An)→(An+1) ,(A7) →(A0)
```

● 循环右移

```
RR   A      ;(An+1)→(An) ,(A0) →(A7)
```

● 带进位的循环左移

```
RLC   A      ;(An)→(An+1) ,(A7) →Cy,(Cy)→(A0)
```

● 带进位的循环右移

```
RRC   A      ;(An+1)→(An) ,(Cy) →A7 (A0) →Cy
```

（4）控制转移指令及应用

MCS-51 的控制转移指令共有 17 条。

① 无条件转移指令

● 长转移指令

```
LJMP   addr16      ; addr16→PC
```

该指令完成把 16 位地址传送给 PC，实现程序的转移。因为指令中提供的是 16 位地址，所以可以在 64 KB 程序存储器空间内转移。

长转移指令是三字节双机器周期指令。其机器码为 02addr16H。

● 绝对转移指令

```
AJMP   addr11   ; (PC)+2→(PC),addr11→PC0～10
```

绝对转移指令是一条双字节双机器周期指令。该指令中提供了 11 位地址，转移的范围是该指令的下一条指令地址所在的 2 KB 范围内。其机器码为 a10a9a800001a7a6a5a4a3a2a1a0。

这条指令的功能是：先将 PC 的内容加 2，使 PC 指向下一条指令的起点地址（也称当前 PC 值），然后将 addr11 送入 PC 的低 11 位，PC 的高 5 位保持不变，形成新的 PC 值，实现程序的转移。

● 短转移指令

```
SJMP rel          ; (PC)+2+rel→PC
```

短转移指令是一条双字节双周期指令，rel 是相对转移的偏移量。功能是：先将 PC 的内容加 2，然后将 PC 当前值与偏移量 rel 相加形成转移的目的地址，即为(PC)+2+rel。由于该指令的 rel 是一个以补码形式表示的 8 位二进制有符号数，因此转移的地址有可能在 PC 当前值的前面也可能在后面，转移的范围是指令的下一条指令地址所在的 256B 范围内。

● 变址寻址转移指令

```
JMP   @A+DPTR      ;(A)+(DPTR)→PC
```

变址寻址转移指令是一条单字节双机器周期指令，由于基址寄存器 DPTR 和偏移量寄存器 A 的内容均可改变，因此使用起来很灵活。

② 条件转移指令

条件转移指令是指当满足某种条件时，转移才进行；否则程序将顺序执行。MCS-51 中的所有条件转移指令都只采用相对寻址方式指示转移的目的地址。

● 累加器判零条件转移指令

```
JZ rel              ; (A)=0,(PC)+2+rel→PC
                    ; (A)≠0,(PC)+2→PC
JNZ rel             ; (A)≠0,(PC)+2+rel→PC
                    ; (A)=0,(PC)+2→PC
```

● 比较条件转移指令

比较条件转移指令共有 4 条，它们的功能是把两个操作数作比较，若二者不相等，则转移；否则顺序执行。

```
CJNE  A, #data,rel        ; (A) ≠date 则转移
CJNE  A,direct,rel        ; (A) ≠(direct)则转移
CJNE  Rn, #data ,rel      ; (Rn) ≠date 则转移
CJNE  @Ri,direct,rel      ; ((Ri))≠date 则转移
```

以上 4 条指令都执行以下操作：

若目的操作数=源操作数，则 Cy=0，(PC)+3→PC；

若目的操作数>源操作数，则 Cy=0，(PC)+3+rel→PC；

若目的操作数<源操作数，则 Cy=1，(PC)+3+rel→PC。

MCS-51 指令系统中没有单独的比较指令，但可以用比较条件转移指令来弥补这一不足。比较操作实际就是减法操作，只是不保存差，而将结果反映在标志位，再判断是否转移。若两个比较的操作数都是无符号数，则可以根据比较后产生的 Cy 值来判别大小：若 Cy=0，则若目的操作数(A)>源操作数(B)；若 Cy=1，则若目的操作数<源操作数。

● 减 1 条件转移指令

```
DJNZ  Rn , rel          ; (Rn)-1→Rn
                        ; 若(Rn)=0,则(PC)+2→PC
                        ; 若(Rn)≠0,则(PC)+2+rel→PC
DJNZ  direct , rel      ; (direct)-1→direct
```

```
                  ；若(direct)=0,则(PC)+2→PC
                  ；若(direct)≠0,则(PC)+2+rel→PC
```

这是一组把减 1 与条件转移两种功能结合在一起的指令。指令的操作是先将操作数减 1,并保存结果,若减 1 以后操作数不为 0,则转移到指定的地址单元;若减 1 以后操作数为 0,则程序顺序执行。

这组程序对构成循环很有用,可以指定一个工作寄存器或内部 RAM 单元为计数器,对计数器赋初值后,就可利用上述指令,若计数器减 1 后不为 0,就进行循环操作,从而构成循环程序。

例如:

```
DELAY:MOV   R5,#20      ；延时 1 s 的子程序,此行工作时间为 1 T
DE1:MOV   R6,#200       ；1 T
DE2:MOV   R7,#123       ；1 T
DE3:DJNZ   R7,DE3       ；2 T
      DJNZ   R6,DE2     ；2 T
      DJNZ   R5,DE1     ；2 T
      RET               ；2 T
      END
```

该段程序耗时{[(2 T×123+1 T)+2 T]×200 +2 T}×20+1 T=1 000 000 μs=1 s。

默认的晶振为 12 MHz,则机器周期为 1 μs。如果需要延时时间短可修改寄存器 R5、R6、R7 的内容,让其变小些。也可以减少循环次数。对于延时更长的时间,可采用更多重循环,但如果长时间的延时完全采用软件,会浪费 CPU 的资源,在这段时间里 CPU 不能做其他的事了。

③ 子程序调用及返回指令

为了使程序的结构清楚并减小重复指令所占的内存空间,在汇编语言程序中可以使用子程序,故需要有子程序调用和返回指令。子程序调用指令可以完成以下两个功能。

- 将断点地址压入堆栈保护。断点地址是子程序调用指令的下一条指令的地址,取决于调用指令的字节数,它可以是 PC+2 或 PC+3,这里的 PC 指调用指令所在的地址。
- 将所调用子程序的入口地址送到程序计数器 PC,以便实现子程序调用。

子程序调用指令:

```
LCALL addr16     ；(PC)+3→PC
                 ；(SP)+1→SP ，(PC)7～0→(SP)
                 ；(SP)+1→SP ，(PC)15～8→(SP)
```

以上是一条三字节指令,长调用子程序调用范围是 64 KB。

绝对调用指令:

```
ACALL   addr11   ; (PC)+2→PC ;
                 ; (SP)+1→SP (PC)7～0→(SP)
                 ; (SP)+1→SP (PC)15～8→(SP)
```

绝对调用指令为双字节指令，其机器码为 a10a9a810001a7a6a5a4a3a2a1，调用范围是 2 KB。

返回指令：

```
RET  ; ((SP))→(PC)15～8 , (SP)－1→SP
     ; ((SP))→(PC)7～0 , (SP)－1→SP
```

RET 指令是一条子程序返回指令，用于实现子程序的返回。其功能是通过从堆栈中自动恢复断点地址送入 PC。指令执行后，从主程序断点处继续向下执行。

```
RETI  ; ((SP))→(PC)15～8 , (SP)－1→SP
      ; ((SP))→(PC)7～0 , (SP)－1→SP
```

RETI 指令是一条中断返回指令，与 RET 类似，用于实现中断程序的返回。其功能是通过从堆栈中自动恢复断点地址送入 PC。在恢复断点地址的同时还清除中断响应时被置位的优先级状态、开放较低级中断并恢复中断逻辑，以允许单片机响应低优先级中断请求。

无论是 RET 指令还是 RETI 指令，都应是子程序或中断服务程序的最后一条指令。

④ 空操作指令

```
NOP   ; (PC)+1→PC
```

空操作指令是单字节指令，它控制 CPU 不作任何操作，只消耗这条指令执行所需要的机器周期。这条指令常用于等待或延迟。

（5）位操作指令及应用

位操作指令的操作数不是字节，而是字节中的某个位。由于这些位只能取 0 或 1，因此又称为布尔变量操作指令。

① 位传送指令

```
MOV C, bit   ; (bit)→Cy
MOV bit, C   ; (Cy)→bit
```

在指令中 Cy 直接用 C 表示，以便于书写。位传送指令完成可位寻址各位与位累加器 Cy 之间互相传送内容。两个可寻址位之间的传送必须借助 Cy 来实现。

② 位置位与清零指令

```
SETB C     ;  1→Cy
SETB bit   ;  1→bit
CLR  C     ;  0→Cy
CLR  bit   ;  0→bit
```

③ 位运算指令

ANL C,bit　　; (Cy) ∧ (bit)→Cy

ANL C, /bit　　; (Cy) ∧ $(\overline{bit})$→Cy

ORL C,bit　　; (Cy) ∨ (bit) →Cy

ORL C,/bit　　; (Cy) ∨ $(\overline{bit})$→Cy

CPL C　　; $(\overline{Cy})$→Cy

CPL bit　　; $(\overline{bit})$→bit

与字节逻辑运算指令相比,位运算指令只有位与、位或指令,没有位异或指令。

④ 位控制转移指令

● 以 Cy 为条件的转移指令

JC rel　　; Cy=1,(PC)+2+rel→PC

　　　　; Cy=0,(PC)+2→PC

JNC rel　　; Cy=0,(PC)+2+rel→PC

　　　　; Cy=1,(PC)+2→PC

● 以位地址内容为条件的转移指令

JB bit,rel　　; (bit)=1,(PC)+3+rel→PC

　　　　; (bit)=0,(PC)+3→PC

JNB bit, rel　　; (bit)=0,(PC)+3+rel→PC

　　　　; (bit)=1,(PC)+3→PC

JBC bit, rel　　; (bit)=1,(PC)+3+rel→PC ,0→bit

　　　　; (bit)=0,(PC)+3→PC

JB 指令和 JBC 指令的功能类似,不同的是,若满足条件,JB 指令实现转移,而 JBC 指令在转移时还将比特位地址的内容清 0。

(6) 伪指令

所谓伪指令,就是通知汇编程序如何完成汇编操作的指示性命令。这些指令不属于指令系统中的指令,汇编时也不产生机器代码,因此称为“伪指令”。下面介绍几个常用的伪指令。

① ORG 指令(汇编起始地址伪指令)

[<标号>:]　ORG　<16 位地址或符号>

其中,“标号”一般省略;“16 位地址或符号”规定了下面的程序或数表应从 ROM 的这个 16 位地址处开始存放。一个汇编语言源程序中,可以多次使用 ORG 指令,以规定不同程序段放在哪个存储空间,地址一般应从小到大,且不能使各程序段出现重叠现象。

② END 指令(汇编结束伪指令)

[<标号>:]　END <表达式>

其中，“标号”通常省略；“表达式”通常就是该程序模块的起始地址。用 END 表示汇编语言源程序的全部结束，整个源程序只有一个 END。

③ EQU 指令(赋值伪指令)

＜标号＞　EQU　＜赋值项＞

其中，“赋值项”可以是标号、地址、常数或表达式；EQU 相当于“等价于”。一旦标号被赋值，则在程序中就可以作为一个数据或地址使用。被赋值的标号可以作地址，也可以作立即数使用。一般要先定义后使用。

④ DATA 指令(数据地址赋值伪指令)

＜标号＞　DATA　＜表达式＞

其中，“表达式”可以是标号、地址、常数等；用 DATA 伪指令定义的标号在程序中也可以作为一个数据或地址使用。

DATA 伪指令与 EQU 伪指令的主要区别在于：EQU 伪指令定义的标号必须在使用前先定义，而 DATA 伪指令则没有这种限制。

⑤ DB 指令(定义字节伪指令)

[＜标号＞：]　DB　＜项或项表＞

⑥ DW 指令(定义字伪指令)

[＜标号＞：]　DW　＜项或项表＞

表明从标号地址单元开始，存放一个或若干个字的数。

⑦ DS 指令(预留空间伪指令)

[＜标号＞：]　DS　＜表达式＞

其中，“表达式”通常是一个常数。该指令用于从标号指定的存储单元开始定义一个存储区，存储区的长度由 DS 后面的“表达式”的内容来决定。

⑧ BIT 指令(位地址符号伪指令)

[＜标号＞：]　BIT　＜位地址＞

其中“位地址”可用位符号地址或绝对地址来表示。

1.2.4　任务实施

1. 硬件电路

任务实施

花样流水灯控制硬件电路如图 1-2-16 所示，除了单片机最小系统外，另选用驱动能力较强的 P1 口的 8 个端口分别控制 8 个发光二极管 VD1。当对应端口输出为“1”，即输出为高电平时，LED 灯上无电流流过不发光；当对应端口输出为“0”，即输出为低电平时，有电流流过 LED。

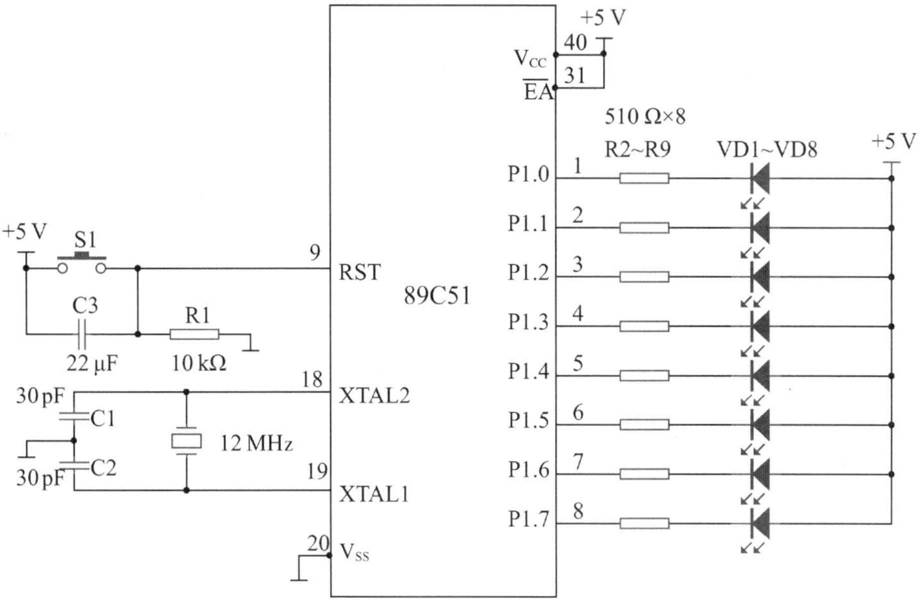

图 1-2-16　流水灯花样控制电路

2. 程序设计

花样流水灯的控制方法与任务 1.1 相似：当输出端口 P1 的各管脚为高电平“1”时，该管脚对应的 LED 灯灭；当输出端口 P1 的各管脚为低电平“0”时，该管脚对应的 LED 灯亮。P1 口输出不同的代码，即可使 8 个 LED 灯显示不同的花样。

本任务要实现：依次轮流独立点亮 8 个 LED 灯，从 VD1 开始，直到 VD8 点亮，最后 8 个灯一起点亮闪烁一次。依此规律循环，各次灯亮的时间为 1 s，闪烁亮灭的时间均为 1 s。那么 P1 口的输出值依次为 FE，FD，FB，F7，EF，DF，BF，7F，00，FF，每个值的持续时间为 1 s。这组代码中 FE 到 7F 变换可以使用左移位来实现。在此思路下，流水灯程序流程如图 1-2-17 所示。

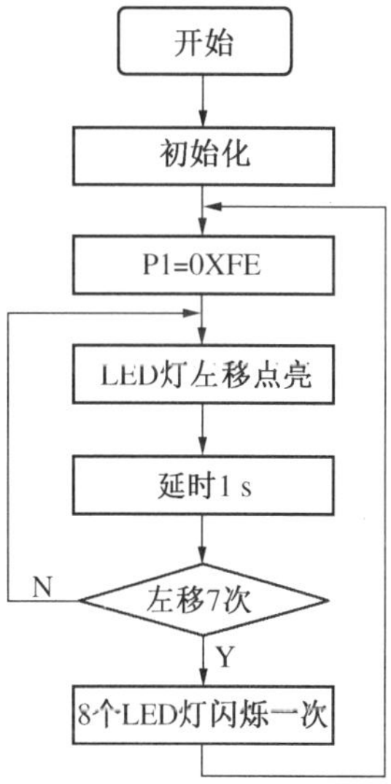

图 1-2-17　流水灯程序流程

花样流水灯调试

以下提供汇编程序参考代码。

汇编程序：

```
        ORG 0000H
        AJMP   MAIN
        ORG 0030H
MAIN: MOV R1,#08H        ;  设置循环次数
        MOV A,#0FEH      ;  A 代表累加器 ACC
LOOP: MOV P1,A           ;  发光二极管 VD1 点亮
        LCALL DELAY      ;  延时 1 s
```

```
        RL A
        DJNZ R1,LOOP
        MOV A,#00H
        MOV P1,A
        LCALL   DELAY
        MOV A,#0FFH
        MOV P1,A
        LCALL   DELAY
        AJMP   MAIN
DELAY:MOV   R5,#20          ;延时 1 s 的子程序,此行工作时间为 1 T
DE1:MOV   R6,#200           ;1 T
DE2:MOV   R7,#123           ;1 T
DE3:DJNZ   R7,DE3           ;2 T
        DJNZ   R6,DE2       ;2 T
        DJNZ   R5,DE1       ;2 T
        RET                 ;2 T
        END
```

说明:这里的 MAIN, LOOP,DELAY 是标号,用来标记地址。

习题 1

一、选择题

1. 单片机系统中,用于通用的输入或输出的部件是(　　)。

A. 片内 RAM　　B. 并行 I/O 口　　C. 定时/计数器　　D. 中断控制系统

2. (　　)为单片机产生时钟脉冲序列。

A. 片内 RAM　　B. 片内 ROM　　C. 定时/计数器　　D. 时钟电路

3. MCS-51 单片机系统复位后,寄存器 P1 内容为(　　)。

A. 07H　　B. 00H　　C. FFH　　D. 0000H

4. 属于单片机的核心部件是(　　)。

A. RAM　　B. ROM　　C. 寄存器　　D. CPU

5. MCS-51 单片机系统复位后,寄存器 SP 内容为(　　)。

A. 07H　　B. 00H　　C. FFH　　D. 0000H

6. 若单片机的晶振频率 f_{osc}=12 MHz,其机器周期为(　　)。

A. 0.5 μs　　B. 1 μs　　C. 2 μs　　D. 12 μs

7. 提高单片机的晶振频率,则机器周期(　　)。

A. 不变　　B. 变长　　C. 变短　　D. 不定

8. MCS-51 单片机系统复位后,寄存器 A 内容为(　　)。

A. 07H　　B. 00H　　C. FFH　　D. 0000H

9. MCS-51 单片机应用系统 I/O 口中,以第二功能为主的是(　　)。

A. P0　　B. P1　　C. P2　　D. P3

10. MCS-51 单片机应用系统 I/O 口中,只能作为通用的输入/输出口的是(　　)。

A. P0　　B. P1　　C. P2　　D. P3

11. 程序计数器 PC 为 16 位计数器,其寻址范围是(　　)。

A. 8 KB　　B. 16 KB　　C. 32 KB　　D. 64 KB

12. 下列指令或指令序列中,不能实现 PSW 内容送累加器 A 的是(　　)。

A. MOV A, PSW

B. MOV A, 0D0H

C. MOV R0, 0D0H MOV A,@R0

D. PUSH PSW　POP ACC

13. 在相对寻址方式中,"相对"两字是指相对于(　　)。

A. 地址偏移量 rel　　B. 当前指令的首地址

C. 下一条指令的首地址　　D. DPTR 值

14. 对程序存储器的读操作,只能使用(　　)指令。

A. MOV　　B. PUSH　　C. MOV X　　D. MOVC

15. 执行返回指令后,返回的断点是(　　)。

A. 调用指令的首地址　　B. 调用指令的末地址

C. 调用指令的下一条指令的首地址　　D. 返回指令的末地址

16. P1 口(P1.0～P1.7)分别接 8 个发光二极管 VD1～VD8 ,低电平点亮,使得 VD5、VD4 同时点亮的控制码是(　　)。

A. 0X18　　B. 0X81　　C. 0XE7H　　D. 7EH

二、判断题

1. 一台计算机所能执行指令的集合称为该计算机的指令系统。　(　　)
2. 指令的表示方法称为指令格式,它规定了指令的长度和内部信息的安排等。　(　　)
3. 89C51 单片机的芯片内部共有 256 个字节的 RAM。　(　　)
4. CPU 是单片机的核心。　(　　)
5. MCS-51 单片机内部有 4 个 16 位并行 I/O 口。　(　　)
6. 数据存储器可以用来放程序和表格。　(　　)
7. MCS-51 单片机中一个时钟周期为振荡周期的 2 倍。　(　　)
8. 只要在 RST 管脚出现 10 ms 以上时间的低电平,单片机就实现复位状态。　(　　)
9. 51 单片机的片内存储器称为程序存储器。　(　　)
10. 51 单片机的程序存储器用于存放运算中间结果。　(　　)

三、综合题

1. MCS-51 单片机内部包含哪些主要逻辑功能部件？各部件有何作用？
2. 89C51 单片机有哪几个并行接口？各 I/O 口有什么特点？
3. 89C51 单片机的时钟周期、机器周期和指令周期是如何分配的？当系统振荡频率为 12 MH 时，一个机器周期为多少微秒？
4. 单片机复位方法有哪几种？复位后各寄存器的状态如何？
5. MCS-51 单片机广泛使用何种语言？它能直接执行吗？为什么？
6. MCS-51 单片机有哪几种寻址方式？各有什么特点？每种寻址方式的寻址范围是什么？
7. 指出下列指令源操作数的寻址方式。

   (1) MOV A，#45H； (2) MOV A,60H； (3) MOV A,@R1； (4) MOV A,R4；(5) MOVC A,@A+DPTR； (6) SJMP 60H； (7) CLR C。
8. 已知片内 RAM (30H)＝64H，(50H)＝05H，片外 RAM(1000H)＝FFH，片外 RAM (2005H)＝00H 并且 TAB＝2000H，试分析下面程序段的结果。

```
MOV R0，#30H
MOV A,@R0
MOV DPTR,#1000H
MOVX @DPTR,A
MOV A,50H
MOV DPTR,#TAB
MOVC    A,@A+DPTR
MOV P1,A
```

9. 已知(A)＝83H，(R0)＝17H，(17H)＝34H，试分析下面程序执行的结果。

```
ANL A，#17H
ORL 17H,A
XRL A,@R0
CPL A
SWAP A
```

10. 编写程序完成下列操作。

    (1) 使内 RAM 30H 单元的高 2 位变反，第 2 位清 0，其余位置 1。

    (2) 使外 RAM 30H 单元的高 2 位变反，第 2 位清 0，其余位置 1。

    (3) 将外 RAM 3000H 单元所有位取反。
11. 设在内 RAM 30H 和 31H 单元中各有一个 8 位二进制数，试编写程序从 30H 单元中取出高 5 位，从 31H 单元中取出低 3 位拼接成一个完整字节，并存入内 RAM 的 32H 单元。

12. 试编写程序将内 RAM 从 INBUF 开始存放的 10 个数据传送到外 RAM 以 OUTBUF 开始的区域。
13. 在外部数据存储器首地址为 TABLE 的数据表中存有 10B 的数据，编程将每个字节的最高位置 1，并送回原来的单元。
14. 设计带有 2 个按键和 2 个 LED 显示器的系统，每当按一下 S1 键，则使 LED1 点亮、LED2 暗，若按一下 S2 键，则使 LED1 暗、LED2 亮。绘出相应的电路示意图，并编写程序。

项目二

密码锁设计

知识目标

- 理解 C51 的结构和数据类型。
- 掌握 C51 的语句及函数的应用。
- 掌握 51 单片机的程序设计方法。
- 掌握单片机与外围按键、蜂鸣器、继电器等的接口技术。
- 掌握 LED 数码管的静态、动态显示原理及编程方法。
- 能编写简单的完整 C51 程序。

技能目标

- 能够对工作任务进行分析，找出相应算法，绘制流程图。
- 能够根据流程图编写相应的 C51 程序。
- 会使用 Keil51 集成开发环境，观察变量窗口。
- 会仿真、下载和调试 C51 程序。

思政目标

- 互帮互助，服从意识，实现高效协同合作。
- 抽丝剥茧，追求真理，透过事物的现象看到(事物的)本质。

课程思政点

● 通过调用功能函数，单片机与外围电路协同合作完成密码锁的设计，强调团队意识以及协同合作的重要性。

● 通过 LED 的动态显示原理，理解人眼看到的多位数码管同时显示，其实是一位一位分时独立显示实现的，启示学生看到的不一定是事实的真相，要追求事件的本质。

单片机 C 语言是一种编译型语言，兼顾了许多高级语言的特点，并且具备了汇编语言的功能，书写格式比较自由，具有较高的移植性，有丰富的运算符和数据类型，丰富的功能函数，它已经成为单片机及嵌入式系统设计的主流设计语言。本项目通过单片机对外围电路数码管、按键、蜂鸣器用 C51 编程进行控制，来实现密码锁的功能，从而培养学生掌握单片机 C 语言的语法及编程技巧，同时能对单片机控制系统有一定的初步认知。

任务 2.1　LED 数码管显示 1～8

任务描述：用单片机控制 8 个数码管显示，动态扫描显示“1～8”。尽量采用节省单片机接口资源的形式来实现。

2.1.1　C51 的概述

C 语言是近年来国内外普遍使用的一种程序设计语言，其功能丰富，表达能力强，使用灵活方便，应用面广，目标效率高，可移植性好，并且能直接对计算机硬件进行操作，既有高级语言的特点，也有汇编语言的特点。

C语言与
51单片机

1. C 语言与 51 单片机

汇编语言有执行效率高、速度快、与硬件结合紧密等特点。尤其在进行 I/O 管理时，使用汇编语言非常快捷、直观。但用汇编语言编程比高级语言难度大，可读性差，不便于移植，开发时间长。而 C 语言作为一种高级程序设计语言，在进行程序设计时相对来说比较容易，支持多种数据类型，可移植性强，并且能对硬件直接访问，能够按地址方式访问存储器或 I/O 端口。

用 C 语言编写 51 单片机程序与用汇编语言编写的程序不一样。用汇编语言编写 51 单片机程序必须考虑其存储器结构，尤其是其片内数据存储器与特殊功能寄存器的使用，以及按实际地址处理端口数据。用 C 语言编写的 51 单片机应用程序不用像汇编语言那样需要具体组织、分配存储器资源和处理端口数据。但在 C 语言编程中，对数据类型与变量的定义，必须要与单片机的存储器结构相关联，否则编译器不能正确地映射定位。

用 C 语言编写的单片机应用程序与标准的 C 语言程序也有相应的区别：用 C 语言编写单片机应用程序时，须根据单片机存储器结构及内部资源定义相应的数据类型和变量，而标准的 C 语言程序不需要考虑这些问题；C51 包含的数据类型、变量的存储模式、输入/输出的处理、函数等方面与标准的 C 语言程序设计有一定的区别，而其他的语法规则、程序结构及程序设计方法等与标准的 C 语言程序设计相同。

2. C51 程序结构

C 语言程序采用函数结构，每个 C 语言程序由一个或多个函数组成，在这些函数中至少应包含一个主函数 main()，也可以包含一个 main()函数和若干个其他的功能函数。不管 main()函数放于何处，程序总是从 main()函数开始执行，执行到 main()函数结束则结束。在 main()函数中调用其他函数，其他函数也可以相互调用，但 main()函数只能调用其他的功能函数，而不能被其他的函数所调用。功能函数可以是 C 语言编译器提供的库函数,也可以是由用户定义的自定义函数。在编制 C 程序时,程序的开始部分一般是预处理命令、函数说明和变量定义等。

C51 程序结构一般如下:

```
预处理命令    include<>
函数说明      long  fun1();
              char  fun2();
              int   x,y;
                char  z;

                      功能函数 1     fun1()      ⎫
                        {                        ⎪
                      函数体                     ⎬功能函数
                        }                        ⎭

                      主函数     main()          ⎫
                        {                        ⎪
                      主函数体                   ⎬主函数
                        }                        ⎭

                      功能函数 2     fun2()      ⎫
                        {                        ⎪
                      函数体                     ⎬功能函数
                        }                        ⎭
```

其中,函数往往由"函数定义"和"函数体"两个部分组成。函数定义部分包括函数类型、函数名、形式参数说明等,函数名后面必须跟一个圆括号"()",形式参数在"()"内定义。函数体由一对花括号"{}"组成,在"{}"里的内容就是函数体。如果一个函数内有多个花括号,则最外层的一对"{}"为函数体的内容。函数体内包含若干语句,一般由两部分组成:声明语句和执行语句。声明语句用于对函数中用到的变量进行定义。也可能对函数体中调用的函数进行声明。执行语句由若干语句组成,用来完成一定功能。当然也有的函数体仅有一对"{}",其中内部既没有声明语句,也没有执行语句。这种函数称为空函数。

C 语言程序的书写格式十分自由,一条语句可以写成一行,也可以写成几行,还可以一行内写多条语句,但每条语句后面必须以分号";"作为结束符。C 语言程序对大小写字母比较敏感,在程序中,同一个字母的大小写系统是作不同的处理。在程序中可以用"/ * ... * /"或"//"对 C 程序中的任何部分作注释,以增加程序的可读性。

C51 的语法规定、程序结构及程序设计方法都与标准的 C 语言程序设计相同,但 C51 程序与标准的 C 语言程序的区别体现在以下五个方面。

(1) C51中定义的库函数和标准的C语言定义的库函数不同。标准的C语言定义的库函数是按通用微型计算机来定义的，而C51中的库函数是按MCS-51单片机相应情况来定义的。

(2) C51中的数据类型与标准的C语言的数据类型也有一定的区别，在C51中还增加了几种针对MCS-51单片机特有的数据类型。

(3) C51变量的存储模式与标准的C语言中变量的存储模式不一样，C51中变量的存储模式与MCS-51单片机的存储器紧密相关。

(4) C51与标准的C语言的输入输出处理不一样，C51中的输入输出是通过MCS-51串行口来完成的，输入输出指令执行前必须要对串行口进行初始化。

(5) C51与标准的C语言在函数使用方面也有一定的区别，C51中有专门的中断函数。

3. C51的标识符和关键字

标识符是用来标识源程序某个对象名字的。这些对象可以是函数、变量、常量、数组、数据类型、存储方式和语句等。一个标识符由字符串、数字和下划线等组成，第一个字符必须是字母或下划线。

在使用标识符时要注意以下四点。

(1) 在标识符中，大、小写是有区别的。例如，“TOP”与“top”是两个完全不同的标识符。

(2) 标识符一般默认32个字符。

(3) 标识符不能使用C51的关键字。

(4) 标识符虽然可由程序员随意定义，但标识符是用于标识某个量的符号。因此，命名尽量有相应的意义，以便于理解。比如“MIN”表示最小值，“INT01”表示外部0中断。

关键字是一类具有固定名称和特定含义的特殊标识符（也称保留字），在编写C语言源程序时一般不允许将关键字作为它用。

4. C51的分隔符

C51的分隔符有：

[　]　(){}，：；…　*　=　#

用“[　]”对数组进行说明。例如：char a[ ]=“I am a teacher”；

用“()”进行隔离。例如：return(p)；

用“，”隔离变量。例如：int x，y，z；

用“{ }”隔离复合语句。例如：for { ；；}；

用“；”表示结束符。例如：int a=5；

用“：”表示分隔标识符。例如：pt：max；

用“*”表示指针。例如：char *p1；

用“#”预处理伪指令。例如：#include<reg51.h>；

用“^”标识特殊寄存器的位。例如：sbit p1.0＝p1^0；

用“…”说明函数的参数表中可能出现参数。例如：int ab(int，char...)。

空格也是分隔符，在关键字、标识符之间必须有一个以上的空格作为间隔，否则将会出现错误。例如，把“char b;”写成“charb”，C 编译器会把 charb 当成一个标识符处理，其结果必然出错。

2.1.2 C51 的数据与运算

数据类型是按被说明量的性质、表示形式、占据存储空间的多少和构造点来划分的。在 C 语言中，数据类型可分为：基本数据类型、构造数据类型、指针类型和空类型。

C51 数据类型

(1) 基本数据类型。特点是其值不可以再分解为其他类型。

(2) 构造数据类型。是根据已定义的一个或多个数据类型用构造的方法来定义的。构造数据类型包含数组类型、结构类型和联合类型等。

(3) 指针类型。指针是一种很特殊的、具有重要作用的数据类型，其值用来表示某个量在内存储器中的地址。

(4) 空类型。无值型字节长度为 0，主要有两个用途。一是明确地表示一个函数不返回任何值；二是产生一个同一类型指针(可根据需要动态分配给其内存)。

1. 基本数据类型

C 语言中的基本数据类型有 char、int、short、long、float 和 double。对于 C51 编译器来说，short 型和 int 型相同，double 型和 float 型相同。

基本数据类型

(1) char 字符类型

有 signed char 和 unsigned char 之分，默认值为 signed char。它们的长度均为 1 个字节，用于存放一个单字节的数据。signed char 是有符号字符型数据，其字节中的最高位表示该数据的符号，“0”表示正数，“1”表示负数，其能表示的数值范围为－128～＋127。unsigned char 是无符号字符型数据，其字节中的所有位均用来表示数据的数值，其能表示的数值范围为 0～255。

(2) int 整型

有 signed int 和 unsigned int 之分，默认值为 signed int。它们的长度均为 2 个字节，用于存放一个双字节的数据。对于 signed char 型数据，其字节中的最高位表示该数据的符号，“0”表示正数，“1”表示负数，其能表示的数值范围为－32 768～＋32 767；unsigned int 是无符号整型数据，其能表示的数值范围为 0～65 535。

(3) long 长整型

有 signed long 和 unsigned long 之分，默认值为 signed long。它们的长度均为 4 个字节。signed long 是有符号整型数据，其字节中的最高位表示该数据的符号，“0”表示正数，“1”表示负数，其能表示的数值范围为－2 147 483 648～＋2 147 483 647。unsigned long 是无符号整型数据，其能表示的数值范围为 0～4 294 967 295。

(4) float 浮点型

它是符合 IEEE-754 标准的单精度浮点型数据，在十进制中具有 7 位有效数字。float 型数据占用 4 个字节，在内存的存放格式见表 2-1-1。

表 2-1-1　float 存放格式

字节地址	+3	+2	+1	+0
浮点数内容	S EEEEEEE	E MMMMMMM	MMMMMMMM	MMMMMMMM

其中，S 为符号位，存放在最高字节的最高位；"0"表示正数，"1"表示负数。E 为阶码，占用 8 位二进制数，存放在高两个字节中。阶码 E 的值是以 2 为底的指数再加上偏移量 127，这样处理的目的是为了避免出现负的阶码值，而指数是可正可负的。阶码 E 的正常取值范围是 1～254，而实际指数的取值范围是 −126～+127。M 为尾数的小数部分，用 23 位二进制数表示，存放在低三个字节中。尾数的整数部分总是 1，因此不保留，但它是隐含存在的。小数点位于隐含的整数位"1"的后面。一个浮点数的数值范围是 $(-1)^{S}\times 2^{E+127}\times(1.M)$。

2. C51 的数据类型

C51 常用的数据类型有：无符号字符型(unsigned char)、有符号字符型(signed char)、无符号整型(unsigned int)、有符号整型(signed int)、无符号长整型(unsigned long)、有符号长整型(signed long)、浮点型(float)和双精度浮点型(double)。除了上述基本的数据类型外，C51 还支持指针和构造数据类型，还有和 ANSI　C 不兼容的特殊的数据类型。

(1) * 指针型

指针型数据本身是一个变量，但在这个变量中存放的不是普通的数据，而是指向另一个数据的地址。指针变量也要占据一定的内存单元，在 C51 中，指针变量的长度一般为 3～5 个字节。指针变量也具有类型，其表示方法是在指针符号" * "的前面冠以数据类型符号。如 char * point1;表示 point1 是一个字符型的指针变量，float * point2;表示 point2 是一个浮点型的指针变量。指针变量的类型表示该指针所指向地址中的数据的类型。使用指针型变量可以方便地对 C51 单片机的各部分物理地址直接进行操作。

(2) bit 位标量

这是 C51 编译器的一种扩充数据类型，利用它可定义一个位标量，但不能定义位指针，也不能定义位数组。

(3) sfr 特殊功能寄存器

这也是 C51 编译器的一种扩充数据类型，利用它可以访问 C51 单片机的所有内部特殊功能寄存器。sfr 型数据占用一个内存单元，其取值范围是 0～255。

(4) sfr16 16 位特殊功能寄存器

它占用两个内存单元，取值范围是 0～65 535。

（5）sbit 可寻址位

这也是 C51 编译器的一种扩充数据类型，利用它可以访问 C51 单片机内部 RAM 中的可寻址位或特殊功能寄存器中的可寻址位。例如：

```
sfr PSW=D0H
sbit P1_1=P1^1
```

可以将 C51 单片机的 PSW 地址定义为 D0H，将 P1.1 位定义为 P1_1 等。

表 2-1-2 列出了 C51 的数据类型。

表 2-1-2　C51 的数据类型

数据类型	长度	值域
unsigned char	单字节	0～255
signed char	单字节	－128～＋127
unsigned int	双字节	0～65 535
signed int	双字节	－32 768～＋32 767
unsigned long	四字节	0～4 294 967 295
signed long	四字节	－2 147 483 648～＋2 147 483 647
float	四字节	±1.175 494E－38～±3.402 823E＋38
*	1～3 字节	对象的地址
bit	位	0 或 1
sfr	单字节	0～255
sfr16	双字节	0～65 535
sbit	位	0 或 1

3. C51 的运算量

（1）常量

① 整型常量

整型常量就是整型常数，可以表示为以下几种形式：

- 十进制整常数。没有前缀，其数码为 0～9，如 456，－79，0 等。
- 八进制整常数。必须以 0 开头，即以 0 作为八进制的前缀，数码取值为 0～7，如 056，01234，073。八进制数通常为无符号数。
- 十六进制整常数。以 0x 开头的数，其数码为 0～9，A～F 或 a～f，如 0x24，－0x78A。

② 浮点型常量

浮点型常量有十进制表示形式和指数表示形式。

十进制表示形式又称定点表示形式，由数字和小数点组成，如 0.314 159，314.159，314 159，0.0 等。如果整数或小数部分为 0，可以省略不写，但必须有小数点。

指数表示形式如下：

[±]数字[.数字]e[±]数字

其中，“[ ]”中的内容为可选项，其余部分必须有，如1256 e3，−7.0 e−8等。

③ 字符型常量

字符型常量是用单引号括起来的一个字符，如'a''b''=''+'和'！'。对于不可显示的控制字符，可以在该字符前面加一个反斜杠“\”组成专用的转义字符。转义字符可以完成一些特殊功能和输出时的格式控制。常用的转义字符及其含义见表2-1-3。

表2-1-3　转义字符及其含义

转义字符	含义	转义字符	含义
\n	回车换行	\\	反斜线符“\”
\t	横向跳到下一制表位置	\`	单引号符
\v	竖向跳格	\a	鸣铃
\r	回车	\ddd	1～3位八进制所代表的字符
\f	走纸换页	\xhh	1、2位十六进制所代表的字符
\b	退格		

④ 字符串常量

字符串常量是由双引号括起来的字符，如"abc""$78.9"都是字符串常量。当双引号内的字符个数为0时，称为空串常量。字符串常量首尾的双引号是界限符，当需要表示双引号字符串时，可表示为“\”。另外，C语言将字符串常量作为一个字符类型数组来处理，在存储字符串常量时要在字符串的尾部加一个转义字符“\0”作为该字符串常量的结束符。因此不要将字符常量与字符串常量混淆，字符常量'a'和字符串常量"a"虽然都只是一个字符，但在内存中的情况是不同的。'a'在内存中占1个字节，"a"在内存中占2个字节。

(2) 变量

变量是一种在程序执行过程中其值能不断变化的量。C语言程序中的每一个变量都必须有一个标识符作为它的变量名。在使用变量前，必须先对该变量进行定义，指出它的数据类型和存储模式，以便编译系统为它分配相应的存储单元。在C51中对变量进行定义的格式如下：

[存储类型]　数据类型　[存储器类型]　变量名表

在定义格式中除了数据类型和变量名是必要的，其他都是可选项。存储类型有4种：自动(auto)、外部(extern)、静态(static)和寄存器(register)，默认类型为自动(auto)。

说明了一个变量的数据类型后，还可选择说明该变量的存储器类型。存储器类型的说明就是该变量在C51硬件系统中所使用的存储区域，并在编译时准确地定位。keil C51所能识别的存储器类型见表2-1-4。

表 2-1-4　keil C51 所能识别的存储器类型

存储器类型	说明
data	直接访问内部数据存储器(128B),访问速度最快
bdata	可位寻址内部数据寄存器(16B),允许位与字节混合访问
idata	间接访问内部数据存储器(256B),允许访问全部内部地址
pdata	分页访问外部数据存储器(256B),用 MOVX@Ri
xdata	外部数据存储器(64 KB),用 MOVX@DPTR
code	程序存储器(64 KB),MOVC@A+DPTR 指令访问

定义变量时,如果省略"存储器类型"选项,则按编译模式 SMALL、COMPACT 和 LARGE 所规定的默认存储器类型确定变量的存储区域,不能位于寄存器中的参数传递变量和过程变量也保存在默认的存储器区域内。C51 编译器的 3 种存储器模式对变量的影响如下:

① SMALL 变量被定义在 89C51 单片机的内部数据存储器中,因此对这种变量的访问速度最快。另外,所有的对象,包括堆栈,都必须嵌入内部数据存储器,而堆栈的长度是很重要的,实际栈长度取决于不同函数的嵌套深度。

② COMPACT 变量被定义在分页外部数据存储器中,外部数据段长度可达 256 字节。这是对变量的访问是通过寄存器间接寻址进行的,堆栈位于 89C51 单片机内部数据存储器中。采用这种编译模式时,变量的高 8 位地址由 P2 口确定。在采用这种模式的同时,必须适当改变启动程序 STARTUP. A51 中的参数:PDATASTART 和 PDATALEN;进行连接时还必须采用连接控制命令来对 P2 口地址进行定位,这样才能确保 P2 口为所需要的高 8 位地址。

③ LARGE 变量被定义在外部数据存储器中(最大可达 64 KB),使用数据指针 DPTR 来间接访问变量。这种访问数据的方法效率是不高的,尤其是对于 2 个或多个字节的变量,用这种数据访问方法对程序的代码影响非常大。并且这种数据指针不能对称操作。

需要特别指出的是,变量的存储种类与存储器类型是完全无关的。在程序设计时,经常需要给一些变量赋初值,C51 允许在定义变量的同时给变量赋初值。

下面是一些变量定义的例子:

```
int data var1;   /* 在 data 区定义整型变量 var1 */
int a=3;         /* 定义变量,同时赋以初值,变量位于由编译模式确定的默认存储区 */
extern float idata a,b,c;  /* 在 idata 区定义外部浮点型变量 a,b,c  */
char xdata *px      /* 在 xdata 区定义一个指向对象类型为 char 的指针 px   */
sfr P0=0x80;     /* 定义特殊功能寄存器 P0,其地址为 80H   */
```

由于 MCS-51 单片机是 8 位单片机,所以在编写程序时应尽量使用这类的 8 位数据类型,若使用浮点型需调用相应的库或是自己编写。

4. 绝对地址访问

在 C51 中,可以通过变量的形式访问 51 单片机的存储器,也可以通过绝对地址来访问存储器。对于绝对地址，访问形式有三种。这里只介绍如何使用C51运行库中预定义宏。

C51编译器提供了一组宏定义来对51单片机的code、data、pdata和xdata空间进行绝对寻址。规定只能以无符号数方式访问，定义了8个宏定义，其函数原型如下：

```
#define  CBYTE((unsigned char volatile *)0x50000L)
#define  DBYTE((unsigned char volatile *)0x40000L)
#define  PBYTE((unsigned char volatile *)0x30000L)
#define  XBYTE((unsigned char volatile *)0x20000L)
#define  CWORD((unsigned int volatile *)0x50000L)
#define  DWORD((unsigned int volatile *)0x40000L)
#define  PWORD((unsigned int volatile *)0x30000L)
#define  XWORD((unsigned int volatile *)0x20000L)
```

这些函数原型放在absacc.h文件中。使用时，须用预处理命令把该头文件包含到文件中，其形式如下：

```
#include  <absacc.h>
```

其中，CBYTE以字节形式对code区寻址，DBYTE以字节形式对data区寻址，PBYTE以字节形式对pdata区寻址，XBYTE以字节形式对xdata区寻址，CWORD以字形式对code区寻址，DWORD以字形式对data区寻址，PWORD以字形式对pdata区寻址，XWORD以字形式对xdata区寻址。访问形式如下：

宏名[地址]

宏名为CBYTE、DBYTE、PBYTE、XBYTE、CWORD、DWORD、PWORD或XWORD。地址为存储单元的绝对地址，一般用十六进制形式表示。

绝对地址对存储单元的访问如下：

```
#include  <absacc.h>                 //将绝对地址头文件包含在文件中
#include  <reg52.h>                  //将寄存器头文件包含在文件中
#define  uchar  unsigned  char       //定义符号 uchar 为数据类型符 unsigned char
#define  uint  unsigned  int         //定义符号 uint 为数据类型符 unsigned int
void  main(void)
{
uchar  var1;
uint  var2;
var1=XBYTE[0x0005];      //XBYTE[0x0005]访问片外 RAM 的 0005 字单元
var2=XWORD[0x0002];      //XWORD[0x0002]访问片外 RAM 的 0002 字单元
……
while(1);
}
```

在上面程序中，XBYTE[0x0005]就是以绝对地址方式访问的片外RAM 0005字单元;XWORD[0x0002]就是以绝对地址方式访问的片外 RAM 0002 字单元。

5. C51 的运算符与表达式

(1) 赋值运算符

赋值运算符用于赋值运算,其作用是将一个数据的值赋给一个变量,利用赋值运算符将一个变量与一个表达式连接起来的式子称为赋值表达式,在赋值表达式的后面加上一个分号";"便构成了赋值语句。一个赋值语句的格式如下:

变量=表达式;

例如:

a=8; b=6;

(2) 算术运算符

算术运算符用于各类数值运算,包括加(+)、减(-)、乘(*)、除(/)和求余(%)。这 5 种运算符都是双目运算符。它们要求有两个运算对象。

用算术运算符将运算对象连接起来的式子即为算术表达式的一般形式如下:

表达式 1 算术运算符 表达式 2

例如:

a=8; b=6; c=a/b; d=a%b;

(3) 增量和减量运算符

增量和减量运算符是 C51 语言中特殊的一种运算符。增量运算符为"++";减量运算符为"--",它们的作用分别是对运算对象作加 1 和减 1 运算。有以下几种形式:++i(--i) 是 i 自增 1(自减 1)后再参与运算;i++(i--)是 i 参与运算后,再自增 1(自减 1)。

增量运算符"++"和减量运算符"--"只能用于变量,不能用于常数或表达式。

例如:

```
unsigned int i,a,b,c,d;
i=5;a=++i;
i=5;b=--i;
i=5;c=i++;
i=5;d=i--;
```

运算结果为

a=b, b=4, c=5, d=5。

(4) 关系运算符

关系运算符用于比较运算,包括大于(>)、小于(<)、大于等于(>=)、小于等于(<=)、等于(==)和不等于(!=)6 种。前 4 种关系运算符具有相同的优先级,后两种具有相同的优先级,但前 4 种的优先级高于后两种。用关系运算符将两个表达式连接起来即为关系表达式。关系表达式的一般形式如下:

表达式 1　关系运算符　表达式 2

关系运算符通常用来判断某个条件是否满足。当满足指定的条件时，结果为 1；否则为 0。

例如：

```
unsigned int a,b,c,d,e,f;
a=(8>4);b=(8>=4);  c=(8<4);  d=(8<=4);e=(8!=4);  f=(8==4);
```

(5) 逻辑运算符

逻辑运算符用于逻辑运算，包括与(&&)、或(||)和非(!)3 种。用逻辑运算符将关系表达式或逻辑量连接起来就是逻辑表达式。

① 逻辑与的一般形式如下：

条件表达式 1 && 条件表达式 2

② 逻辑或的一般形式如下：

条件表达式 1 || 条件表达式 2

③ 逻辑非的一般形式如下：

! 条件表达式

例如，x||y，!(a+b)都是合法的逻辑表达式。逻辑运算符的优先级为：非(!)最高，其次是与(&&)，最低为或(||)。

例如：

```
unsigned int var1,var2,var3,var4,var5,var6;
var1=(8>4)&&(8>3);  var2=(8>4)&&(8<3);  var3=(8>4)||(8>3);
var4=(8>4)||(8<3);  var5=!(8>4); var6=(8>4)&&(8<4)||(8<3)+!(8>4);
```

(6) 位运算符

参与运算的量按二进制位进行运算，包括位与(&)、位或(|)、位非(~)、位异或(^)、左移(<<)和右移(>>)6 种。位运算的作用是按位对变量进行运算，并不改变参与运算的变量的值。若希望改变运算变量的值，则应利用相应的赋值运算。另外位运算不能用来对浮点型数据进行操作。位运算的优先级从高至低依次是：位非、左移、右移、位与、位异或、位或。

位运算的一般形式如下：

变量 1　位运算符 变量 2

位运算符中的移位操作比较复杂。左移(<<)运算符是用来将变量 1 的二进制位值向左移动由变量 2 所指定的位数。右移(>>)运算符是用来将变量 1 的二进制位值向右移动由变量 2 所指定的位数。进行左移运算时，其左端移出的位值被丢弃，并在其右端补以相应位数的“0”。进行右移运算时，如果变量 1 属于无符号类型数据，则总在其左端补“0”；如果变量 1 属于有符号类型数据，则在其左端补以原来数据的符号位，其右端的移出位被丢弃。

例如：

```
unsigned char  var1,var2,var3,var4,var5,var6;
var1=8&7; var2=8|7; var3=8^7;  var4=~8; var5=8<<2; var6=7>>2;
```

(7) 复合赋值运算符

在赋值符"="之前加上双目运算符可构成复合赋值运算符，如+=、-=、>>=、<<=、*=、/=、%=、|=、^=、和~=等。复合运算的一般形式如下：

变量　复合赋值运算符　表达式

例如，a+=3 等价于 a=a+3；x*=y+5 等价于 x=x*(y+5)。凡是双目运算符都可以和赋值运算符一起组合成复合赋值运算符。采用这种复合赋值运算符，可以使程序简化，同时还可以提高程序的编译效率。

还有逗号运算符、条件运算符、指针和地址运算等此处不作介绍。以上运算符的优先级与结合性见表 2-1-5。

表 2-1-5　运算符的优先级与结合性

优先级	类别	运算符名称	运算符	结合性
1	结构、联合	下标 存取结构或联合成员	[ ] ->或.	右结合
2	逻辑 字位	逻辑非 按位取反	! ~	左结合
	增量 减量	增 1 减 1	++ --	
	指针	取地址 取内容	& *	
	算术	单目减	-	
3	算术	乘 除 取模	* / %	右结合
4	算术和指针运算	加 减	+ -	
5	字位	左移 右移	<< >>	
6	关系	人于等于 大于 小于等于 小于	>= > <= <	
7		恒等于 不等于	== !=	
8	字位	按位与	&	
9		按位异或	^	
10		按位或	|	

（续表）

优先级	类别	运算符名称	运算符	结合性
11	逻辑	逻辑与	&&	左结合
12		逻辑或	||	
13	条件	条件运算	?:	
14	赋值	赋值 复合赋值	= Op=	
15	逗号	逗号运算	,	右结合

2.1.3　C51 语句

1. C51 基本语句

从程序的流程角度看，程序可以分为 3 种基本结构，即顺序结构、分支结构和循环结构，这三种基本结构可以组成各种复杂的程序。C 语言提供了多种语句来实现这些程序结构。

C51 程序的执行部分是由语句组成的，程序的功能也是由执行语句实现的。

C51 语句可分为：表达式语句、空语句、复合语句、函数调用语句和控制语句 5 类。

（1）表达式语句

在表达式的后面加上一个"；"构成了表达式语句。其一般形式如下：

```
表达式；
```

执行表达式语句就是计算表达式的值。例如下面的语句都是合法的表达式语句。

```
x=y+3;
b=++a;
i=5;j=7;
```

（2）空语句

只有分号（；）组成的语句称为空语句。空语句是表达式语句的一种特例。空语句在程序设计时有时很有用，当程序在语法上需要一个语句，但语义上并不要求有具体的动作时，便可以采用空语句。空语句通常有以下两种用法。

① 在程序中为有关语句提供标号，用以标记程序执行的位置。例如采用下面的语句可以构成一个循环。

```
pt : ;
.........
goto pt ;
```

② 在 while 语句构成的循环语句后面加上一个分号，形成一个不执行其他操作的空语句。这种空语句在等待某个事件发生时特别有用。

```
while(! RI);
```

本语句的功能是，当RI不为1时就在此处等待。这里的循环体为空语句。

(3) 复合语句

把多个语句用{}括起来组成的语句称为复合语句。在程序中应把复合语句看成单条语句，而不是多条语句。复合语句不需要以分号“;”结束，但它内部的各条单语句仍须以分号“;”结束。复合语句的一般形式如下：

```
{
  局部变量定义;
  语句1;
  语句2;
  …
  语句n;
}
```

(4) 函数调用语句

函数调用语句由函数名、实际参数加上分号(;)组成。其一般形式如下：

```
函数名(实际参数表);
```

执行函数调用语句就是调用函数体并把实际参数赋于函数定义中的形式参数，然后执行被调函数体中的语句。

(5) 控制语句

控制语句用于控制程序的流程，以实现程序的各种结构方式。它们由特定的语句定义符组成，C51语言有9种控制语句，可分为以下三类。

① 条件判断语句:if 语句，switch 语句。

② 循环执行语句:do while 语句，while 语句，for 语句。

③ 转向语句:break 语句，goto 语句，continue 语句，return 语句。

2. 条件语句

用if语句可以构成分支结构。它根据给定的条件进行判断，以决定执行某个分支程序段。C语言的if语句有三种基本的形式。

(1) 基本形式 if(条件表达式)语句

其一般形式如下：

```
if(条件表达式)
{
语句;
……
}
```

其含义是:如果表达式的值为真(非0值)，就执行后面的语句;否则不执行该语句。

（2）if-else 形式

其一般形式如下：

```
if（表达式）
    语句 1；
else
    语句 2；
```

其含义是：如果表达式的值为真(非 0 值)，就执行语句 1；否则执行语句 2。

（3）if-else-if 形式

前两种形式的语句一般用于两个分支的情况。当有多个分支选择时，可采用 if-else-if 语句。其一般形式如下：

```
if(表达式 1)
    语句 1；
else if(表达式 2)
    语句 2；
else if(表达式 3)
    语句 3；
……
else if(表达式 m)
    语句 m；
else
语句 n；
```

其含义是：依次判断表达式的值，当出现某个值为真时，就执行对应的语句，然后跳到整个语句之外继续执行程序；否则执行语句，然后继续执行后续程序。其实，它是由语句嵌套而成的，在这种结构中，总是与临近的 if 配对。

if 语句中应注意以下三点。

① 在 3 种形式的 if 语句中，if 关键字之后均为表达式。该表达式通常是逻辑表达式或关系表达式，但也可以是其他表达式，如赋值表达式等，甚至可以是一个变量，例如，if(a=5)，if(b)语句，都是允许的。只要表达式的值为非 0，即为“真”，那么其后的语句就要执行。

② 在 if 语句中，条件判断表达式必须用括号括起来，在语句之后必须加分号。

③ 在 if 语句的 3 种形式中，所有的语句应为单个语句，如果要想在满足条件时执行一组(多个)语句，则必须把这一组语句用{}括起来组成一个复合语句。但要注意的是，“}”之后不能再加分号。

3. 选择语句

（1）switch 语句

switch 语句(开关语句)也是一种用来实现多方向条件的语句。虽然采用条件语句可以实现多方向条件分支，但当分支较多时会使条件语句的嵌套层次太多，程序冗长，可读性降低。switch 语句可直接处理多分支选择，使程序结构清晰。其一般形式如下：

```
switch(表达式)
{
case 常量表达式 1：语句 1；
                  break；
case 常量表达式 2：语句 2；
                  break；
……
case 常量表达式 n：语句 n；
                  break；
default：    语句 n+1；
}
```

其含义是：计算表达式的值，并逐个与 case 后面各个常量表达式的值进行比较，当表达式的值与某个常量表达式的值相等时，就执行其后的语句，然后执行 break 语句。break 语句又称间断语句，它的功能是终止当前语句的执行，使程序跳出 switch 语句。当表达式的值与 case 后面的常量表达式的值都不相等时，就执行 default 后的语句。

在使用 switch 语句时应注意以下四点。

① 在 case 后的各常量表达式的值不能相同，否则会出现错误；

② 在 case 后，允许有多个语句，可以不用{}括起来；

③ 在各 case 和 default 子句的先后顺序可以变动，而不会影响程序执行结果；

④ default 子句可以省略不用。

（2）return 语句

return 语句（返回语句）用于终止函数的执行，并控制程序返回到调用该函数时所处的位置。return 语句有两种形式。

形式一：

```
return（表达式）；
```

形式二：

```
return；
```

如果语句后边带有表达式，则要计算表达式的值，并将表达式的值作为该函数的返回值。若使用不带表达式的形式，则被调用函数返回主函数时，函数值不确定。

一个函数的内部可以含有多个 return 语句，但程序仅执行其中的一个 return 语句而返回主调用函数。一个函数内部也可以没有 return 语句，这种情况下，当程序执行到最后一个界限“}”处时，就自动返回主调用函数。

4. 循环语句

循环结构是程序中一种很重要的结构。其特点是，在给定条件成立时，反复执行某程序段，直到条件不成立为止。给定的条件为循环条件，反复执行的程序段为循环体。C51中有很多循环语句，可以组成各种不同形式的循环结构。

（1）while 语句

采用 while 语句构成的循环结构的一般形式如下：

```
while(条件表达式) 语句;
```

其含义是：当条件表达式的结果为真(非 0 值)时，程序就重复执行循环体语句，一直执行到条件表达式的结果变为假(0 值)时为止。这里的语句可以是复合语句。

while 语句循环过程如图 2-1-1 所示。

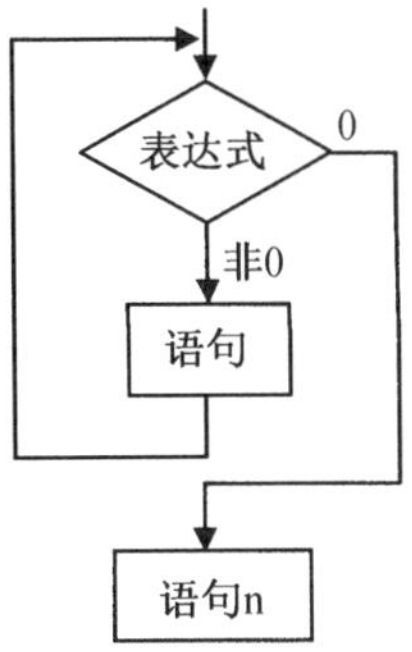

图 2-1-1　while 语句循环过程

例如：

```
while(1);
while(p1_1==1);
```

这是两条空语句，第一条语句一般表示程序的结束；第二条语句的作用是等待信号的发生(下降沿跳变)。

（2）do_while 语句

采用 do_while 语句构成的循环结构的一般形式如下：

```
do
循环体语句;.
while (条件表达式);
```

这种循环结构的特点是先执行给定的循环体语句，然后再判断条件表达式的结果。当条件表达式的结果为真(非 0 值)时，程序就重复执行循环体语句，一直执行到条件表达式的结果变为假(0 值)时为止。用 do_while 语句构成的循环结构在任何条件下，循环体语句至少被执行一次。

do-while 语句循环过程如图 2-1-2 所示。

for 语句

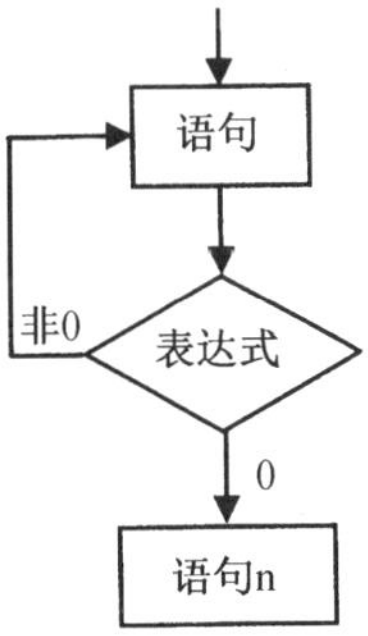

图 2-1-2　do-while 语句循环过程

（3）for 语句

for 语句是 C 语言所提供的功能更强、使用更广泛的一种循环语句。其一般形式如下：

```
for 语句([初始化表达式];[循环条件表达式];[增量表达式])
循环体语句;
```

for 语句执行的过程是，先计算初值，设定表达式的值作为循环控制变量的初值，再看循环条件表达式的结果，当满足循环条件表达式时就执行循环体语句，并计算更新表达式，然后再根据更新表达式的计算结果来判断循环条件是否满足……一直进行到循环条件表达式的结果为假(0 值)时,退出循环体。

for 语句循环过程如图 2-1-3 所示。

在使用 for 语句时应注意以下三点。

① for 循环中语句可以为语句体,但要用“{”和“}”将参加循环的语句括起来。

② for 循环中的“初始化表达式”“循环条件表达式”和“增量表达式”都是选择项,即可以缺省,但“;”不能缺省。省略了初始化表达式,表示不对循环控制变量赋初值。省略了条件表达式,则不作其他处理时便成为死循环。省略了增量,则不对循环控制变量进行操作,这时可在语句体中加入修改循环控制变量的语句。

③ for 语句可以有多层嵌套。

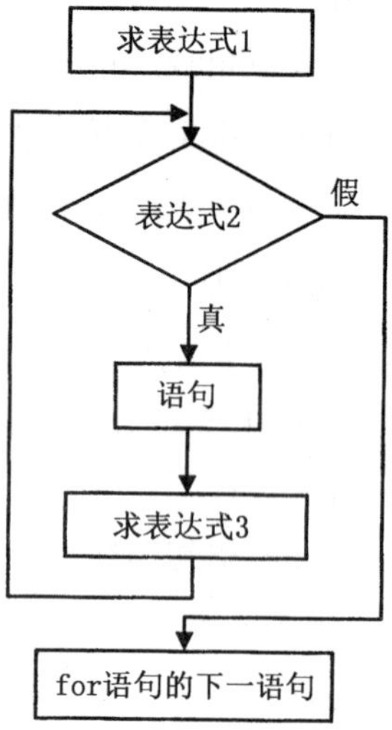

图 2-1-3　for 语句循环过程

(4) goto 语句

goto 语句又称无条件转向语句,其一般形式如下:

```
goto 语句标号;
```

其中语句标号是一个带冒号“:”的标识符。将 goto 语句与语句标号一起使用,可以构成一个循环结构,但更常见的是在程序中采用 goto 语句来跳出多重循环,只能用 goto 语句从内层循环跳到外层循环,而不允许从外层跳到内层循环。在结构化程序设计中一般不主张使用 goto 语句,以免造成程序流程的混乱。

(5) break 语句和 continue 语句

① break 语句

break 语句只能用在循环体中,其作用是跳出语句或跳出本层循环,转去执行后面的语句,由于 break 语句的转向是明确的,所以不需要语句标号与之配合。其一般形式如下:

```
break;
```

② continue 语句

continue 语句是一种中断语句,一般用在循环结构中,其功能是结束本次循环,既跳过循环体下面尚没执行的语句,把程序流程转移到当前循环语句的下一个循环周期,并根据循环控制条件决定是否重复执行该循环体。其一般形式如下:

```
continue;
```

continue 语句通常和条件语句用在由 while、do_while 和 for 语句构成的循环结构中,它也是一种具有特殊功能的无条件转向语句,但它与 break 语句不同,continue 语句并不跳出循环体,而只是根据循环控制条件确定是否继续执行循环语句。

2.1.4　C51 函数

在进行程序设计的过程中,如果程序较大,一般应将其分成若干个子程序模块,每个子程序模块完成一定的功能，而子程序是由函数来实现的。

函数是 C 语言中的一种基本模块，实际上 C51 程序就是由若干个模块化的函数所构成的。可以把函数看成一个“黑盒子”，只要将数据送进去就能得到结果，而函数内部究竟是如何工作的，外部程序可以不知道，外部函数只要调用它就行，所知道的是给函数输入什么和函数输出什么。

C51 程序中函数的个数是没有限制的，但一个 C51 程序中至少有一个函数，它以 main 为名，称为主函数，main 函数是一个控制程序流程的特殊函数，它是程序的起点。C51 还可以建立和使用库函数。每个库函数都可以完成一定的功能，用户可以根据需要随时调用。

1. 函数的定义

函数的定义

用户用 C51 进行程序设计时，既可以用系统提供的标准库函数，也可以使用用户自己定义的函数。对于系统提供的标准库函数，在使用之前需要通过预处理命令＃include 将对应的标准库包含到程序的起始位置。对于用户自定义函数，在使用之前必须对它进行定义之后才能调用。函数定义的一般格式如下：

```
函数类型　函数名(形式参数表)　[reentrant][interrupt　m][using　n]
形式参数说明
{
  局部变量定义
  函数体
}
```

前面部件称为函数的首部，后面称为函数的尾部，格式说明如下。

(1) 函数类型

函数类型说明了函数返回值的类型。它可以是前面介绍的各种数据类型，用于说明函数最后的 return 语句送回给被调用处的返回值的类型。如果一个函数没有返回值，函数类型可以不写。在实际处理中，一般把它定义为 void。

(2) 函数名

函数名是用户为自定义函数取的名字以便调用函数时使用。它的取名规则与变量的命名一样。

(3) 形式参数表

形式参数表用于列录在主调函数与被调用函数之间进行数据传递的形式参数。在函数定义时形式参数的类型必须说明。可以在形式参数表的位置说明，也可以在函数名后面、函数体前面进行说明。如果函数没有参数传递，在定义时，形式参数也可以没有或用 void，但括号不能省。

定义一个返回两个整数的最大值的函数 max()，程序如下：

```
int　max(int　x,int　y)
```

```
{
int  z;
z=x>y? x:y;
return(z);
}
```

(4) reentrant 修饰符

在 C51 中,这个修饰符用于把函数定义为可重入函数。所谓可重入函数就是允许被递归调用的函数。函数的递归调用是指当一个函数正被调用尚未返回时,直接或间接调用函数本身。一般的函数不能做到这样,只有重入函数才允许递归调用。在 C51 中,若函数被定义为重入函数,C51 编译器编译时将会为重入函数生成一个模拟栈,通过这个模拟栈来完成参数传递和局部变量的存放。

(5) interrupt m 修饰符

interrupt m 是 C51 函数中非常重要的一个修饰符,这是因为中断函数必须通过它进行修饰。在 C51 程序设计中经常用中断函数来实现系统实时性,提高程序处理效率。

在 C51 程序设计中,当函数定义时用了 interrupt m 修饰符,系统编译时把对应函数转化为中断函数,自动加上程序头段和尾段,并按 MCS-51 系统中断的处理方式自动把它安排在程序存储器中的相应位置。在该修饰符中,m 的取值为 0~31,对应的中断情况如下:

0——外部中断 0;

1——定时/计数器 T0;

2——外部中断 1;

3——定时/计数器 T1;

4——串行口中断;

5——定时/计数器 T2。

其他值预留。

编写 MCS-51 中断函数应注意以下七点。

① 中断函数不能进行参数传递,如果中断函数中包含任何参数声明都将导致编译出错。

② 中断函数没有返回值,如果企图定义一个返回值将得不到正确的结果,建议在定义中断函数时将其定义为 void 类型,以明确说明没有返回值。

③ 在任何情况下都不能直接调用中断函数,否则会产生编译错误。因为中断函数的返回是由 89C51 单片机的 RETI 指令完成的,RETI 指令影响 89C51 单片机的硬件中断系统。如果在没有实际中断情况下直接调用中断函数,RETI 指令的操作结果会产生一个致命的错误。

④ 如果在中断函数中调用了其他函数,则被调用函数所使用的寄存器必须与中断函

数相同;否则会产生不正确的结果。

⑤ C51编译器对中断函数编译时会自动在程序开始和结束处加上相应的内容,具体如下:在程序开始处对ACC、B、DPH、DPL和PSW入栈,结束时出栈。

⑥ C51编译器从绝对地址8m+3处产生一个中断向量,其中m为中断号,也即interrupt后面的数字。该向量包含一个到中断函数入口地址的绝对跳转。

⑦ 中断函数最好写在文件的尾部,并且禁止使用extern存储类型说明,以防止其他程序调用。

下面的程序的功能是:对外部中断1中断次数计数,并送P0口显示。

```
#include <reg51.h>
unsigned char counter = 0;
void int0_int () interrupt 2
{
    P0= counter++; //加一送P0显示
}
void main (void)
{
    IT1 = 1;        // INT1 下降沿触发
    EX1 = 1;        // 使能 INT1
    EA = 1;         // 开总中断
    while (1) ;     // 死循环
}
```

(6) using n修饰符

在前面单片机基础的介绍中,提到了51单片机有4组工作寄存器:0组、1组、2组和3组。每组有8个寄存器,分别用R0~R7表示。修饰符using n用于指定本函数内部使用的工作寄存器组,其中n的取值为0~3,表示寄存器组号。

2. 函数的调用与声明

(1) 函数的调用

函数的调用的一般形式如下:

```
函数名(实参列表);
```

对于有参的函数调用,若实参列表包含多个实参,则各个实参之间用逗号隔开。主调函数的实参与形参的个数应该相等,类型一一对应。实参与形参的位置一致,调用时实参按顺序一一把值传递给形参。在C51编译系统中,实参表的求值顺序为从左至右。如果调用的是无参函数,则实参也不需要,但是圆括号不能省略。

按照函数调用在主调函数中出现的位置,函数的调用方式有以下三种。

① 函数语句。把被调用函数作为主调用函数的一个语句。

② 函数表达式。函数被放在一个表达式中,以一个运算对象的方式出现。这时的被调用函数要求带有返回语句,以返回一个明确的数值参加表达式的运算。

③ 函数参数。被调用函数作为另一个函数的参数。

(2) 自定义函数的声明

在C51程序设计中,如果一个自定义函数的调用在函数的定义之后,在使用函数时可以不对函数说明;如果一个函数的调用在函数的定义之前,或调用的函数不在本文件内部,而是在另一个文件中,则在调用之前需对函数进行声明,指明所调用的函数在程序中有定义或在另一个文件中,并将函数的有关信息通知编译系统。函数的声明是通过函数的原型来指明的。

在C51中,函数原型的一般形式如下:

```
[extern]  函数类型  函数名(形式参数表);
```

函数声明的格式与函数定义时函数的首部基本一致,但函数的声明与函数的定义不一样。函数的定义是对函数功能的确立,包括指定函数名、函数值类型、形参及类型和函数体,它是一个完整的函数单位。而函数的声明是把函数的名字、函数类型以及形参的类型、个数和顺序通知编译系统,以便调用函数时系统进行对照检查。函数的声明后面要加分号。

如果声明的函数在文件内部,则声明时不用extern;如果声明的函数不在文件内部,而在另一个文件中,声明时须带extern,指明使用的函数在另一个文件中。

【例2-1-1】 外部函数的使用。

功能:采用循环结构实现的流水灯控制程序。

程序y1.c:

```
#include <reg51.h>
void  delay(unsigned char i)          //函数的定义
{
      unsigned char j,k;
      for(k=0;k<i;k++)
         for(j=0;j<255;j++);
}
```

程序y2.c:

```
#include <reg51.h>
extern void delay(unsigned char i);  //外部函数的声明
void main()
{
    unsigned char i,w;
    while(1) {
```

```
        w=0x01;                // 信号灯显示字初值为 01H
        for(i=0;i<8;i++)
        {
            P1=~w;             // 显示字取反后,送 P1 口
            delay(200);        // 函数调用,延时
            w<<=1;             // 显示字左移一位
        }
            }
    }
```

程序 y2.c 中调用了另一个程序 y1.c 中定义的函数 void delay(unsigned char i),则调用之前对它进行了声明,且声明时前面加上了 extern,指明该函数是另外一个程序文件中的函数的一个外部函数。

2.1.5 LED 静态显示

在单片机应用系统中,显示器是最常用的输出设备。常用的显示器有:发光二极管(LED)、液晶显示器(LCD)和荧光屏显示器。其中以数码管显示最便宜,而且它的配置灵活,与单片机接口简单,广泛用于单片机系统中。

1. LED 数码管的结构及原理

LED 数码管显示器是由发光二极管按一定的结构组合起来的显示器件。在单片机应用系统中通常使用的是 8 段式 LED 数码管显示器,它有共阴极和共阳极两种,如图 2-1-4 所示。

LED 数码管显示原理

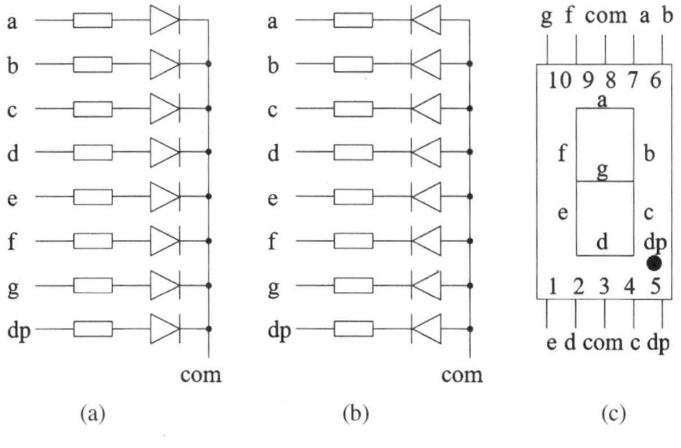

图 2-1-4 8 段式 LED 数码管结构

LED 数码管有 a~g 7 个发光二极管。共阴极 LED 显示器的发光二极管的阴极连在一起,通常此公共阴极接地。当某个发光二极管的阳极为高电平时,发光二极管点亮,相应的段被显示。同样,共阳极 LED 显示器的发光二极管的阳极连在一起,通常此公共阳极接正电压,当某个发光二极管的阴极接低电平时,发光二极管被点亮,相应的段被显

示。常见的数字和字符的共阴极和共阳极的字段码见表 2-1-6。

LED 数码管在显示时,通常有静态显示方式和动态显示方式。

表 2-1-6　常见的数字和字符的共阴极和共阳极的字段码

显示字符	共阴极字段码	共阳极字段码	显示字符	共阴极字段码	共阳极字段码
0	3FH	C0H	C	39H	C6H
1	06H	F9H	D	5EH	A1H
2	5BH	A4H	E	79H	86H
3	4FH	B0H	F	71H	8EH
4	66H	99H	P	73H	8CH
5	6DH	92H	U	3EH	C1H
6	7DH	82H	T	31H	CEH
7	07H	F8H	Y	6EH	91H
8	7FH	80H	L	38H	C7H
9	6FH	90H	8.	FFH	00H
A	77H	88H	“灭”	00	FFH
B	7CH	83H	……	……	……

2. LED 静态显示

静态显示是指数码管显示某一字符时,相应的发光二极管恒定导通或恒定截止。所谓译码方式是指显示字符转换得到对应的字段码的方式。对于 LED 数码管显示器,通常的译码方式有硬件译码方式和软件译码方式。

(1) 硬件译码静态显示

硬件译码方式是指利用专门的硬件电路来实现显示字符到字段码的转换,如芯片 74LS47,74LS47 是共阳极 1 位十六进制数——字段码转换芯片,能够输出用 4 位二进制表示形式的 1 位十六进制数的 7 位字段码,不带小数点。输入 A、B、C 和 D 接收 4 位二进制码,输出 a～g 为低电平有效,可直接驱动共阳极显示器。三个辅助控制端 $\overline{LT}$、$\overline{RBI}$、$\overline{BI}/\overline{RBO}$,以增强器件的功能,扩大器件应用,正常工作时,全为高电平。与单片机的连接如图 2-1-5 所示。

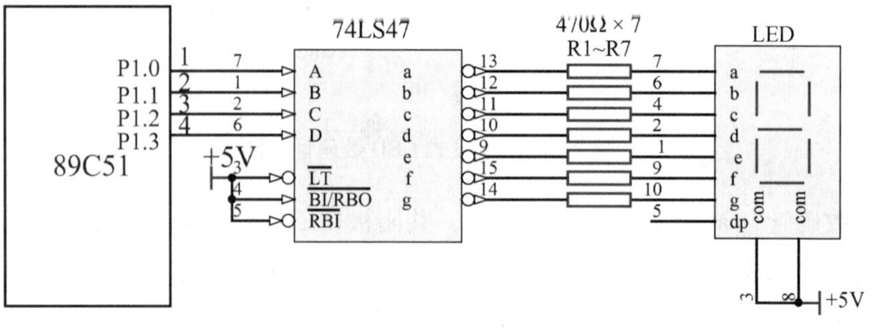

图 2-1-5　硬件译码静态显示电路

硬件译码静态显示的程序如下：

```
#include <reg51.h>
void delay(unsigned char i);          //延时函数声明
void main()
{
        while(1) {
        P1=1; delay(200);            //1 送 P1 口,延时
        P1=2; delay(200);
        P1=3; delay(200);
        P1=4; delay(200);
                }
}
void  delay(unsigned char i)          //延时函数
{
      unsigned char j,k;
      for(k=0;k<i;k++)
      for(j=0;j<255;j++);
}
```

硬件译码时要显示一个数字，只须送出这个数字的 4 位二进制编码即可，软件开销较小，但硬件线路复杂，需要增加硬件译码芯片，因而硬件造价相对较高。

(2) 软件译码静态显示

软件译码方式就是编写软件译码程序，通过译码程序得到要显示的字符的字段码。译码程序通常为查表程序，软件开销大，但硬件线路简单，因而在实际系统中经常用到。这种显示方式的各位数码管的公共端恒定接地(共阴极)或+5V(共阳极)。每个数码管的 8 个段控制引脚分别与 1 个 8 位 I/O 口相连。只要 I/O 口有显示字型码输出，数码管就显示给定字符，并保持不变，直到 I/O 口输出新的段码。

【例 2-1-2】 用单片机实现一位数的脉冲计数控制，从 0 开始，1 s 后数值加 1，到 9 之后再从 0 开始计数，如此循环，并将计数值在数码管上显示出来。

① 硬件电路

电路如图 2-1-6 所示。数码管为共阳极数码管，其 a～dp 段由单片机 P1 口控制，单片机通过 P1 口输出不同段码，控制数码管显示不同数字。

② 程序设计

流程如图 2-1-7 所示。

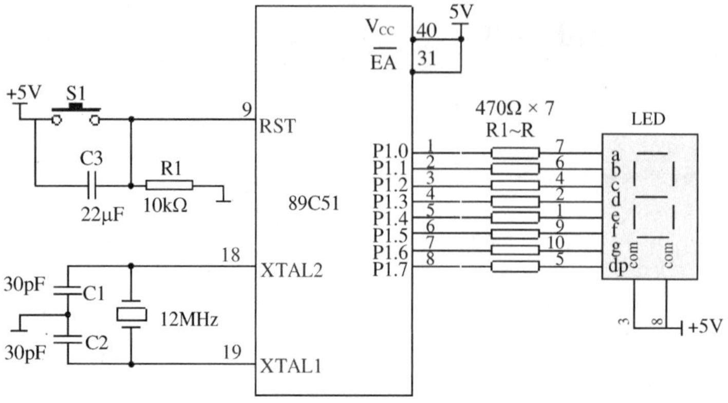

图 2-1-6　软件译码静态显示电路

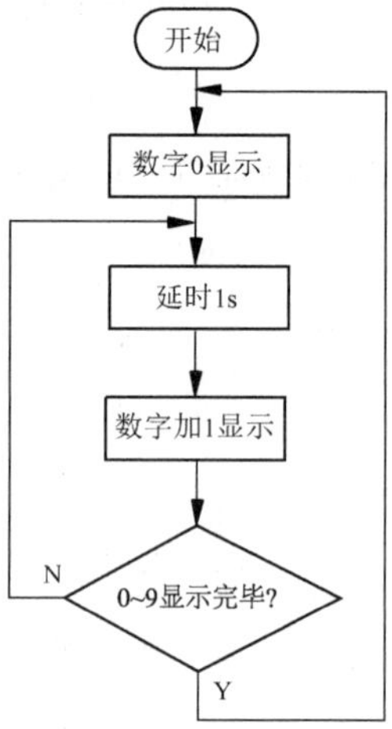

图 2-1-7　数码管显示 0~9 流程

软件译码静态显示的程序如下：

```
#include <reg51.h>
unsigned char led[ ]={0xc0,0xf9,0xa4,0xb0,0x99,0x92,0x82,0xf8,0x80,0x90}
                                    //0~9 的共阳极字型码
void delay(unsigned char i);
void main()
{
    unsigned char i;
    while(1)
    {
     for(i=0;i<10;i++)
     {
       P1=led[i];                   //段码送到 P1 口
       delay(200);
     }
    }
}
void   delay(unsigned char i)
{
    unsigned char j,k;
    for(k=0;k<i;k++)
    for(j=0;j<255;j++);
}
```

2.1.6　LED 动态显示

软件译码静态显示结构简单，显示方便，如果数码管个数少，用起来方便，但占用比较多的 I/O 口线，所以当数码管数目较多时，往往采用动态显示方式。

动态显示是一种按位轮流点亮各位数码管的显示方式，即在某一时段，只让其中一位数码管“位选端”有效，并送出相应的字型显示编码。此时，其他位的数码管因“位选端”无效而都处于熄灭状态；下一时段按顺序选通另外一位数码管，并送出相应的字型显示编码，依此规律循环下去，即可使各位数码管分别间断地显示出相应的字符。这一过程称为动态扫描显示。

【例 2-1-3】　现设计一个电路，实现 6 位数码管从左到右显示“0～5”，动态显示电路如图 2-1-8 所示。

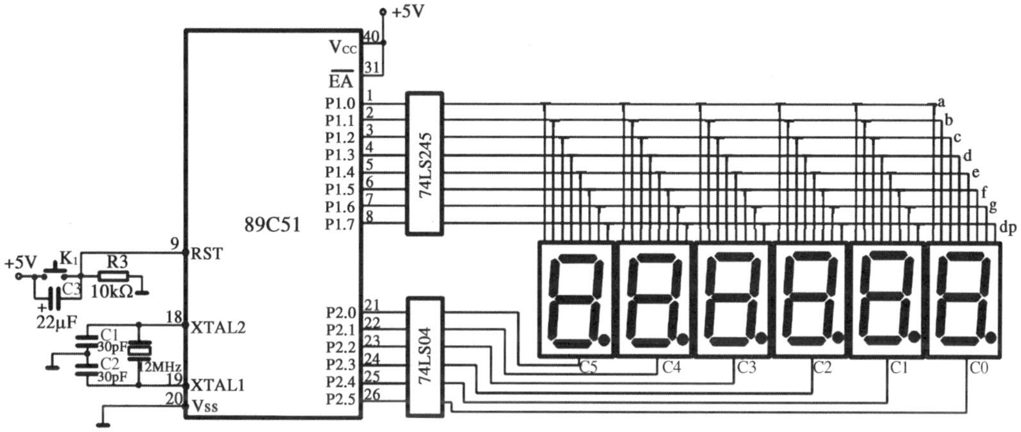

图 2-1-8　6 位数码管动态显示电路

动态显示程序如下：

```
#include <reg51.h>
Void delay(unsigned char i);
void main()                    //主函数
{
    unsigned char led[]={0xc0,0xf9,0xa4,0xb0,0x99,0x92};
                               //设置数字 0～5 字型码，共阳极
    unsigned char a,w;
     while(1) {
       w=0x01;                 //位选码初值为 01H
       for(a=0;a<6;a++)
       {
```

```
        P2=~w;          //位选码取反后送位控制口 P2 口
        w<<=1;          //位选码左移一位,选中下一位 LED
        P1=led[a];      //显示字型码送 P1 口
        delay(200);
      }
   }
}
```

2.1.7 任务实施

任务实施

1. 硬件电路

当显示的数码管位数较多的时候,为节约单片机端口资源,通常不直接用单片机的 I/O 口控制某一位数码管的"位选端"(公共端),而是用译码器选中相应"位选端"。本任务中用 74LS138 译码器实现 3 个 I/O 口控制 8 个数码管的"位选"。当译码器 74LS138 输入端 A,B,C 分别为 000,001,010,011,100,101,110 以及 111 时,8 个输出端 Y0~Y7 分别为低电平,实现共阴极数码管的点亮位选控制。电路如图 2-1-9 所示,实现"1~8"的显示。

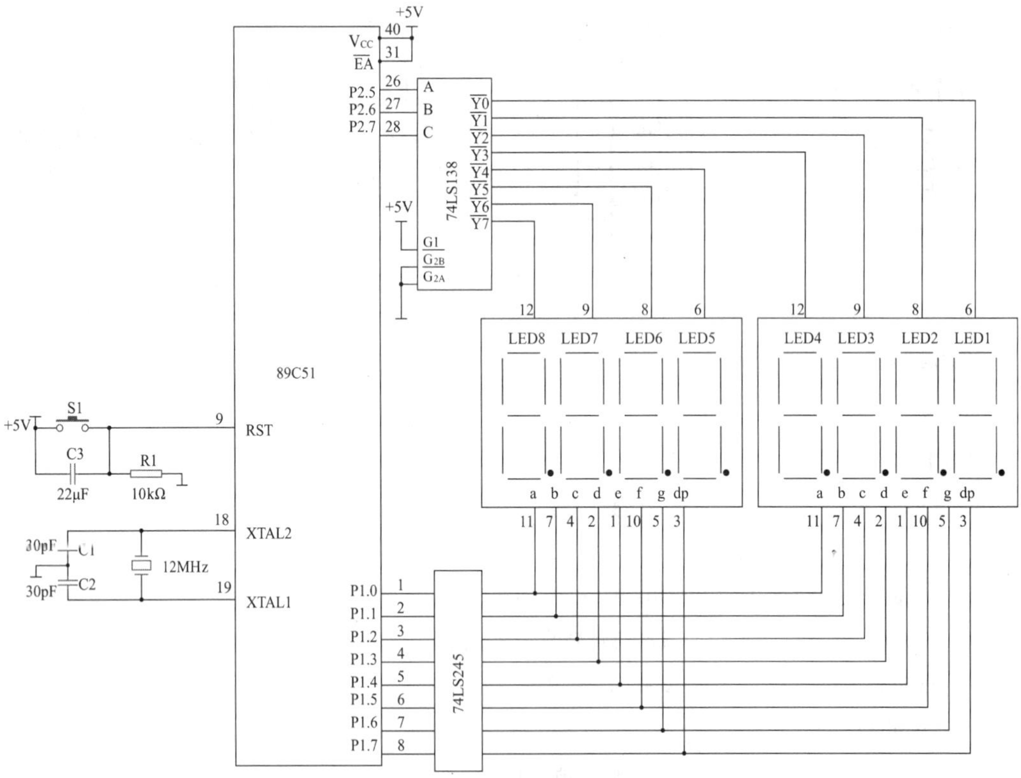

图 2-1-9　8 位数码管动态显示电路

2. 程序设计

将 P2 口的高 3 位送位码，实现位码的选择，P1 口送段码，延时，最后消隐，循环 8 次，依次是 1～8 的位码和段码。程序运行时，单片机第 1 个数码管显示 1，其他不显示，延时后，控制第 2 个数码管显示 2，其他不显示，……，直至第 8 个数码管显示 8，其他不显示，反复循环上述过程。如果延时时间较长，8 个数码管会滚动显示数字“1～8”，如果延时时间短，利用数码管的余辉和人眼的“视觉暂留”效应，可形成多位数码管同时点亮的效果。即可实现动态扫描显示“1～8”。程序流程如图 2-1-10 所示。

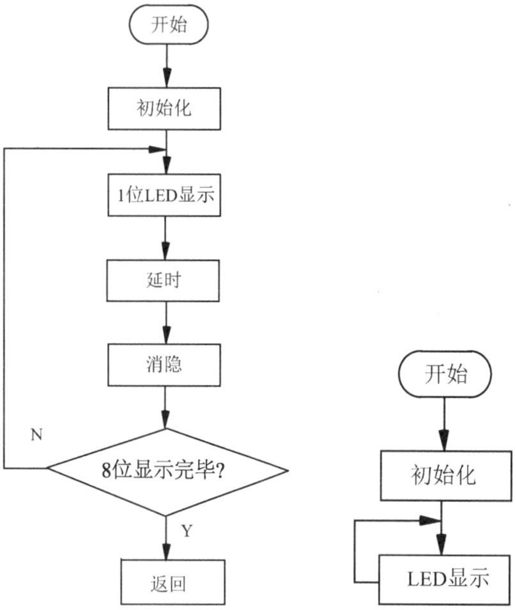

（a）功能函数流程　　（b）主函数流程

图 2-1-10　程序流程

动态数码管从左至右显示“1～8”程序如下：

任务仿真

```
#include "reg52.h"                //此文件中定义了单片机的一些特殊功能
#include "reg52.h"                //此文件中定义了单片机的一些特殊功能
#define   uint    unsigned int    //对数据类型进行声明
#define   uchar   unsigned char
sbit   LSA=P2^5;
sbit   LSB=P2^6;
sbit   LSC=P2^7;
uchar led[]={0x3f,0x06,0x5b,0x4f,0x66,0x6d,0x7d,0x07,0x7f,0x6f};
                                  //显示 1～8 的值,共阴极字型码
/*********************************************************
* 函 数 名 : delay
* 函数功能 : 延时函数,当 i=1 时,大约延时 10us
*********************************************************/
void delay(uint i)
{
   while(i--);
}
/*********************************************************
* 函 数 名 : DigDisplay
* 函数功能 : 数码管动态扫描函数,循环扫描 8 个数码管显示
```

```
******************************************************** /
void DigDisplay_led()
{
uchar i;
for(i=1;i<9;i++)
   {
     switch(i) //位选,选择点亮的数码管
     {
     case(1):LSA=1;LSB=1;LSC=1; break;//显示第 1 位
     case(2):LSA=0;LSB=1;LSC=1; break;//显示第 2 位
     case(3):LSA=1;LSB=0;LSC=1; break;//显示第 3 位
     case(4):LSA=0;LSB=0;LSC=1; break;//显示第 4 位
     case(5):LSA=1;LSB=1;LSC=0; break;//显示第 5 位
     case(6):LSA=0;LSB=1;LSC=0; break;//显示第 6 位
     case(7):LSA=1;LSB=0;LSC=0; break;//显示第 7 位
     case(8):LSA=0;LSB=0;LSC=0; break;//显示第 8 位
     }
P1=led[i];//发送段码
delay(100); //间隔一段时间扫描
P1=0x00;//消隐
   }
}
/ ******************* 函 数 名 : main ************* /
void main()
{
  while(1)
  {
  DigDisplay_led(); //数码管显示函数
   }
}
```

任务 2.2 密码锁设计

任务描述: 设计一个基于单片机控制的简易密码锁系统,需要输入正确的密码才可以开锁。输入与设定密码相同时,有声音提示,开锁;无输入密码时,或者输入与设定密码不相同时,锁定。用数码管显示信息,无输入密码时,显示"—";输入与设定密码相同

时，显示“OPEN”；输入与设定密码不相同时，显示“OFF”。

2.2.1　C51 构造数据类型

前面介绍了 C51 语言中字符型、整型、浮点型、位型和寄存器型等基本数据类型。另外，C51 中还提供了指针类型和由基本数据类型构造的组合数据类型，组合数据类型主要有数组、指针、结构体和联合体。

1. 数组

数组是由具有相同类型的数据成员（元素）组成的有序集合。数组中包含若干个成员，这些成员有一个共同的名称——“数组名”。根据数组中数据成员排列的有序性，数组中的不同成员可以由一个特定的序号——“下标”来唯一确定。

引入数组的目的，是使用一块连续的内存空间存储多个类型相同的数据，以解决一批相关数据的存储问题。数组与普通变量一样，也必须先定义，后使用。根据数组中存放的数组可分为整型数组、字符数组等。不同的数组在定义、使用上基本相同，这里仅介绍使用最多的一维数组。

（1）一维数组的定义

一维数组只有一个下标，其定义形式如下：

```
数据类型 [存储器类型] 数组名 [常量表达式]
```

其中，“数据类型”说明了数组中各个成员的类型；“存储器类型”选项指定存放数组的存储器类型；“数组名”是整个数组的标识符，其后的[]是数组的标志，它的取名方法与变量的取名方法相同；“常量表达式”说明了该数组的长度，即数组中元素的个数。

例如：下面是定义数组的两个例子。

```
unsigned  char  x[5];
unsigned  int  y[3]={1,2,3};
```

第一句定义了一个无符号字符数组，数组名为 x，数组中的元素个数为 5。

第二句定义了一个无符号整型数组，数组名为 y，数组中的元素个数为 3，定义的同时给数组中的三个元素赋初值，分别为 1，2，3。

需要注意的是，C51 语言中数组的下标是从 0 开始的，因此上面第一句定义的 5 个元素分别是 x[0]，x[1]，x[2]，x[3]，x[4]。第二句定义的 3 个元素分别是 y[0]，y[1]，y[2]。赋值情况为 y[0]=1；y[1]=2；y[2]=3。

C51 规定在引用数组时，只能逐个引用数组中的各个元素，而不能一次引用整个数组。但如果是字符数组则可以一次引用整个数组。

（2）一维数组的引用

数组必须先定义，再引用。而且只能逐个引用数组中的元素，不能一次引用整个数组。例如：

```
P1=tab[i];
```

(3) 一维数组的初始化

在定义数组时如果给所有元素赋值,可以不指定数组元素的个数。例如:

```
char b[]={0,1,2,3,4};
```

注意:数组标志括号不可省。

在定义数组时,可只给部分元素赋初值。例如:

```
unsigned char a[10]={9,8,7,6};
```

初始化数组时,全部元素初值为 0 时。例如:

```
char b[5]={0,0,0,0,0};
```

或

```
char b[5]={0};
```

【例 2-2-1】 使用数组的例子。

功能:流水灯控制程序,硬件电路如图 1-1-12 所示。P1.0 口接 8 个发光二极管,低电平点亮。

```
#include<reg51.h>
unsigned char code tab[8]={0xfe,0xfd,0xfb,0xf7,0xef,0xdf,0xbf,0x7f};
void delay(unsigned char i);  //函数声明
void main()
{
    unsigned char i;
      while(1) {
          for(i=0;i<8;i++)    //在循环中实现轮流点亮
          {
          P1=tab[i];
          delay(200);
            }
              }
}
void  delay(unsigned char i)
{
      unsigned char j,k;
      for(k=0;k<i;k++)
         for(j=0;j<255;j++);
}
```

2. 指针

在汇编语言程序中，要取某个存储单元的内容，可用直接寻址方式，也可用寄存器间接寻址方式。若用 R1 寄存器指示该存储单元的地址，则用@R1 取该单元的内容。对应地，在 C 语言中，用变量名表示要取变量的值（相当于直接寻址），也可用另一个变量 p 存放该存储单元地址，p 即相当于 R1 寄存器。用 * p 取得存储单元的内容（相当于汇编中的间接寻址方式），此处 p 即为指针型变量。

C51 编译器支持两种类型的指针：通用指针和指定存储区指针。

（1）通用指针

通用指针的声明和使用均与标准 C 指针相同，只不过同时还可以说明指针的存储类型。例如：

```
char *str;
int *ptr;
long *lptr;
```

上述例子中分别声明了指向 char 型、int 型和 long 型数据的指针，而各指针 str，ptr，lptr 本身则缺省依照存储模式存放。当然也可以显式定义指针本身存放的存储区，例如：

```
char *data str;          /*指针 str 存放在内部直接寻址区*/
int *idata ptr;          /*指针 ptr 存放于内部间接寻址区*/
long *xdata lptr;        /*指针 lptr 存放于外部数据区*/
```

通用指针用 3 个字节保存。第 1 个字节是存储类型，第 2 个是偏移的高地址字节，第 3 个是偏移的低地址字节。通用指针指向的变量可以存放在 80C51 存储空间的任何区域。

（2）指定存储区指针

指定存储区指针在指针的声明中经常包含一个存储类型标识符指向一个确定的存储区。例如：

```
char data *str;      /*指针 str 指向位于 data 区的 char 型变量*/
int xdata *ptr;      /*指针 ptr 指向位于 xdata 区的 int 型变量*/
long code *tab;      /*指针 tab 指向位于 code 区的 long 型数据*/
```

可见，指定存储区的指针的存储类型是经过显式定义的，在编译时是确定的。指定存储区指针存放时不再像通用指针那样需要保存存储类型，指向 idata、data、bdata 和 pdata 存储区的指针只需要 1 个字节存放，而 code 和 xdata 指针也只需要 2 个字节。从而减少了指针长度，节省了存储空间。

指定存储区的指针只用来访问声明在 80C51 存储区的变量，提供了更有效的方法访问数据目标。

像通用指针一样，可以指定一个指定存储区的指针的保存存储区。只需要在指针声明前加一个存储类型标识符即可，例如：

```
char data  * xdata str;      //指针本身位于 xdata 区，指向 data 区的 char 型变量
int xdata  * data ptr;       //指针本身位于 data 区，指向 xdata 区的 int 型变量
long code  * idata tab;      //指针本身位于 idata 区，指向 code 区的 long 型数据
```

需要说明的是：一个指定存储区指针产生的代码比一个通用指针产生的代码运行速度快，因为存储区在编译时就知道了指针指向的对象的存储空间位置，编译器可以用这些信息优化存储区访问。而通用指针的存储区在运行前是未知的，编译器不能优化存储区访问，必须产生可以访问任何存储区的通用代码。

当需要用到指针变量，可以根据需要选择。如果运行速度优先就应尽可能地用指定存储区指针；如果想使指针能适用于指向任何存储空间，则可以定义指针为通用型。

总之，同标准 C 一样，不管使用哪种指针，一个指针变量只能指向同一类型(包括变量的数据类型和存储类型)的变量，否则将不能通过正确的方式访问所指向的对象所在的存储空间，生成的代码存在 bug。

3. 结构体

结构是另一种构造类型数据。结构是由基本数据类型构成的并用一个标识符来命名的各种变量的组合。结构中可以使用不同的数据类型。

(1) 结构变量的定义

在 C51 定义中，结构也是一种数据类型，可以使用结构变量，因此，像其他类型的变量一样，在使用结构变量时先对其进行定义。

定义一个结构类型的一般形式如下：

```
struct 结构类型名      //struct 为结构类型关键字
{
    成员表列           //对每个成员进行类型说明
};                     //分号不能少
```

成员表由若干个成员组成，每个成员都是该结构的一个组成部分，对每个成员也必须作类型说明，格式如下：

```
类型说明符   成员名;
```

例如：

```
struct   stu
{   int   num;
    char name[20];
    char sex;
    float score;
}stu_1,stu_2;
```

在这个结构定义中，结构名为 stu，该结构由 4 个成员组成。第 1 个成员为 num，整

型变量；第 2 个成员为 name，字符数组；第 3 个成员为 sex，字符变量；第 4 个成员为 score，实型变量。应注意，括号后的分号不可少。结构定义以后，即可进行变量说明。凡说明为结构 stu 的变量都由上述 4 个成员组成。由此可见，结构是一种复杂的数据类型。

定义一个结构变量的一般格式如下：

```
struct  结构类型名
{
    类型  变量名；
    类型  变量名；
    …
}结构变量名表列；
```

结构类型名是结构的标识符，不是变量名。构成结构的每一个类型变量称为结构成员，它像数组的元素一样，但数组中元素是以下标来访问的，而结构是按变量名字来访问成员的。

结构的成员类型可以为 4 种基本数据类型（整型、浮点型、字符型、指针型），也可以为结构类型。也可以先定义结构类型，再定义结构类型变量。若如上已经定义一个结构名为 stu 的结构，则结构变量可像如下形式定义：

```
struct  stu  stu_1,stu_2;
```

（2）结构变量的引用

因为结构可以像其他类型的变量一样赋值、运算，不同的是结构变量以成员作为基本变量。对结构变量的成员只能一个一个引用。引用结构变量成员的方法有以下两种。

一是用结构变量名引用结构成员，格式如下：

```
结构变量名.成员名
```

例如：

```
stu_1.score=89.5;
```

二是用指向结构的指针引用成员，格式如下：

```
指针变量名->成员名
```

例如：

```
struct  stu *p;       //定义指向结构体类型数据的指针 p
P= &stu_1;            //指向结构体变量 stu_1
P->score=89.5;  //结构变量 stu_1 中成员 score 的值赋为 89.5
```

4. 联合体

联合体又称公用体，联合体中的成员是几种不同类型的变量，它们公用一个存储区域，任意时刻只能存取其中的一个变量，即一个变量被修改了，其他变量原来的值也消失了。

(1) 联合类型变量的定义

联合类型和联合类型变量可以像结构那样既可以一起定义，也可以先定义联合类型，再定义联合类型变量。联合类型和变量一起定义的格式如下：

```
union  联合类型名          //union 为联合类型关键字
{
    成员表列;              //对每个成员进行类型说明
}联合变量名表列;           //分号不能少
```

如果同一个数据要用不同的表达方式，可以定义为一个联合类型变量。例如，有一个双字节的系统状态字，有时按字节存取，有时按字存取，则可以定义下述联合类型变量：

```
union  status                //定义联合类型
{
    unsigned char status[2];
    unsigned char status_val;
}sys_status;                 //同时定义联合类型变量
```

(2) 联合类型变量的成员的引用

联合类型变量成员的引用方法类似于结构：

```
变量名.成员名
```

例如：

```
sys_status.status_val=0;
sys_status.status[1]=0x60;
```

2.2.2 预处理

在 C51 程序中，通过一些预处理命定可以在很大程度上提供许多功能和符号等方面的扩充，增强其灵活性和方便性。预处理命定可以在编写程序时加在需要的地方，但它只在程序编译时起作用，并且通常是按行进行处理的。预处理命定类似于汇编语言中的伪指令。编译器在对整个程序进行编译之前，先对程序中的编译控制行进行预处理，然后再将预处理的结果与整个源程序一起进行编译，以产生目标代码。

1. 宏定义

宏定义就是用一串字符来代替名字，而这串字符既可以是常数，又可以是任何字符串，甚至可以是带参数的宏。用名字来代替数，是最简单的形式。

(1) 不带参数的宏定义

用指定的标识符来代表一个字符序列。一般的定义形式如下：

```
#define  标识符  字符序列
```

例如：

```
#define  PI=3.1415926
```

(2) 带参数的宏定义

预处理时不但进行字符替换，而且替换字符序列中的形参。一般的定义形式如下：

```
#define  标识符(形参)  字符列表
```

例如：

```
#define s(a,b)  a*b
area= s(3,2) ;          // 预处理时换成 area= 3*2;
```

2. 类型定义 typedef

使用基本类型定义后声明变量时，用数据类型关键字指明变量的数据类型，而用结构、联合等定义变量时，先定义结构、联合的类型，再使用关键字和类型名定义变量。如果用 typedef 定义新的类型名后，只要用类型名就可定义新的变量。

例如：

```
typedef  struct {   int num;
                    char *name;
                    float score;
                 }std;//定义结构类型 std
```

之后即可以定义这种类型的结构变量。

例如：

```
std  stu1, stu2;
```

3. 文件包含指# include

文件包含命令是将另外的文件插入到本文件中，作为一个整体文件编译。只有用#include命令包含了相应头文件，才可以调用库中的函数。包含命令的一般使用形式如下：

```
#include"文件名"
#include<文件名>
```

例如：

```
#include "stdio.h"
#include<reg51.h>
```

4. 库函数

(1) 本征函数头文件 intrins.h

intrins.h 含有常用的本征函数。本征函数又称内联函数，这种函数不采用调用形式，编译时直接将代码插入当前行。C51 的本征库函数只有 11 个，其中常用的本征函数如下：

```
_nop_();        //空操作，相当于汇编中的 NOP 指令
```

```
_testbit_();    //位测试,相当于汇编中的JBC指令
_cror_(a,n);    //将字符变量a循环右移n位
_crol_(a,n);    //将字符变量a循环左移n位
_iror_(a,n)     //将整型变量a循环右移n位
_irol_(a,n);    //将整型变量a循环左移n位
lror_(a,n);     //将长整型变量a循环右移n位
lrol_(a,n);     // 将长整型变量a循环左移n位
```

更多的本征函数及各自的函数原型可以直接查看头文件 intrins. h。

(2) SFR 定义的头文件 regxxx. h

其中定义了各种型号单片机中特殊功能寄存器及特殊功能寄存器中特定位的定义，是用 C 语言对单片机编程时最常用的头文件。

头文件 REG51. H 中定义了 51 单片机的特殊寄存器，所以，几乎任何 C51 的源程序都要在开头处包含这个文件。文件中，定义的部分寄存器和地址如下：

```
//BYTE Register
sfr P0    =0X80;
sfr P1    =0X90;
sfr P2    =0XA0;
sfr P3    =0XB0;
sfr PSW   =0XD0;
sfr ACC   =0XE0;
sfr B     =0XF0;
sfr SP    =0X81;
sfr DPL   =0X82;
sfr DPH   =0X83;
sfr PCON  =0X87;
sfr TCON  =0X88;
sfr TMOD=0X89;
sfr P0    =0X80;
sfr TL0   =0X8A;
sfr TL1   =0X8B;
sfr TH0   =0X8C;
sfr TH1   =0X8D;
sfr IE    =0XA8;
sfr IP    =0XB8;
sfr SCON  =0X98;
sfr SBUF  =0X99;
```

(3) 绝对地址访问宏定义头文件 absacc. h

此头文件定义了几个宏，以确定各存储空间的绝对地址。通过包含此头文件，可以定义直接访问扩展存储器的变量。

常用的库函数头文件还有：stdlib. h(标准函数)、string. h(字符串函数)、stdio. h(一般 I/O 函数)、stdarg. h(变量参数表)等。

2.2.3　键盘与单片机接口技术

1. 键盘简介

键盘是由若干个按键组成的开关矩阵，它是最简单的单片机输入设备，通过键盘输入数据或命令，实现简单的人机对话。键盘上闭合键的识别是由专用硬件实现的，称为编码键盘，靠软件实现的称为非编码键盘。非编码键盘又有独立按键和矩阵键盘。

键盘

(1) 键输入原理

在单片机应用系统中，除了复位按键有专门的复位电路以及专一的复位功能外，其他的按键或键盘都是以开关状态来设置控制功能或输入数据，这些按键不只是简单的电平输入。

当所设置的功能键或数字键按下时，计算机应用系统应完成该按键所设定的功能。按键信息输入是与软件结构密切相关的过程。对于一组或一个按键，需要通过接口电路与 CPU 相连。CPU 可以采用查询或中断方式了解有无按键输入，检查是哪一个按键按下，并将该按键号送入累加器 ACC 中，然后通过跳转指令转入执行该键的功能程序，执行完返回到原始状态。

(2) 键输入接口与软件应解决的问题

键输入接口与软件应可靠而快速地实现键信息输入与执行键功能任务。为此，应解决以下问题。

① 键开关状态的可靠输入

目前，无论是按键或键盘大部分都是利用机械触点的合、断作用。机械触点在闭合及断开瞬间由于弹性作用的影响，在闭合及断开瞬间均有抖动过程，从而使电压信号也出现抖动，如图 2-2-1 所示。抖动时间长短与开关机械特性有关，一般为 5～10 ms。

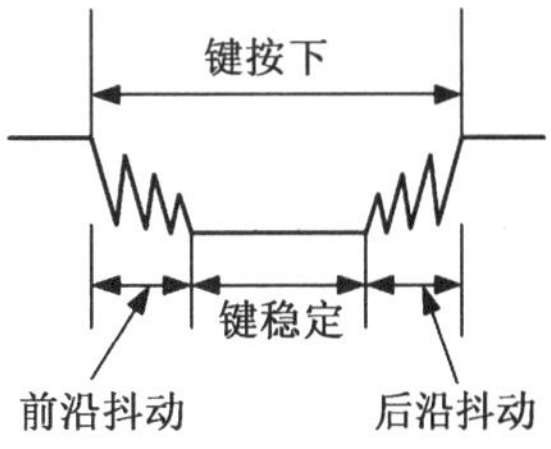

图 2-2-1　键闭合及断开时的电压波动

按键的稳定闭合时间，由操作人员的按键动作所确定，一般为十分之几秒至几秒。为了保证 CPU 对键的一次闭合仅作一次键输入处理，必须去除抖动影响。

通常去除抖动影响的方法有硬、软件两种。在硬件上是采取在键输出端加 R-S 触发器或单稳态电路构成去除抖动电路，如图 2-2-2 所示。

如果按键较多，则常用软件方法去除抖动，即检测出键闭合后执行一个延时程序产生 5～10 ms 的延时，等前沿抖动消失后再一次检测键的状态，如果仍保持闭合状态电平则确认为真正有键按下。当检测到按键释放后，也要给 5～10 ms 的延时，待后沿抖动消失后才能转入该键的处理程序，从而去除抖动影响。

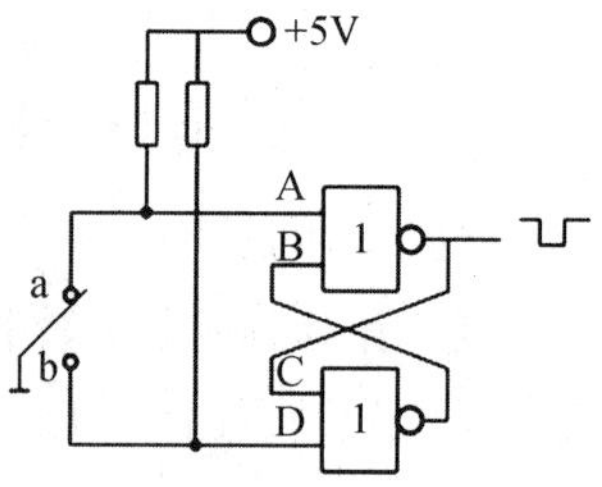

图 2-2-2　硬件去除抖动电路

② 对按键进行编码以给定键值或直接给出键号

任何一组按键或键盘都要通过 I/O 口线查询按键的开关状态。根据不同的键盘结构，采用不同的编码方法。但无论有无编码，以及采用什么编码，最后都要转换为与累加器中数值相对应的键值，以实现按键功能程序的散转转移。因此，一个完善的键盘控制程序应能完成下述任务：

- 监测有无按键按下；
- 有按键按下后，在无硬件去除抖电路时，应用软件延时方法除去除抖动影响；
- 可靠的逻辑处理办法，如 n 键锁定，即只处理一个键，其间任何按下又松开的键不产生影响，不管一次按键持续有多长时间，仅执行一次按键功能程序；
- 输出确定的键号以满足散转指令的要求。

(3) 按键盘扫描子程序的调用方式分类

当按键按下时，则通过执行键盘扫描子程序找出按键的位置，并对按键进行识别。

2. 独立式按键

独立式按键是指直接用 I/O 口线构成的单个按键电路。每个独立式按键单独占有一根 I/O 口线，每根 I/O 口线的工作状态不会影响其他 I/O 口线的工作状态，这是一种最简单易懂的按键结构。

独立式按键电路如图 2-2-3 所示。

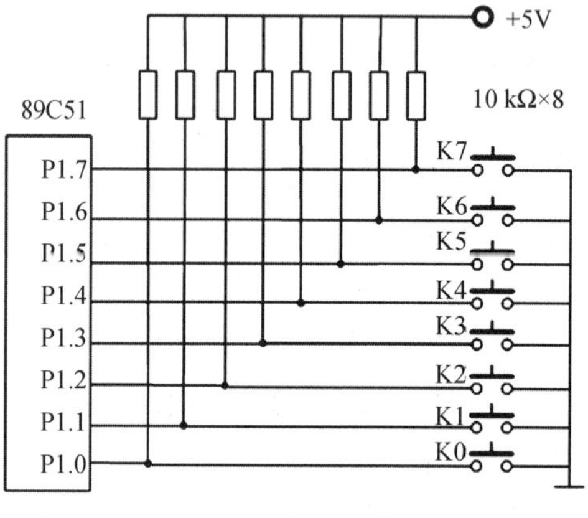

图 2-2-3　独立式按键电路

独立式按键电路配置灵活，硬件结构简单，但每个按键必须占有一根 I/O 口线，在按键数量较多时，I/O 口线浪费较大。故只在按键数量较少时采用这种按键电路。

在此电路中，按键输入都采用低电平有效，上拉电阻保证了按键断开时，I/O 口线有确定的高电平。

3. 矩阵式按键

图 2-2-4 是用单片机的 P1 口组成矩阵式键盘电路。图中行线 P1.4～P1.7 为输出状态。列线为 P1.0～P1.3，通过 4 个上拉电阻接+5V，处于输入状态。按键设置在行、列交点上，行、列线分别连接到按键开关的两端。

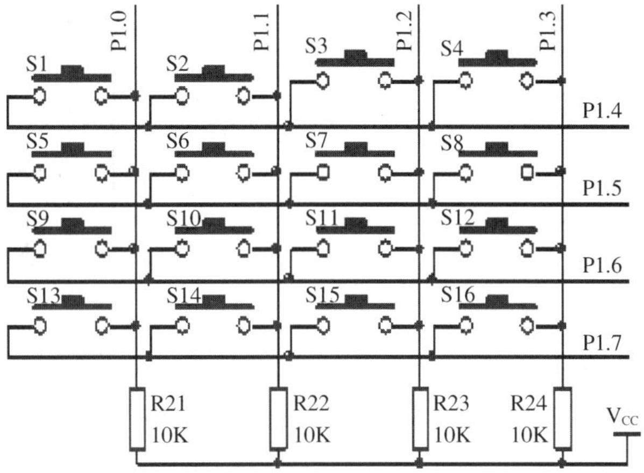

图 2-2-4　键盘结构

CPU 通过读取行线的状态，即可知道有无按键按下。当键盘上没有键闭合时，行、列线之间是断开的，所有的行线输入全部为高电平。当键盘上某个键被按下闭合时，则对应的行线和列线短路，行线输入即为列线输出。此时若初始化所有的列线输出为低电平，则通过检查行线输入值是否全为“1”，即可判断有无按键按下。判断方法及步骤如下。

(1) 判断有无按键被按下。键被按下时，与此键相连的行线与列线导通，而列线电平在无键按下时处于高电平。显然，如果让所有的行线处于高电平，那么键按下与否都不会引起列线的变化，所以只有让所有行线处于低电平，当有键按下时，按键所在的列将被拉成低电平，根据此列电平的变化，便能判断一定有键被按下。

(2) 判断按键是否真的被按下。当判断出有键被按下时，用软件延时的方法延时 5～10 ms，再判断键盘的状态，如果仍有键被按下，则认为确实有键被按下；否则，当作键抖动来处理。

(3) 判断哪一个按键被按下。当判断出哪一列中有键被按下时，可根据 P1 口的数值来确定哪一个键被按下。

(4) 等待按键释放。键释放之后，可以根据键码转相应的键处理子程序，进行数据的输入或命令的处理。

【例 2-2-2】 电路如图 2-2-5 所示，编写程序，把 4×4 矩阵键盘的键值利用数码管显示出来。

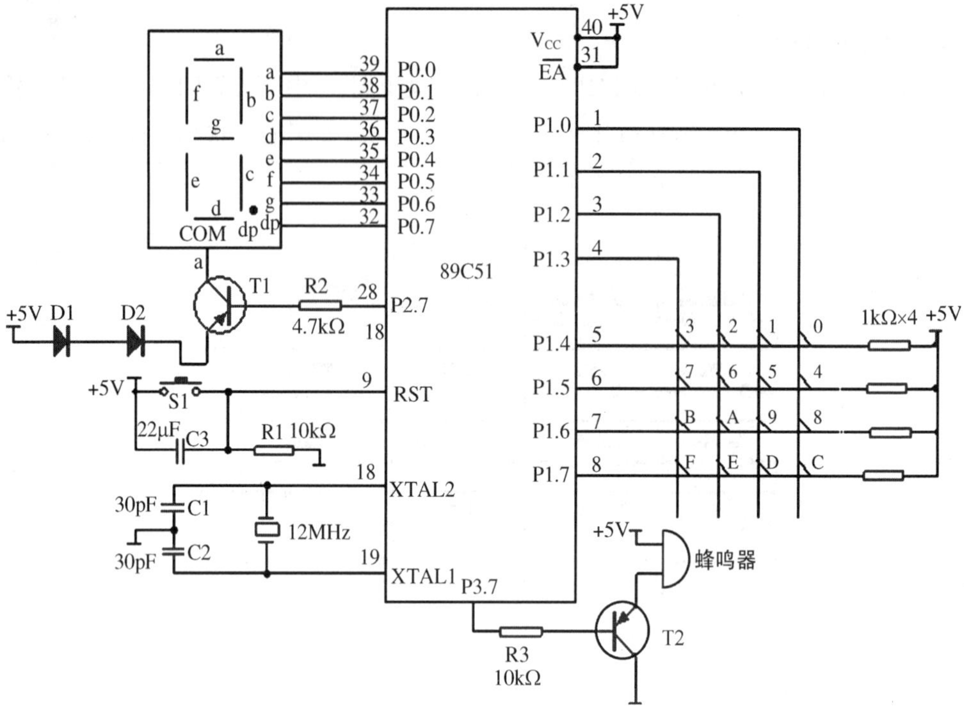

图 2-2-5 键盘键值显示电路

参考程序如下：

```
#include <reg51.h>
#include <intrins.h>
#define uchar unsigned char
#define uint  unsigned int
uchar table[16]= {0xc0,0xf9,0xa4,0xb0,0x99,0x92,0x82,0xf8,0x80,0x90,0x88,0x83,0xc6,
0xa1,0x86,0x8E};              //数码管代码
sbit BEEP = P3^7;             //蜂鸣器驱动线
uchar dis_buf;                //显示缓存
uchar  temp;
uchar  key;                   //键值
void beep();                  //蜂鸣器
void delay0(uchar x);
void  delay(uchar x)          //延时子程序
{ uchar j;
    while((x--)!=0)
```

```
    { for(j=0;j<125;j++)
      {;}
}
}
/*********************************************************************
键扫描子程序
*********************************************************************/
void  keyscan(void)
{
    P1=0x0F;                    //低 4 位输入
    delay(1);
    temp=P1;                    //读 P1 口
    temp=temp&0x0F;
    temp=~(temp|0xF0);
    if(temp==1)
      key=0;
    else if(temp==2)
      key=1;
    else if(temp==4)
      key=2;
    else if(temp==8)
      key=3;
    else
      key=16;
    P1=0xF0;                    //高 4 位输入
    delay(1);
    temp=P1;                    //读 P1 口
    temp=temp&0xF0;
    temp=~((temp>>4)|0xF0);
    if(temp==1)
        key=key+0;
    else if(temp==2)
        key=key+4;
    else if(temp==4)
        key=key+8;
    else if(temp==8)
        key=key+12;
    else
```

```
            key=16;
        dis_buf=table[key];          //查表得键值
    }
    /*************************************************************
    判断键是否按下
    *************************************************************/
    void   keydown(void)
    {
        P1=0xF0;
        if(P1! =0xF0)
        {
            keyscan();
            beep();
        }
    }
    /********************************************************************
    蜂鸣器发声函数
    ********************************************************************/
    void beep()
    {
      unsigned char i;
      for (i=0;i<100;i++)
      {
          delay0(4);
          BEEP=! BEEP;              //BEEP 取反
      }
      BEEP=1;                       //关闭蜂鸣器
      delay(250);                   //延时
    }
    void delay0(uchar x)            //延时函数
    {
      unsigned char i;
      while(x--)
      {
        for (i = 0; i<13; i++) {}
      }
    }
    main()
```

```
{
    P0=0xFF;                    //置 P0 口
    P2=0xFF;                    //置 P2 口
    dis_buf=0xBF;
    while(1)
    {
        keydown();
        P0 = dis_buf;           //键值送显示
        delay(2);
        P2 = 0x7F;
    }
}
```

2.2.4　蜂鸣器与单片机接口技术

蜂鸣器是一种一体化结构的电子讯响器，采用直流电压供电，广泛应用于计算机、打印机、复印机、报警器、电子玩具、汽车电子设备、电话机、定时器等电子产品中作发声器件。蜂鸣器按原理可分为压电式蜂鸣器和电磁式蜂鸣器。蜂鸣器在电路中用字母“H”或“HA”表示。

蜂鸣器

1. 压电式蜂鸣器

压电式蜂鸣器主要由多谐振荡器、压电蜂鸣片、阻抗匹配器及共鸣箱、外壳等组成。有的压电式蜂鸣器外壳上还装有发光二极管。多谐振荡器由晶体管或集成电路构成。当接通电源后（1.5～15 V 直流工作电压），多谐振荡器起振，输出 1.5～2.5 kHz 的音频信号，阻抗匹配器推动压电蜂鸣片发声。压电蜂鸣片由锆钛酸铅或铌镁酸铅压电陶瓷材料制成。在陶瓷片的两面镀上银电极，经极化和老化处理后，再与黄铜片或不锈钢片粘在一起。

2. 电磁式蜂鸣器

电磁式蜂鸣器由振荡器、电磁线圈、磁铁、振动膜片及外壳等组成。接通电源后，振荡器产生的音频信号电流通过电磁线圈，使电磁线圈产生磁场。振动膜片在电磁线圈和磁铁的相互作用下，周期性地振动发声。

注意：有源蜂鸣器与无源蜂鸣器的区别，这里的“源”不是指电源，而是指震荡源。也就是说，有源蜂鸣器内部带震荡源，只要一通电就会鸣叫；而无源蜂鸣器内部不带震荡源，直流信号无法令其鸣叫，必须用 2K～5K 的方波驱动。有源蜂鸣器的价格往往高于无源蜂鸣器，就是因为有源蜂鸣器里面多了震荡电路。

与继电器类似，在单片机控制电路里，通常用单片机连接三极管驱动蜂鸣器。

【例 2-2-3】　报警控制电路如图 2-2-6 所示，89C51 的 P3.7 口接三级管 2N5401 驱动蜂鸣器，P1.4、P1.5 接两个按钮作为启动和停止。按下启动按钮，蜂鸣器发出警报；按下停止按钮，蜂鸣器不发声。

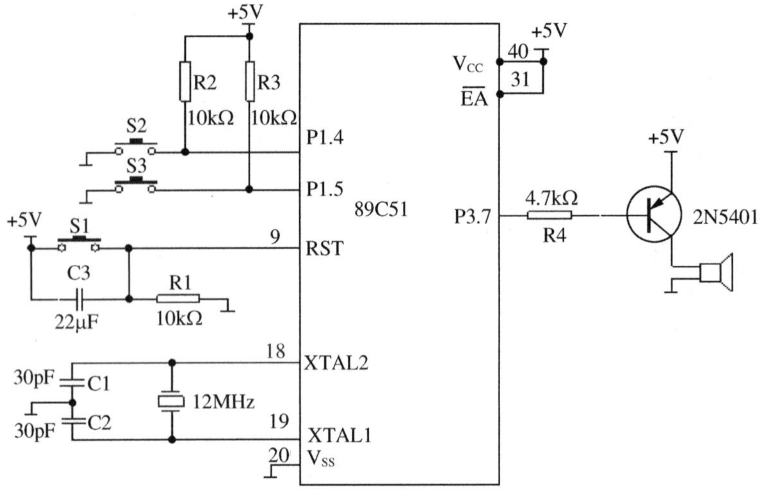

图 2-2-6　消防车报警控制电路

参考程序如下：

```
  #include <reg51.h>
  #include <intrins.h>
  #define uchar unsigned char
  #define uint   unsigned int
  sbit   K1 = P1^4 ;
  sbit   K2 = P1^5 ;
sbit BEEP = P3^7 ;                //蜂鸣器
/ ***********************************************************************
蜂鸣器延时函数
*********************************************************************** /
void   delayB(unsigned char x)//x * 0.14ms
{
     unsigned char i;
     while(x--)
     {
        for(i=0;i<13;i++);
     }
}
/ ***********************************************************************
主函数
*********************************************************************** /
main()
{
   P3=0xff;
   BEEP=1;
```

```
    while(1)
    {
      if(K1==0)
         {
           while(K1==0);
           while(1)
           {
           BEEP=~BEEP;
           delayB(10);
           if(K2==0)break;
           }
      }
    if(K2==0)
    {
       while(K2==0);
       BEEP=1;
    }
   }
}
```

2.2.5 继电器与单片机接口技术

继电器(relay)是一种电控制器件,是当输入量(激励量)的变化达到规定要求时,在电气输出电路中使被控量发生预定的阶跃变化的一种电器。它具有控制系统(又称输入回路)和被控制系统(又称输出回路)之间的互动关系。通常应用于自动化的控制电路中,它实际上是用小电流去控制大电流运作的一种"自动开关"。故在电路中起着自动调节、安全保护、转换电路等作用。

继电器是由线圈和触点组两部分组成,继电器的触点有三种基本形式。

(1) 动合型(常开)(H 型)。线圈不通电时,两个触点是断开的;通电后两个触点闭合。以合字的拼音字头"H"表示。

(2) 动断型(常闭)(D 型)。线圈不通电时,两个触点是闭合的;通电后两个触点断开。用断字的拼音字头"D"表示。

(3) 转换型(Z 型)。这是触点组型。这种触点组共有三个触点,即中间是动触点,上下各一个静触点。线圈不通电时,动触点和其中一个静触点断开和另一个闭合;线圈通电后,动触点就移动,使原来断开的成闭合,原来闭合的成断开,达到转换的目的。这样的触点组称为转换触点。用"转"字的拼音字头"Z"表示。

在单片机控制电路里,通常用单片机连接三极管驱动继电器(图 2-2-7)。在继电器没有动作时,端子的触点断开;在继电器动作时,触点闭合。把触点引出,即可控制外部的设备,如彩灯等。

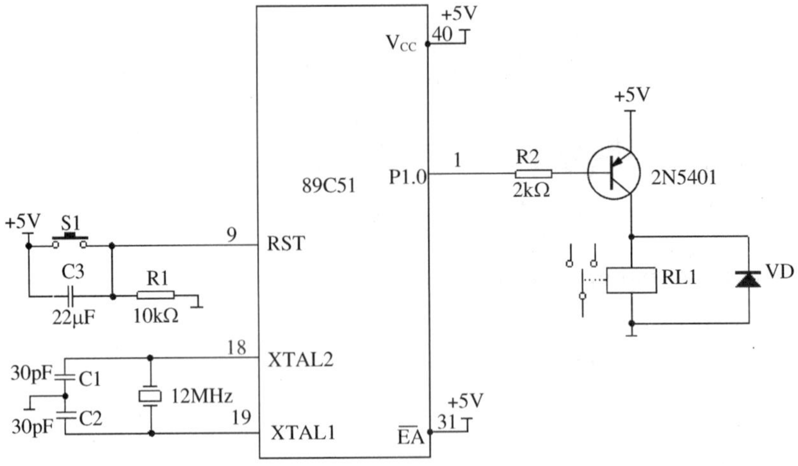

图 2-2-7　单片机接三级管 2N5401 驱动继电器

参考程序如下：

```
#include <reg51.h>
void delay(unsigned int i);    //延时函数声明
void main()                    //主函数
{
      while(1)
        {
        P1=0xfe;               // P1.0 为 0
        delay(10);             // 延时 1s
        P1=0xff;               // P1.0 为 1
        delay(10);             // 延时 1s
          }
}
void   delay(unsigned int i)
{
      unsigned int j,k;
      for(k=0;k<i;k++)
        for(j=0;j<25000;j++);
}
```

将闪烁程序下载到单片机，即可听到继电器吸合/放开的啪啪声。把端子接线引出，就可以控制外部设备了。

2.2.6　任务实施

基于单片机控制的密码锁硬件电路包括三部分：按键、数码显示，蜂鸣器声音指示驱动电路和电控开锁驱动电路。三者的对应关系见表 2-2-1。

任务实施

表 2-2-1　简易密码锁状态

按键输入状态	数码管显示信息	声音指示状态	锁驱动状态
无密码输入	—	不响	锁定
输入与设定密码相同	OPEN	嘀一声“嘀——”	打开
输入与设定密码不相同	OFF	不响	锁定

简易密码锁的基本功能：4 个按键，分别代表数字 0～3。密码在程序中事先设定为 0～3 之间的数字；数码管显示“— ”，表示等待密码输入；密码输入正确时，显示字符“OPEN”约 3 s，并通过 P3.6 将锁打开；否则显示字符“OFF”约 3 s，继续保持锁定状态。P3.7 控制蜂鸣器发出声音指示。

1. 硬件电路

根据案例要求，用一位数码管作为显示器件，显示锁的状态信息，数码管采用动态方式，P1 口输出锁存后连接各段码，P2 口高 3 位连接 741S138 译码器输入端，译码器的输出与数码管位码相连接，且选用共阴极的。4 个按键接 P3 口的低 4 位 P3.0～P3.3 引脚，分别连接数字 0～3 按键。继电器连接相应开锁电路，由 P3.6 控制。密码锁电路如图 2-2-8 所示。

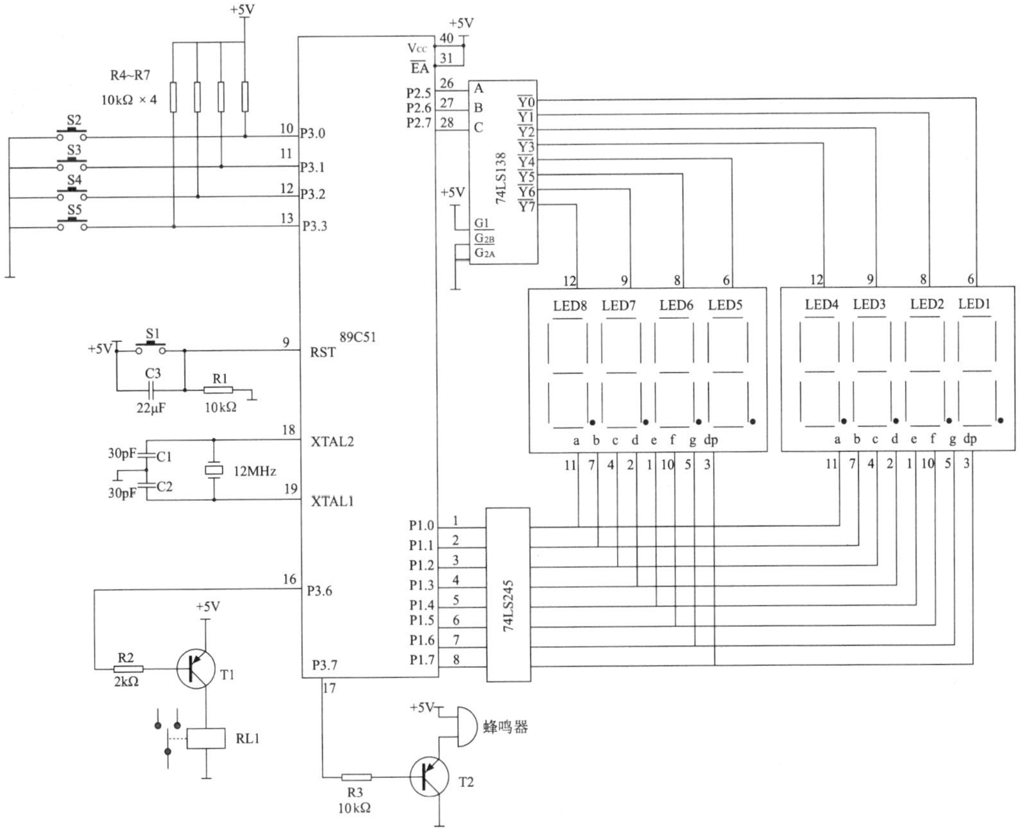

图 2-2-8　密码锁电路

2. 程序设计

程序流程如图 2-2-9 所示。

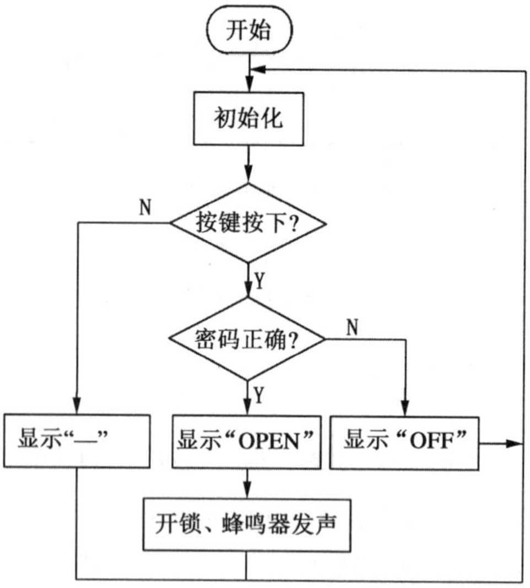

图 2-2-9　密码锁流程

参考程序如下：

程序

```
include <reg51.h>
#include <led.h>
sbit P3_6=P3^6;                    //控制开锁
sbit BEEP=P3^7;                    //控制蜂鸣器
void delay(unsigned int i);        //延时函数声明
void main()                        //主函数
  {
   unsigned char button;           //保存按键信息
     unsigned int  j ;
     P0=0xff;
   while(1)
     {
       dis_buf[0]=4;               //初始状态"—"
       dis_buf[1]=12;
       dis_buf[2]=12;
       dis_buf[3]=12;
       Display_led();              //密码锁的初始显示状态"—"
       P3_6=1;                     //设置密码锁初始状态为"锁定",发光二极管熄灭
       button=P3;
```

```
button&=0x0f;
if(button! =0x0f)
{ delay(10);
 if(button! =0x0f)
   {
   switch (button)            //判断按键的键值
   {case 0x0e:
        dis_buf[0]=0;dis_buf[1]=12;dis_buf[2]=12;dis_buf[3]=12;
        for (j=0;j<1500;j++) Display_led();
        dis_buf[0]=9;dis_buf[1]=10;dis_buf[2]=11;dis_buf[3]=12;
        for (j=0;j<3500;j++) Display_led();
        break;              //0#键按下,密码输入错误,显示“OFF”
   case 0x0d:
        dis_buf[0]=1;dis_buf[1]=12;dis_buf[2]=12;dis_buf[3]=12;
        for (j=0;j<1500;j++) Display_led();
        dis_buf[0]=9;dis_buf[1]=10;dis_buf[2]=11;dis_buf[3]=12;
        for (j=0;j<3500;j++) Display_led();
        break;              //1#键按下,密码输入错误,显示“OFF”
   case 0x0b:
      dis_buf[0]=2;dis_buf[1]=12;dis_buf[2]=12;dis_buf[3]=12;
      for (j=0;j<1500;j++) Display_led();
      dis_buf[0]=5;dis_buf[1]=6;dis_buf[2]=7;dis_buf[3]=8;
      for (j=0;j<3500;j++) {Display_led();P3_6=0;BEEP=! BEEP; }
      break;
                            //2#键按下,密码正确,开锁并显示“OPEN”,蜂鸣器发声,继
                              电器动作开锁
    case 0x07:
        dis_buf[0]=3;dis_buf[1]=12;dis_buf[2]=12;dis_buf[3]=12;
        for (j=0;j<1500;j++) Display_led();
        dis_buf[0]=9;dis_buf[1]=10;dis_buf[2]=11;dis_buf[3]=12;
        for (j=0;j<3500;j++) Display_led();
        break;              //3#键按下,密码输入错误,显示“OFF”
    default: break;
    }
   }
  }
 }
}
```

```
void  delay(unsigned int i)
{
    unsigned int j,k;
    for(k=0;k<i;k++)
        for(j=0;j<250;j++);
}
/ ******** led. h ************************* /
#include <reg51. H>
sbit LSA=P2^5;
sbit LSB=P2^6;
sbit LSC=P2^7;
#define uchar unsigned char
#define uint  unsigned int
unsigned char code
table[]={0x3f,0x06,0x5b,0x4f,0x40,0x3f,0x73,0x79,0x37,0x3f,0x71,0x71,0x00};
                                                  //共阴数码管字型0,1,2,3,-,O,P,E,N,O,F,F,熄灭
uchar dis_buf[4];
uchar i;
void delay1(uint i)
{
    while(i--);
}
void Display_led()
{
uchar i;
for(i=0;i<4;i++)
{
   switch(i)                         //位选,选择点亮的数码管
    {
      case(0):LSA=0;LSB=0;LSC=0; break;//显示第1位
      case(1):LSA=0;LSB=0;LSC=1; break;//显示第2位
      case(2):LSA=0;LSB=1;LSC=0; break;//显示第3位
      case(3):LSA=0;LSB=1;LSC=1; break;//显示第4位
      case(4):LSA=1;LSB=0;LSC=0; break;//显示第5位
      case(5):LSA=1;LSB=0;LSC=1; break;//显示第6位
      case(6):LSA=1;LSB=1;LSC=0; break;//显示第7位
      case(7):LSA=1;LSB=1;LSC=1; break;//显示第8位
    }
```

```
        P1 = table[dis_buf[i]];        //发送段码
        delay1(1);                     //间隔一段时间扫描
        P1=0x00;                       //消隐
    }
}
```

任务仿真

习题 2

一、选择题

1. C 程序总是从(　　)开始执行的。

A. 主函数　　B. 主程序　　C. 子程序　　D. 过程函数

2. 程序是以(　　)形式存放在程序存储器中的。

A. C 语言源程序　　B. 汇编程序　　C. 二进制编码　　D. BCD 码

3. C51 的数据类型中，char 数据长度和值域为(　　)。

A. 单字节－128～127　　B. 双字节－32 768～32 767

C. 单字节 0～255　　D. 双字节 0～65 535

4. 单片机能直接运行的程序称为(　　)。

A. 源程序　　B. 汇编程序　　C. 目标程序　　D. 编译程序

5. 共阳极 LED 数码管加反相器驱动时显示字符“1”的段码是(　　)。

A. 0X06　　B. 0X82　　C. 0XF9　　D. 0X28

6. 一个完整的 C 源程序是(　　)。

A. 由一个主函数或一个以上的非主函数构成

B. 由一个且仅由一个主函数和零个以上的非主函数构成

C. 由一个主函数和一个以上的非主函数构成

D. 由一个且只有一个主函数或多个非主函数构成

7. 在一个 C 程序中，关于 main 函数的位置，下面说法正确的是(　　)。

A. main 函数必须出现在所有函数之前

B. main 函数可以在任何地方出现

C. main 函数必须出现在所有函数之后

D. main 函数必须出现在固定位置

8. C51 函数定义中断利用关键字(　　)。

A. Interrupt　　B. sfr　　C. while　　D. using

9. int 型的变量占用(　　)个字节内存空间。

A. 1　　B. 2　　C. 3　　D. 4

10. 共阳极 LED 数码管加反相器驱动时显示字符“1”的段码是(　　)。

A. 0X06　　B. 0XF9　　C. 0X82　　D. 0XFA

11. LED 数码管若采用动态显示方式,下列说法错误的是(　　)。

A. 将各位数码管的段选线并联

B. 将段选线用一个 8 位 I/O 端口控制

C. 将各位数码管的公共端直接连接在+5 V 或者 GND 上

D. 将各位数码管的位选线用各自独立的 I/O 端口控制

12. 按键开关的结构通常是机械弹性元件,在按键按下和断开时,触电在闭合和断开瞬间会产生接触不稳定,为消除抖动引起的不良后果常采用的方法有(　　)。

A. 硬件去抖动　　B. 软件去抖动

C. 硬、软件两种方法　　D. 单稳态电路去抖动

13. 下列表示式语句正确的是(　　)。

A. a++;　　B. x=y+3;　　C. p= a~b;　　D. p=5;

14. 以下语句属于无限循环语句的是(　　)。

A. do { ; } while(1) ;　　B. for (; ;) ;

C. while(1);　　D. while(0);

15. P1 口(P1.0~P1.7)分别接 8 个发光二极管 VD1~VD8,低电平点亮,使得有 2 个发光二极管同时发光的控制码是(　　)。

A. 0XFE　　B. 0X7F　　C. 0X7E　　D. 0XBD

二、判断题

1. C51 中的标识符是用来标识源程序某个对象名字的。标识符不能使用 C51 的关键字。(　　)
2. 在标识符中,大小写是有区别的。例如"TOP"与"top"是两个完全不同的标识符。(　　)
3. C51 中 float 浮点型数据在内存中占用 4 个字节。(　　)
4. while 语句是循环语句的一种。(　　)
5. 在使用 switch 语句时应注意,在 case 后的各常量表达式的值不能相同,否则会出现错误。(　　)
6. main 函数是一个控制程序流程的特殊函数,它是程序的起点。(　　)
7. 一个 C51 程序中至少有一个函数,这个函数可以不是 main 函数。(　　)
8. 用户自定义函数,在使用之前必须对它进行定义之后才能调用。(　　)
9. 如果一个函数没有返回值,函数类型可以不写。在实际处理中,一般把它定义为 void。(　　)
10. 输入高电平或低电平即可控制无源蜂鸣器发声。(　　)
11. 有源蜂鸣器中的源是指内部自带电源。(　　)
12. 将按键电路连接在 P0 口的引脚上时,可以不接上拉电阻。(　　)

13. LED数码管显示器实由发光二极管按一定的结构组合起来的显示器件。 ( )

14. 静态显示是指数码管显示某一字符时，相应的发光二极管恒定导通或恒定截止。 ( )

15. 动态显示是一种按位轮流点亮各位数码管的显示方式，即在某一时段，只让其中一位数码管“位选端”有效，并送出相应的字型显示编码。 ( )

三、综合题

1. 用C51编程来实现流水灯显示，硬件电路如图1-2-1所示。
2. 共阴数码管和共阳数码管有何区别？
3. 简述LED数码管显示的编码方式。
4. 简述LED动态显示的过程。
5. 7段LED静态显示和动态显示在硬件连接上分别具有什么特点？实际设计时应如何选择使用？
6. 机械式按钮组成的键盘，应如何消除按键抖动？
7. 独立式按键和矩阵式键盘分别具有什么特点？适用于什么场合？

项目三 交通信号灯控制

知识目标

● 了解十字路口交通灯的控制模式。
● 了解中断的基本概念。
● 了解中断的响应过程。
● 掌握中断相关寄存器及配置方式。
● 掌握中断函数的编程方法。

技能目标

● 会搭建交通信号灯电路。
● 会编写交通信号灯程序。
● 会仿真调试交通信号灯系统。

思政目标

● 尊重规则,遵守法律,培养责任担当精神。
● 团队配合,协调发展,实现技术效益最大化。

课程思政点

● 从交通信号灯的规律变化,车辆行人严格按交通信号灯指示通行或让行以保证道路畅通,减少事故,引导学生尊重规则(包括劳动规则)、遵纪守法,提高责任意识和社会担当。

● 从单片机的各个I/O口及中断等功能的合理应用,配合实现各种有机控制功能,引导学生注重团队协作,提高工作效率,实现技术效益最大化。

在经济高速发展的今天,城市交通中人、车、路三者关系的协调,成为交通管理部门着力解决的重要问题之一。交通信号灯控制是现代城市监控系统中最重要的组成部分,在十字路口,合理安排交通信号灯是极其重要的。

单片机应用系统一般用来控制和监视被控对象,为了应付突发事件,就要响应中断源。中断技术是计算机中的重要技术之一,它既和硬件有关,也和软件有关。正因为有了中断,才使计算机的工作更灵活,效率更高。在这里,通过交通信号灯控制项目,理解中断系统的基本原理及MCS-51单片机中断系统的结构和应用技术。

任务 3.1　交通红绿灯控制

任务描述：设计一个十字路口的交通信号灯控制电路，要求南北方向（主干道）车道和东西方向（支干道）车道两条交叉道路上的车辆交替运行。主干道每次通行时间 40 s、支干道每次通行时间 30 s。绿灯、黄灯、红灯依次交替。绿灯转为黄灯亮之前的最后 6 s 闪烁，黄灯亮 5 s 后红灯亮，即变换通行车道。

3.1.1　硬件电路

任务实施

根据任务描述，可列出交通灯显示状态见表 3-1-1。

表 3-1-1　简易交通灯显示状态

东西方向（简称 A 方向）			南北方向（简称 B 方向）			状态说明
绿灯	黄灯	红灯	绿灯	黄灯	红灯	
灭	灭	亮	亮	灭	灭	A 方向禁止，B 方向通行，34 s
灭	灭	亮	闪烁	灭	灭	A 方向禁止，B 方向警告，6 s
灭	灭	亮	灭	亮	灭	A 方向禁止，B 方向警告，5 s
亮	灭	灭	灭	灭	亮	B 方向禁止，A 方向通行，24 s
闪烁	灭	灭	灭	灭	亮	B 方向禁止，A 方向警告，6 s
灭	亮	灭	灭	灭	亮	B 方向禁止，A 方向警告，5 s

在东、西、南、北四个方向各 3 个信号灯共 12 个，用发光二极管来表示。东、西两个方向的信号灯状态一样，南、北两个方向的信号灯状态也一样，所以，对应两个方向上的 6 个发光二极管只需要占用 3 个 I/O 口线，共 6 个 I/O 口线，选择用 P1 口来控制。电路如图 3-1-1 所示。

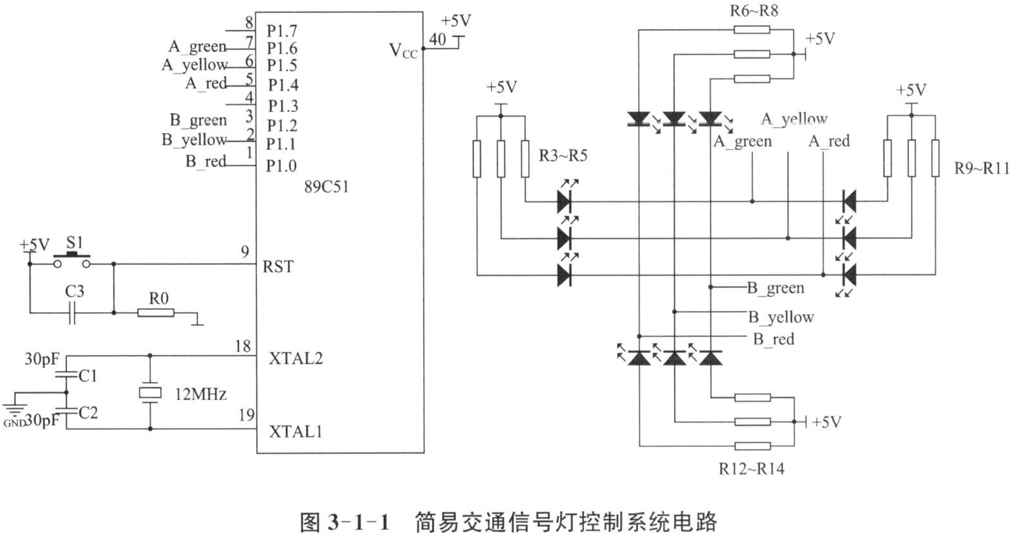

图 3-1-1　简易交通信号灯控制系统电路

当 I/O 端口输出低电平时，对应的交通灯亮；反之，当 I/O 端口输出高电平时，对应的交通灯灭。各控制端口线的分配及状态见表 3-1-2。

表 3-1-2　简易交通信号灯控制端口分配及状态

P1.6	P1.5	P1.4	P1.2	P1.1	P1.0	P1 端口数据	状态说明
A 绿灯	A 黄灯	A 红灯	B 绿灯	B 黄灯	B 红灯		
1	1	0	0	1	1	EBH	B 通行，A 禁止，34 s
1	1	0	0/1	1	1	EBH/EFH	B 绿闪，A 禁止，6 s
1	1	0	1	0	1	EDH	B 警告，A 禁止，5 s
0	1	1	1	1	0	BEH	A 通行，B 禁止，24 s
0/1	1	1	1	1	0	BE/FEH	A 绿闪，B 禁止，6 s
1	0	1	1	1	0	DEH	A 警告，B 禁止，5 s

3.1.2　程序设计

主干道（B 方向）每次通行时间都为 40 s，主干道绿灯闪烁的时间为 6 s，那么主干道绿灯亮不闪烁的时间应为 34 s。黄灯亮的时间为 5 s。支干道（A 方向）每次通行时间为 30 s，支干道绿灯闪烁的时间为 6 s，那么支干道绿灯亮不闪烁的时间应为 24 s。黄灯亮的时间也为 5 s。假设信号灯闪烁的亮灭时间为 1 s。程序需要多个不同的延时时间：1 s，5 s，6 s，24 s，34 s 等，那么可以把 1 s 的延时作为基本延时时间。

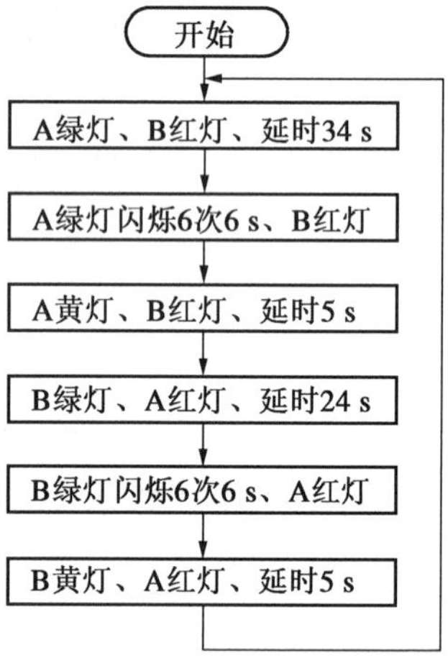

图 3-1-2　简易交通信号灯状态流程

程序流程如图 3-1-2 所示。

根据上述分析，设计简易交通信号灯控制源程序如下：

```
#include "reg51.h"
//函数名：delay
//函数功能：k× 100×1250×8 μs=ks，当 k 为 1 时，就是 1 s 了
//形式参数：k
//返回值：无
void delay (unsigned int k)
    {
     unsigned int i, j;
     while(k--)
         {   for(i=0;i<100;i++)
```

```
            { for(j=0;j<1250;j++);}
        }
}
  void main()
  {
    unsigned char k;
    while(1)
     {
        for(k=0;k<34;k++)
          { P1=0xeb;delay(1);}                          // A禁止,B通行
        for(k=0;k<3;k++)
          { P1=0xeb;delay(1); P1=0xef;delay(1);}  // A禁止,B闪烁
        for(k=0;k<5;k++)
          { P1=0xed;delay(1);}                          //A禁止,B警告
        for(k=0;k<24;k++)
          { P1=0xbe;delay(1);}                          // B禁止,A通行
        for(k=0;k<3;k++)
          {P1=0xbe;delay(1);P1=0xfe;delay(1);}      // B禁止,A闪烁
        for(k=0;k<5;k++)
          { P1=0xde;delay(1);}                          // B禁止,A警告
     }
  }
```

任务仿真

任务3.2　交通信号灯倒计时控制

任务描述：在任务3.1的基础之上，结合数码管动态显示，可再添加通行时间倒计时功能。在主干道和支干道的数码管指示牌均显示当前通行时间(路灯亮和闪烁总时间)、警告时间(黄灯亮时间)和禁止通行时间(红灯亮时间)倒计时。

3.2.1　硬件电路

在两通道各添加一个两位数码管，用来显示当前状态倒计时。这里的四位数码管采用动态显示方式，用P2口的P2.7,P2.6,P2.5,P2.4作为数码管的位选输出端口，P0口作为段码输出端口控制四位共阳极数码管显示。轮流将P2.7,P2.6,P2.5,P2.4置低电平，即轮流选中每一位数码管，并通过P0口给入该数码管对应的段码，利用人眼的视觉暂留效应，显示四位数码管。

任务实施

硬件电路如图3-2-1所示。

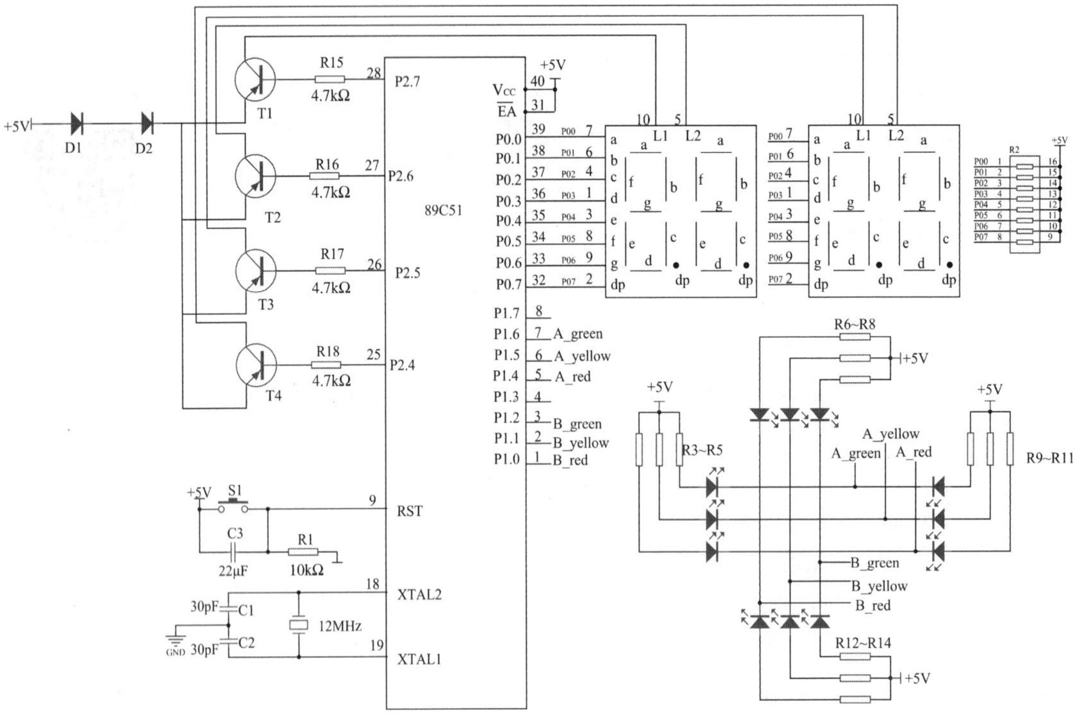

图 3-2-1　交通信号灯倒计时显示控制电路

3.2.2　程序设计

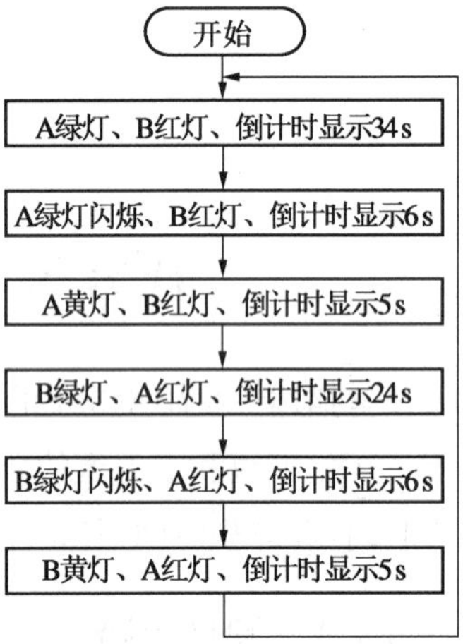

图 3-2-2　交通信号灯倒计时显示状态流程

在任务 3.1 基础上新增倒计时显示功能。这里将显示函数的运行时间设置为约 1 s，在运行数码管显示的同时，实现 1 s 的延时效果。

程序流程如图 3-2-2 所示。

简易交通信号灯控制参考程序如下：

```
#include "reg51.h"
#define uchar unsigned char
#define uint unsigned int
uchar tab[10]={ 0xc0,0xf9,0xa4,0xb0,0x99,0x92,
0x82,0xf8,0x80,0x90};          //0～9 共阳极字型码
uchar dat[4], a,b;
void display(uchar m,uchar n);  //显示函数
void  delay(unsigned char  i);  //延时函数
void main()
{
  uchar k;
```

```
while(1)
  {
    b=41;a=46;
    for(k=0;k<34;k++)
      { b--;a--;
        P1=0xeb;display(b,a);
      }                          // A禁止,B通行,34 s
    for(k=0;k<3;k++)
      { b--;a--;
        P1=0xeb;display(b,a);
        b--;a--;
        P1=0xef;display(b,a);
      }                          // A禁止,B闪烁,6 s
    b=6;
    for(k=0;k<5;k++)
      {b--;a--;
       P1=0xed;display(b,a);
      }                          //A禁止, B警告,5 s
    b=36;a=31;
    for(k=0;k<24;k++)
      { a--;b--;
        P1=0xbe;display(b,a);
      }                          // B禁止,A通行,24 s
    for(k=0;k<3;k++)
      { a--;b--;
        P1=0xbe;display(b,a);
        a--;b--;
        P1=0xfe;display(b,a);
        }                        // B禁止,A闪烁,6 s
    a=6;
    for(k=0;k<5;k++)
      { a--; b--;
        P1=0xde;display(b,a);
      }                          // B禁止, A警告,5 s
  }
}
```

任务仿真

```
/ ***********************************************************
显示函数
*********************************************************** /
void display(uchar m,uchar n)
{
  uchar c=60;
  uchar d,w=0x80;
  dat[0]=m/10;
  dat[1]=m%10;
  dat[2]=n/10;
  dat[3]=n%10;
for(c=0;c<60;c++)
{
  w=0x80;
    for(d=0;d<4;d++)
   {
     P2=~w;                          //位码送 P2
     P0=tab[dat[d]];                 //段码送 P0
     delay(1);
     w=w>>1;
    }
  }
}
void  delay(unsigned char i)
{
unsigned char j,k1;
for(k1=0;k1<i;k1++)
     for(j=0;j<255;j++);
}
```

任务 3.3　交通信号灯控制

任务描述： 在前述任务已完成的定时交通灯控制的基础上，增加允许急救车优先通过的要求。当有急救车通过时，路口的信号灯全部变红，以便让急救车通过。假定急救车通过时间为 10 s，急救车通过后，交通信号灯恢复先前状态。

3.3.1　中断的基本概念

1. 中断的定义

中断是指 CPU 正在处理某种事情的时候，外部发生了某一事件，请求 CPU 迅速去处理，CPU 暂时中断当前的工作，转去处理中断发生的事件，处理完成后，再回到原来被中断的地方，继续原来的工作，这样的过程称为中断。中断过程如图 3-3-1 所示。

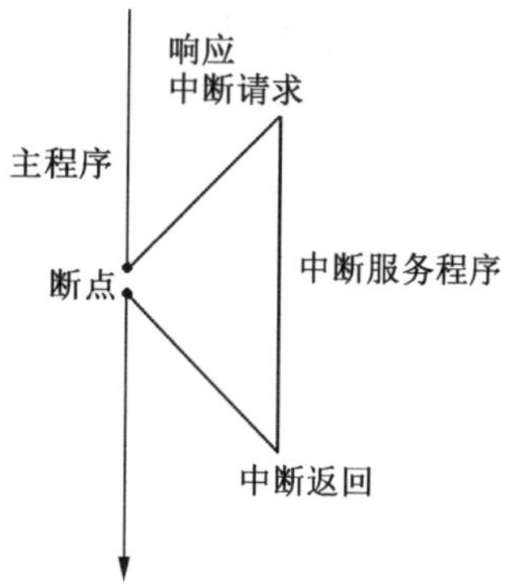

图 3-3-1　中断过程

中断执行类似子程序的调用，中断的发生是随机的，其对中断服务程序的调用是在检测到中断请求信号后自动完成的，而子程序的调用是由编序员事先安排的。因此，中断又可定义为 CPU 自动执行中断服务程序并返回原程序执行的过程。

日常生活中也常发生“中断”现象，以看书过程中接电话为例，“中断”过程可描述如下：

(1) 某人正在看书，有电话铃响(请求)。

(2) 决定接电话，做书签标记，起身接电话(响应处理)。

(3) 接完电话之后，从刚才做标记的页码继续看书(返回)。

同样，在计算机系统中，CPU 往往要与多个不同的设备进行短信息传递，对此常采用两种方式：一种是程序查询方式，即 CPU 通过程序依次查询各个外设的状态，发现某设备需要处理，就进行相关的操作，周而复始；第二种是中断方式，即由设备在需要进行信息传递时提出请求，CPU 接到请求后，根据情况作出相应的处理。显然，后一种的中断方式有以下优点：

(1) 可实现主程序(一般称为前台程序)和多个随机事件(一般称为后台程序)的并行处理。

(2) 可提高 CPU 的效率。

(3) 可按优先级给予处理，提高实时性。

2. 中断源

引起中断的原因或能发出中断申请的来源称为中断源。中断源通常有外部 I/O 设备、定时时钟、系统故障(如掉电)、程序执行错误(如除数为 0)和多机通信等。

3. 中断系统的功能

中断系统是指能够实现中断功能的硬件电路和软件程序的总和。MCS-51 单片机的大部分中断电路都集成在芯片内部，因此没有必要深究中断电路的细节，只要了解中断系统的功能就可以了。

(1) 实现中断响应

当某一个中断源申请中断时，CPU 应能够决定是否可以响应该中断，如果可以响应，则应能够保护断点与现场，并转到中断服务程序的入口地址。

(2) 实现中断返回

中断系统应能够在执行完中断服务程序并遇到中断返回指令时，自动取出保存在堆栈中的断点地址，以返回到原程序断点处继续执行原程序。

（3）中断优先级排队

通常一个计算机可以有多个中断源，如果某一时刻有两个或以上的中断源申请中断，则 CPU 应能找到优先级最高的中断源并响应它的中断请求。在高优先级中断请求处理完毕后再去响应低级中断请求。

（4）实现中断嵌套

中断嵌套是指计算机在响应某一中断源的中断请求并为其服务时，再去响应更高级别的中断源的中断请求，而暂时终止原中断服务程序的执行，待处理完以后，再继续执行原中断源处理程序。二级中断嵌套的中断过程如图 3-3-2 所示。实现中断嵌套，中断系统要具有中断屏蔽功能，还要有可以对中断进行控制的指令。

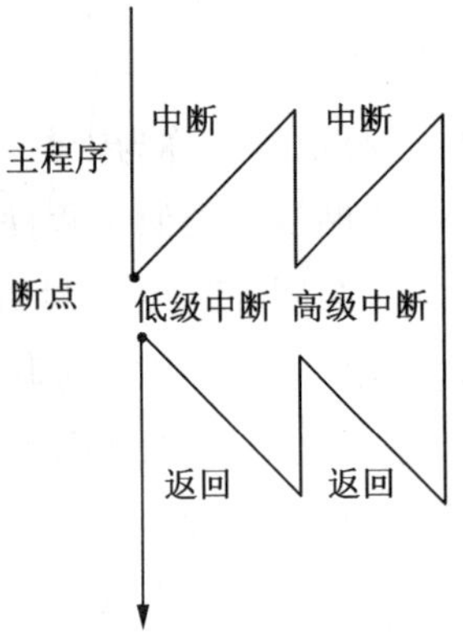

图 3-3-2　二级中断嵌套的中断过程

3.3.2　51 单片机中断系统

1. 中断源

在 51 单片机中，单片机类型不同，其中断源的个数也不完全相同。现以 89C51 单片机为例进行介绍。89C51 单片机的 5 个中断源可分为 2 个外部中断、2 个定时器/计数器中断及 1 个串行口中断。

（1）外部中断源

外部中断 0：$\overline{INT0}$，其中断请求信号由引脚 P3.2 输入。外部中断 1：即 $\overline{INT1}$，其中断请求信号由引脚 P3.3 输入。

外部中断请求有两种信号方式，即电平触发方式和脉冲下降沿触发方式。在电平触发方式下，CPU 在每个机器周期的 S5P2 时刻都要采样 $\overline{INT0}$(P3.2)/$\overline{INT1}$(P3.3)管脚的输入电平，若采样到低电平，则认为是有中断请求，即低电平有效。在脉冲下降沿触发方式下，CPU 在每个机器周期的 S5P2 时刻都要采样 $\overline{INT0}$(P3.2)/$\overline{INT1}$(P3.3)管脚的输入电平，若在相继的两次采样中，前一个机器周期采样信号为高电平、后一个机器周期采样到低电平，即采样到一个下降沿，则认为是有效的中断请求信号。这两种触发方式可以通过特殊功能寄存器 TCON 编程来选择。

（2）定时器/计数器中断

定时器/计数器 T0(或 T1)溢出时，由硬件置 TF0(或 TF1)为“1”，向 CPU 发送中断请求，当 CPU 响应中断后，将由硬件自动清除 TF0(或 TF1)。

（3）串行口中断

89C51 单片机串行口中断源对应两个中断标志位：串行口发送中断标志位 TI 和串行口接收中断标志位 RI。无论哪个标志位置“1”，都请求串行口中断。到底是发送中断 T1 还是接收中断 RI，只有中断服务程序中通过指令查询来判断。串行中断响应后，不能由硬件自动清 0,必须由软件对 T1 或 RI 清 0。

2. 中断控制寄存器

(1) 定时器/计数器控制寄存器 TCON

当有中断源发出请求时,由硬件将相应的中断标志置 1。TCON 各位的含义见表 3-3-1。

表 3-3-1　寄存器 TCON

TCON. 7	TCON. 6	TCON. 5	TCON. 4	TCON. 3	TCON. 2	TCON. 1	TCON. 0
TF1	TR1	TF0	TR0	IE1	IT1	IE0	IT0

● IT0/IT1:外部中断请求信号方式控制位。若其等于 1,则对应外部中断为脉冲下降沿触发方式,否则就是电平触发方式。

● IE0/IE1:外部中断请求标志位。当 CPU 在寄存器 $\overline{\text{INT0}}$/$\overline{\text{INT1}}$ 引脚上采样到有效中断请求信号时,由硬件电路将对应位置 1。

(2) 中断允许控制寄存器 IE

89C51 单片机没有专门的开中断和关中断指令,对各个中断源的允许和屏蔽是由内部的中断允许寄存器 IE 的各位来控制的。中断允许控制寄存器 IE 的地址为 0A8H,可位寻址。控制 CPU 对中断源总的开放或禁止,以及每个中断源是否允许中断。其功能见表 3-3-2。

表 3-3-2　寄存器 IE

IE. 7	IE. 6	IE. 5	IE. 4	IE. 3	IE. 2	IE. 1	IE. 0
EA			ES	ET1	EX1	ET0	EX0

● EA:中断允许总控位。如果该位为 0,表示所有中断请求均被禁止;若该位为 1,则是否允许中断由各个中断控制位决定。

● EX0/EX1:外部中断 0/外部中断 1 中断允许位。若为 1,表示对应的外部中断源可以申请中断;否则,对应的外部中断申请被禁止。

● ET0/ET1:T0/T1 中断允许控制位。若为 1,表示对应的定时器/计数器可以申请中断;否则,对应的定时器/计数器不能申请中断。

● ES:串行口中断控制位。若为 1,允许串行口中断;若为 0,则表示禁止串行口中断。

系统复位时,中断允许寄存器 IE 的内容为 00H,如果要开放某个中断源,则必须使 IE 中的总控位 EA 置位和对应的中断允许位置"1"。

(3) 串行口控制寄存器 SCON

串行口控制寄存器 SCON 地址为 98H,可位寻址。SCON 的功能见表 3-3-3。

表 3-3-3 寄存器 SCON

SCON.7	SCON.7	SCON.7	SCON.7	SCON.7	SCON.7	SCON.7	SCON.7
						TI	RI

● TI：串行口发送中断请求标志位。由硬件在方式 0 串行发送第 8 位结束时置位，或在其他方式串行发送停止位的开始时置位，向 CPU 发中断申请，但必须在中断服务程序中由软件清 0。

● RI：串行口接收中断请求标志位。由硬件在方式 0 串行接收第 8 位结束时置位，在其他方式串行接收到停止位的中间时置位，向 CPU 发中断申请，但必须在中断服务程序中由软件清 0。

（4）中断优先级控制寄存器 IP

中断优先级控制寄存器 IP 的地址为 0B8H，可位寻址。89C51 单片机具有两个中断优先级，每个中断源可编程为高优先级中断或低优先级中断，并可实现二级中断嵌套。

中断优先级 IP 可用软件设定。其功能见表 3-3-4。

表 3-3-4 寄存器 IP

IP.7	IP.6	IP.5	IP.4	IP.3	IP.2	IP.1	IP.0
			PS	PT1	PX1	PT0	PX0

● PX0：外部中断 0 优先级设定控制位。若 PX0=1，设定外部中断 0 为高优先级；若 PX0=0，则为低优先级。

● PT0：定时器/计数器 0 优先级设定控制位。若 PT0=1，设定定时器/计数器 0 为高优先级；若 PT0=0，则为低优先级。

● PX1：外部中断 1 优先级设定控制位。若 PX1=1，设定外部中断 1 为高优先级；若 PX0=0，则为低优先级。

● PT1：定时器/计数器 1 优先级设定控制位。若 PT1=1，设定定时器/计数器 1 为高优先级；若 PT1=0，则为低优先级。

● PS：串行口优先级设定控制位。若 PS=1，设定串行口为高优先级；若 PS=0，则为低优先级。

为了更好地实现中断控制，89C51 单片机对中断优先级有以下控制原则：

① 低优先级中断请求不能打断高优先级的中断服务，但高优先级中断请求可以打断低优先级的中断服务。

② 同级中断请求不能打断同级中断服务。

③ 如果多个同级中断源同时申请中断，则 CPU 按如下默认顺序响应：

外部中断 0→定时器/计数器 0→外部中断 1→定时器/计数器 1→串行中断。

综合上述情况，89C51 单片机对中断的控制可以用图 3-3-3 表示。

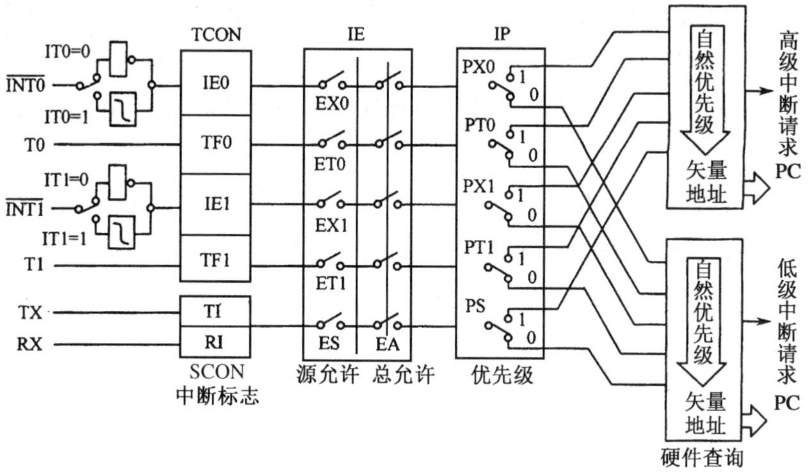

图 3-3-3 中断系统的结构

3. 中断响应

(1) 中断响应过程

中断系统结构

89C51 单片机的 CPU 在每个机器周期的 S5P2 期间,顺序采样每个中断源,CPU 在下一个机器周期 S6 期间按优先级顺序查询中断标志,如查询到某个中断标志为 1,将在下一个机器周期 S1 期间按优先级进行中断处理。中断系统通过硬件自动将相应的中断矢量地址装入 PC,以便进入相应的中断服务程序。

下列任何一种情况存在时,中断申请将被封锁:

① CPU 正在执行一个同级或高一级的中断服务程序;

② 当前周期(即查询周期)不是执行当前指令的最后一个周期,即要保证把当前的一条指令后至少再执行一条指令才会响应。

中断响应的主要操作就是执行由硬件电路自动生成一条 LCALL addr16 指令,其 addr16 就是中断源的入口地址(中断矢量)。首先将程序计数器 PC 内容(断点地址)压入堆栈保护(但不保护状态寄存器 PSW 内容,更不保护累加器 A 和其他寄存器的内容),然后将对应的中断矢量 addr16 装入程序计数器 PC,使程序转向该中断矢量地址单元中,以执行中断服务程序,各中断源及与之对应的矢量地址见表 3-3-5。

表 3-3-5 中断源及与之对应的矢量地址

中断号(m)	中断源	中断矢量地址(8m+3)	优先级
0	外部中断 0(INT0)	0003H	高
1	定时器 T0 中断	000BH	↓
2	外部中断 1(INT1)	0013H	↓
3	定时器 T1 中断	001BH	↓
4	串行口中断	0023H	低

中断服务程序从矢量地址开始执行，一直到返回指令 RETI 为止。“RETI”指令的操作，一方面告诉中断系统中断服务程序已执行完毕，另一方面把原来压入堆栈保护的断点地址从栈顶弹出，装入程序计数器 PC，使程序返回到被中断的程序断点处，以便继续执行。

对于有些中断源，CPU 在响应中断后会自动清除中断标志，如定时器溢出标志 TF0、TF1，以及边沿触发方式下的外部中断标志 IE0、IE1；而有些中断标志，不会自动清除，只能由用户用软件清除，如串行口接收发送中断标志 RI、TI；在电平触发方式下的外部中断标志 IE0 和 IE1 则是根据管脚 $\overline{INT0}$ 和 $\overline{INT1}$ 的电平变化的，CPU 无法直接干预，须在管脚外加硬件（如 D 触发器）使其自动撤销外部中断请求。

在编写中断服务程序时应注意：

① 在中断矢量地址单元处放一条无条件转移指令（如 LJMP），使中断服务程序可灵活地安排在 64 KB 程序存储器的任何空间。

② 在中断服务程序中，用户应注意用软件保护现场，以免中断返回后，丢失原寄存器、累加器中的信息，即保护现场。

③ 若要在执行当前中断程序时禁止更高优先级中断，可以先用软件关闭 CPU 中断，或禁止某中断，在中断返回前再开中断。

（2）外部中断响应时间

外部中断和 $\overline{INT1}$ 的电平在每个机器周期的 SP2 期间，经反相后锁存到 IE0 和 IE1 标志位，CPU 在下一机器周期才会查询到新置入的 IE0 和 IE1，这时如果满足响应条件，CPU 响应中断时，要用两个机器周期执行一条硬件长调用指令“LCALL”，由硬件完成将中断矢量地址装入 PC，使程序转入中断矢量入口。所以，从产生外部中断到开始执行中断程序至少需要三个完整的机器周期。

如果在中断申请时，CPU 正在处理最长指令（如乘法和除法指令均为四个周期），则额外等待时间增加三个周期；若正在执行“RETI”或访问 IE、IP 指令，则额外等待时间又增加两个周期。综合估计，在单一中断源系统里，外部中断响应时间约在 3～8 个机器周期之间。

4. 中断的应用

使用中断的主要目的就是为了实现程序的并行处理，不同的中断源所解决的问题不一样，下面通过一个实例来介绍外部中断源的处理。对于定时/计数器中断和串行口中断的应用在后面的章节中介绍。

设计要求：

（1）无外部中断，K1、K2 为高电平，8 个发光二极管全部点亮。

（2）按下按钮 K1（接 P3.2），8 个发光二极管从 VD1～VD8 依次轮流点亮一遍。

（3）按下按钮 K2（接 P3.3），8 个发光二极管从 VD8～VD1 依次轮流点亮一遍。

外部中断应用电路如图 3-3-4 所示。

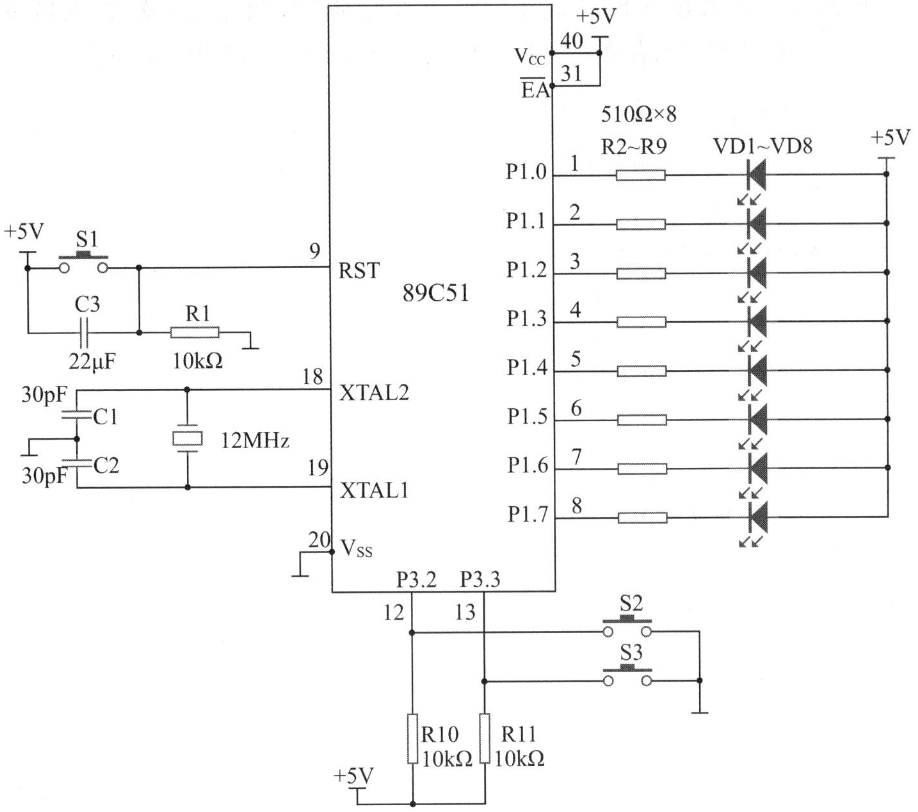

图 3-3-4　外部中断应用电路

在正常情况下(无外部中断),主程序流程如图 3-3-5 所示。在中断情况下,中断服务程序流程如图 3-3-6 所示。外部中断 0 和 1 的优先级选默认的形式,即按钮 K1、K2 同时按下时,优先选择 K1 按下有效。

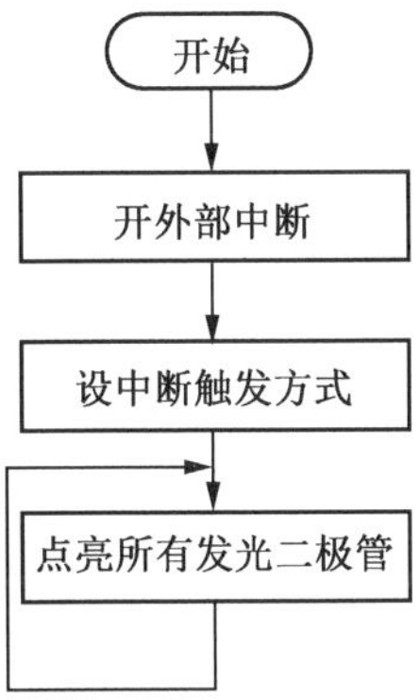

图 3-3-5　主程序流程

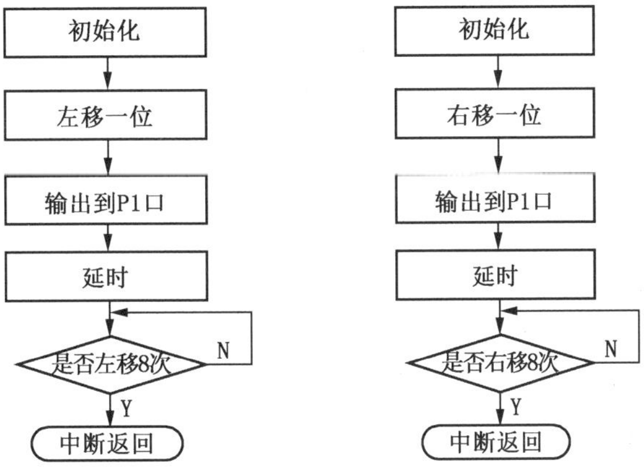

(a) 按下K1　　(b) 按下K2

图 3-3-6　中断服务程序流程

电路图共 8 个灯，在按下 K1、K2 按钮后，每个灯都要轮流点亮一次，故左移和右移的次数为 8 次。循环左移和右移直接引入头文件 intrins. h。参考程序如下：

```
#include <reg51.h>      //头文件
#include <intrins.h>    //头文件,包含_crol_(a,n),_cror_(a,n)
#define uint unsigned int
#define uchar unsigned char
sbit k1=P3^2;           //按钮 K1
sbit k2=P3^3;           //按钮 K2
uchar led1=0xfe;        //左移控制码
uchar led2=0x7f;        //右移控制码
//函数名：delay
//函数功能:延时时间为 k×12500×8 μs
//形式参数:k
//返回值:无
void delay (unsigned int k)
{
  unsigned int  j;
  while(k--)
   {for(j=0;j<12500;j++);}
  }
void main()
{
  EA=1;                 //总中断允许
  EX0=1;                //开外部中断 0
  EX1=1;                //开外部中断 1
  IT0=1;                //外部中断 0 触发方式为脉冲下降沿
  IT1=1;                //外部中断 1 触发方式为脉冲下降沿
  while(1)
  P1=0x00;              //8 个灯全亮
}
//函数名:int0
//函数功能:外部中断 0 服务函数,按下按钮 K1 执行
//形式参数:无
//返回值:无
void int0()interrupt 0
{
  uint a;
```

```
  if(k1==0)
  {
   for(a=0;a<8;a++)
   {
     P1=led1;
   led1=_crol_(led1,1);          //控制码循环左移
     delay(10);
   }
   led1=0xfe;
  }
}
//函数名:int1
//函数功能:外部中断0服务函数,按下按钮K2执行
//形式参数:无
//返回值:无
void int1()interrupt 2
{
  uint a;
  if(k2==0)
  {
  for(a=0;a<8;a++)
    {
    P1=led2;
    led2=_cror_(led2,1);          //循环控制码右移
      delay(10);
    }
    Led2=0x7f;
   }
}
```

5. C51 中断函数

C51 编译器允许用 C51 创建中断服务程序,我们只需要关心中断号和寄存器组的选择就可以了。编译器自动产生中断向量和程序的入栈和出栈。在函数声明时,包括 interrupt 将把所声明的函数定义为一个中断服务程序。同时也可用 using 定义此中断服务程序所使用的寄存器组。

定义中断服务函数的一般形式如下:

函数类型　函数名(形式参数表)[interrupt m][using n]

（1）interrupt m 修饰符

interrupt m 是 C51 函数中非常重要的一个修饰符。这是因为中断函数必须通过它进行修饰。在 C51 程序设计中经常用中断函数来实现系统实时性，提高程序处理效率。

在 C51 程序设计中，当函数定义时用了 interrupt m 修饰符，系统编译时把对应函数转化为中断函数，自动加上程序头段和尾段，并按 MCS-51 系统中断的处理方式自动把它安排在程序存储器中的相应位置。在该修饰符中，m 的取值为 0～31，对应的中断情况如下：

0——外部中断 0；

1——定时/计数器 T0；

2——外部中断 1；

3——定时/计数器 T1；

4——串行口中断；

5——定时/计数器 T2；

其他值预留。

编写 MCS-51 中断函数时应注意以下七点。

① 中断函数不能进行参数传递，如果中断函数中包含任何参数声明都将导致编译出错。

② 中断函数没有返回值，如果企图定义一个返回值将得不到正确的结果，建议在定义中断函数时将其定义为 void 类型，以明确说明没有返回值。

③ 在任何情况下都不能直接调用中断函数，否则会产生编译错误。因为中断函数的返回是由 89C51 单片机的 RETI 指令完成的，RETI 指令影响 89C51 单片机的硬件中断系统。如果在没有实际中断情况下直接调用中断函数，RETI 指令的操作结果会产生一个致命的错误。

④ 如果在中断函数中调用了其他函数，则被调用函数所使用的寄存器必须与中断函数相同；否则会产生不正确的结果。

⑤ C51 编译器对中断函数编译时会自动在程序开始和结束处加上相应的内容，具体如下：在程序开始处对 ACC、B、DPH、DPL 和 PSW 入栈，结束时出栈。中断函数未加 using n 修饰符的，开始时还要将 R0～R1 入栈，结束时出栈。如中断函数加 using n 修饰符，则在开始将 PSW 入栈后还要修改 PSW 中的工作寄存器组选择位。

⑥ C51 编译器从绝对地址 8m＋3 处产生一个中断向量，其中 m 为中断号，也即 interrupt 后面的数字。该向量包含一个到中断函数入口地址的绝对跳转。

⑦ 中断函数最好写在文件的尾部，并且禁止使用 extern 存储类型说明。防止其他程序调用。

下面的程序的功能是：对外部中断 1 中断次数计数，并送 P1 口显示。

```
#include <reg51.h>
unsigned char counter = 0;
void int0_int ()   interrupt 2
{
    P1= counter++; //加 1 送 P1 显示
}
void main (void)
{
    IT1 = 1;          //INT1 下降沿触发
    EX1 = 1;          //使能 INT1
    EA = 1;           //开总中断
    while (1) ;       //死循环,等待中断
}
```

（2）using　n 修饰符

在前面单片机基础的介绍中，提到了 89C51 单片机有 4 组工作寄存器：0 组、1 组、2 组和 3 组。每组有 8 个寄存器，分别用 R0～R7 表示。修饰符 using　n 用于指定本函数内部使用的工作寄存器组，其中 n 的取值为 0～3，表示寄存器组号。

对于 using　n 修饰符的使用应注意以下两点。

① 加入 using　n 后，C51 在编译时自动的在函数的开始处和结束处加入以下指令。

```
{
PUSH   PSW                ;标志寄存器入栈
MOV   PSW,              #与寄存器组号相关的常量
......
POP   PSW                 ;标志寄存器出栈
}
```

② using　n 修饰符不能用于有返回值的函数，因为 C51 函数的返回值是放在寄存器中的。如寄存器组改变了，返回值就会出错。

3.3.3　任务实施

任务实施

根据前面的任务目标，可列出交通信号灯显示状态，见表 3-3-6。

表 3-3-6　交通信号灯显示状态

东西方向(简称 A 方向)			南北方向(简称 B 方向)			状态说明
绿灯	黄灯	红灯	绿灯	黄灯	红灯	
灭	灭	亮	亮	灭	灭	A 方向禁止，B 方向通行，34 s
灭	灭	亮	闪烁	灭	灭	A 方向禁止，B 方向警告，6 s

（续表）

东西方向(简称 A 方向)			南北方向(简称 B 方向)			状态说明
绿灯	黄灯	红灯	绿灯	黄灯	红灯	
灭	灭	亮	灭	亮	灭	A 方向禁止，B 方向警告，5 s
亮	灭	灭	灭	灭	亮	B 方向禁止，A 方向通行，24 s
闪烁	灭	灭	灭	灭	亮	B 方向禁止，A 方向警告，6 s
灭	亮	灭	灭	灭	亮	B 方向禁止，A 方向警告，5 s
灭	灭	亮	灭	灭	亮	急救车通过时，A、B 禁止，10 s

1. 硬件电路

在任务 3.2 硬件电路的基础之上，将电路进行进一步完善。

急救车优先通过时，用按键 S2 表示。当 S2 为高电平(不按按键)时，表示正常情况；当 S2 为低电平(按下按键)时，表示有急救车到来。将 S2 接到 $\overline{\text{INT0}}$ 脚(P3.2)即可实现外部 0 中断申请。硬件电路如图 3-3-7 所示。各控制端口线的分配及状态见表 3-3-7。

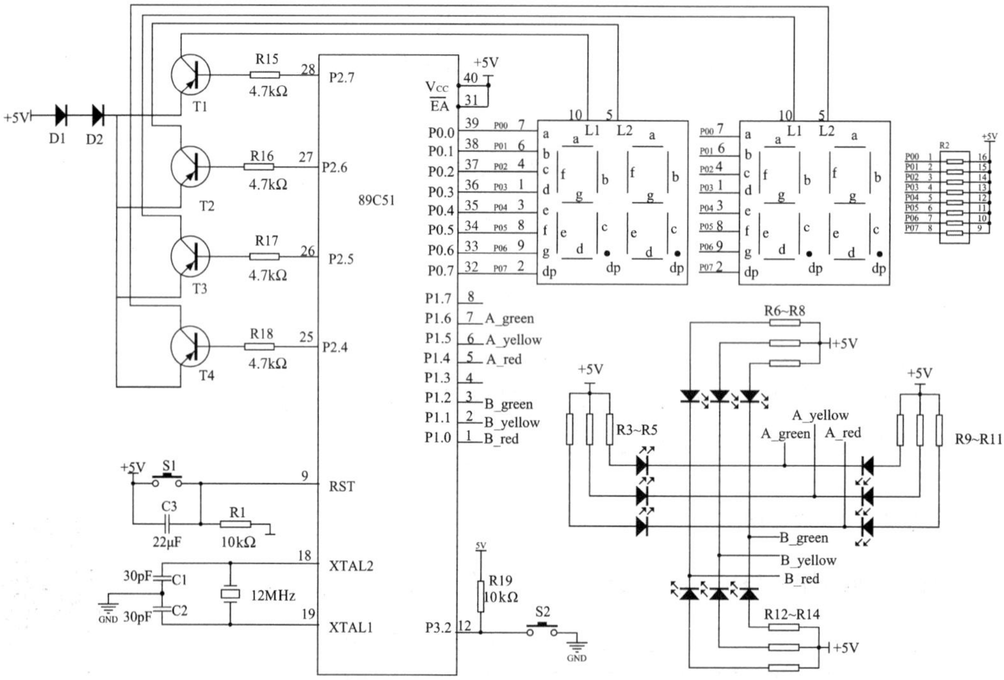

图 3-3-7　交通信号灯控制系统电路

表 3-3-7　交通信号灯控制端口分配及状态

P1.6	P1.5	P1.4	P1.2	P1.1	P1.0	P1 端口数据	状态说明
A 绿灯	A 黄灯	A 红灯	B 绿灯	B 黄灯	B 红灯		
1	1	0	0	1	1	EBH	B 方向通行，A 方向禁止
1	1	0	0/1	1	1	EBH/EFH	B 方向绿闪，A 方向禁止
1	1	0	1	0	1	EDH	B 方向警告，A 方向禁止
0	1	1	1	1	0	BEH	A 方向通行，B 方向禁止
0/1	1	1	1	1	0	BE/FEH	A 方向绿闪，B 方向禁止
1	0	1	1	1	0	DEH	A 方向警告，B 方向禁止
1	1	0	1	1	0	EEH	A 方向、B 方向都禁止

2. 程序设计

在已完成的程序基础上，添加外部中断程序。

在正常情况下(无外部中断)，主程序流程如图 3-3-8(a)所示。在中断情况下(急救车来时)，中断流程如图 3-3-8(b)所示。

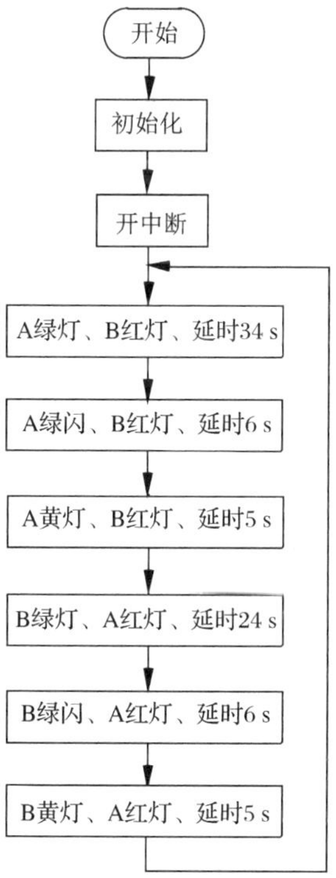

(a) 主程序流程

(b) 中断流程

图 3-3-8　交通信号灯控制流程

交通信号灯控制参考程序如下：

```
#include "reg51.h"
#define uchar unsigned char
#define uint unsigned int
tab[10]={ 0xc0,0xf9,0xa4,0xb0,0x99,0x92,0x82,0xf8,0x80,0x90};
                                    //0～9 共阳极字型码
uchar dat[4], a,b;
void display(uchar m,uchar n) ;        //显示函数
void delay(unsigned char i);           //延时函数
//函数名:int_0
//函数功能:外部中断 0 中断函数,急救车来时处理,当 CPU 响应外部中断 0 的
  中断请求时,自动执行该函数,实现两个方向红灯同时亮 10s,闪烁倒计时
//形式参数:无
//返回值:无

void int_0() interrupt 0
  {
     uchar k2,a1,b1;
      EA=0;                         //关中断
      a1=a;                         //保护现场
      b1=b;                         //保护现场
      a=11;b=11;
      for(k2=0;k2<10;k2++)
      { a--; b--;
       P1=0xee;display(b,a);
      }                             //B 方向禁止, A 方向警告,5 s
      a=a1;                         //恢复现场
      b=b1;
      EA=1;                         //开中断
  }
void main()
{
     uchar k;
     EA=1;                          //开总中断允许
     EX0=1;                         //开外部中断 0 中断允许位
     IT0=1;                         //设置外部中断 0 为下降沿触发
   while(1)
     {
```

```
    b=41;a=46;
    for(k=0;k<34;k++)
      { b--;a--;
       P1=0xeb;display(b,a);
      }                              //A 方向禁止,B 方向通行,34 s
   for(k=0;k<3;k++)
      { b--;a--;
       P1=0xeb;display(b,a);
       b--;a--;
       P1=0xef;display(b,a);
      }                              //A 方向禁止,B 方向闪烁,6 s
       b=6;
      for(k=0;k<5;k++)
       {b--;a--;
       P1=0xed;display(b,a);
      }                              //A 方向禁止, B 方向警告,5 s
      b=36;a=31;
    for(k=0;k<24;k++)
      { a--;b--;
       P1=0xbe;display(b,a);
      }                              //B 方向禁止,A 方向通行,24 s
    for(k=0;k<3;k++)
      { a--;b--;
      P1=0xbe;display(b,a);
       a--;b--;
       P1=0xfe;display(b,a);
      }                              //B 方向禁止,A 方向闪烁,6 s
      a=6;
      for(k=0;k<5;k++)
        { a--; b--;
          P1=0xde;display(b,a);
        }                            //B 方向禁止,A 方向警告,5 s
     }
}
/**************************************************************
显示函数
**************************************************************/
void display(uchar m,uchar n)
```

```
{
   uchar c=60,d,w=0x80;
   dat[0]=m/10;                        //A 向计数值十位
   dat[1]=m%10;                        //A 向计数值个位
   dat[2]=n/10;                        //B 向计数值十位
   dat[3]=n%10;                        //B 向计数值个位
for(c=0;c<60;c++)
{
   w=0x80;
     for(d=0;d<4;d++)
     {
      P2=~w;                           //位码送 P2
      P0=tab[dat[d]];                  //段码送 P0
      delay(1);
      w=w>>1;
     }
   }
}

void   delay(unsigned char i)
{
      unsigned char j,k1;
     for(k1=0;k1<i;k1++)
        for(j=0;j<255;j++);
}
```

任务仿真

小提示：

在中断服务程序中，通常首先需要保护现场，然后才是真正的中断处理程序。中断返回时需要恢复现场。在保护和恢复现场时，为了不使现场数据遭到破坏或造成混乱，一般规定此时 CPU 不再响应新的中断请求；同时，在中断程序执行的过程中，也不再响应中断。因此，在编写中断服务程序时，在保护现场前关中断，恢复现场后再开中断。

在本案例的中断函数中，按中断函数的常规写法，首先是关中断，其次是保护现场。中断服务持续 10 s，确保急救车通过交叉路口。最后，恢复现场，开中断，返回主程序。

习题 3

一、选择题

1. 下列有关 80C51 中断优先级控制的叙述中错误的是(　　)。
   A. 低优先级不能中断高优先级,但高优先级能中断低优先级
   B. 同级中断不能嵌套
   C. 同级中断请求按时间的先后顺序响应
   D. 同一时刻,同级的多中断请求,将形成阻塞,系统无法响应
2. 对于由 80C51 构成的单片机应用系统,中断响应并自动生成长调用指令 LCALL 后,应(　　)。
   A. 转向外部程序存储器去执行中断服务程序
   B. 转向内部程序存储器去执行中断服务程序
   C. 转向外部数据存储器去执行中断服务程序
   D. 转向内部数据存储器去执行中断服务程序
3. 下列条件中,不是中断响应必要条件的是(　　)。
   A. TCON 或 SCON 寄存器中相关的中断标志位置 1
   B. IE 寄存器中相关的中断允许位置 1
   C. IP 寄存器中相关位置 1
   D. 中断请求发生在指令周期的最后一个机器周期
4. 89C51 单片机在同一级别里,级别最高的中断源是(　　)。
   A. 外部中断 0　　B. 定时器 T0　　C. 定时器 T1　　D. 串行口
5. 89C51 单片机共有(　　)个中断源。
   A. 4　　B. 5　　C. 6　　D. 7
6. 当 CPU 响应外部中断 0 (INT0)的中断请求后,程序计数器 PC 的内容是(　　)。
   A. 0003H　　B. 000BH　　C. 00013H　　D. 001BH
7. MCS-51 单片机响应中断的过程是(　　)。
   A. 断点 PC 自动压栈,对应中断矢量地址装入 PC
   B. 关中断,程序转到中断服务程序
   C. 断点压栈,PC 指向中断服务程序地址
   D. 断点 PC 自动压栈,对应中断矢量地址装入 PC,程序转到该矢量地址
8. C51 中外部中断 0 和外部中断 1 的中断类型号分别是(　　)。
   A. 0,1　　B. 0,2　　C. 2,3　　D. 1,2
9. 89C51 单片机全部中断源可设定为(　　)和(　　)二个优先级别。
   A. 0、1　　B. 高、低　　C. 1、2　　D. 0、2

10. 外部中断源 INT0 和 INT1 的中断请求信号分别从引脚(　　)和(　　)输入。

A. P3.0、P3.1　　B. P3.2、P3.3　　C. P3.4、P3.5　　D. P3.6、P3.7

11. 中断允许控制寄存器是(　　)。

A. EA　　B. IE　　C. IP　　D. TCON

12. 设置外部中断 0 为脉冲下降沿触发方式,正确的语句是(　　)。

A. IT1=0;　　B. IT1=1;　　C. IT0=0;　　D. IT0=1

13. 要实现 INT1 中断,允许 INT1 中断的语句是(　　)。

A. EA=1;　　B. EX1=1;

C. EX1=1;EA=1;　　D. EX0=1; EA=1;

14. 语句 IE=0X81;表示的含义是(　　)。

A. 允许外部 0 中断　　B. 禁止外部 0 中断

C. 允许外部 1 中断　　D. 允许外部 1 中断

15. 外部中断 INT0 的中断允许开关是(　　)。

A. ET1　　B. EX0　　C. ES　　D. ET0

16. 单片机中总中断开关是(　　)。

A. EX0　　B. EX1　　C. ES　　D. EA

17. 控制中断优先级的寄存器是(　　)。

A. IP　　B. PCON　　C. IE　　D. TCON

二、判断题

1. MCS-51 单片机的 TMOD 模式控制寄存器不能进行位寻址,只能用字节传送指令设置定时器的工作方式及操作模式。(　　)
2. 89C51 单片机 5 个中断源相应地在芯片上都有中断请求输入引脚。(　　)
3. MCS-51 单片机的中断允许寄存器的 IE 的作用是用来对各中断源进行开放或屏蔽的控制。(　　)
4. 89C51 单片机允许 5 个中断源请求中断,都可以用软件来屏蔽,即利用中断允许寄存器 IE 来控制中断的允许和禁止。(　　)
5. 89C51 单片机对最高优先权的中断响应是无条件的。(　　)
6. 如要允许外部中断 0 中断,应置中断允许寄存器 IE 的 EA 位和 EX0 位为 1。(　　)
7. 在 MCS-51 单片机内部结构中,TCON 为控制寄存器,主要用来控制定时器的启动与停止。(　　)
8. 外部中断 0 的入口地址是 0003H。(　　)
9. 引起中断的事件或者原因称为中断源。(　　)
10. 中断系统可以实现中断优先级别的排队。(　　)
11. 中断的发生一定不是随机的,是事先安排的。(　　)
12. IE0 是外部中断 0 的中断标志位。(　　)

13. 中断系统是指能够实现中断功能的硬件电路和软件程序的总和。　(　　)

14. 中断系统应能够在执行完中断服务程序并遇到中断返回指令时，自动取出保存在堆栈中的断点地址，以返回到原程序断点处继续执行原程序。　(　　)

15. CPU和外设之间的数据传送方式主要有查询方式和中断方式，二者相比后者的效率更高。　(　　)

三、综合题

1. 外部中断源的低电平和脉冲下降沿触发方式有何不同，分别适合于用在哪些场合？
2. 51单片机有几个中断源？有几级中断优先级？各中断源的中断标志是怎样产生的？
3. 89C51单片机响应中断后，各中断入口地址是什么？在C51编程时，不同的中断源对应的中断号分别是多少？能否随意改变？
4. 用中断技术设计一个秒闪电路，其功能是发光二极管每秒闪亮400 ms。
5. 简述89C51单片机中断响应的全过程。
6. 交通灯控制系统中，增加一条，特殊情况下，A道放行，程序怎么处理？

项目四

简易数字时钟

知识目标

- 理解定时器/计数器的四种工作方式。
- 理解定时器/计数器的初始化与中断服务函数。
- 了解定时器/计数器的使用和编程方法。
- 了解液晶屏 LCD1602 的结构与工作原理。

技能目标

- 会编写用 T0(或 T1)实现定时器/计数器的初始化函数。
- 会编写用 T0(或 T1)实现定时器/计数器的中断服务函数。
- 会应用 C 语言完成 LCD1602 字符显示控制。

思政目标

- 守时重信,坚持按时、保质、保量完成工作和学习任务。
- 循序渐进,不断积累,提升工程实践能力和应用技巧。

课程思政点

● 在讲解定时器和计数器的过程中,引导学生明白时间是有限的,应在规定的时间内完成规定的学习和工作任务。

● 无论是定时器还是计数器,都是一个从量变到质变的积累过程,如果没有积累,永远不能产生中断(质变)。

数字时钟是一种用数字电路技术实现时、分、秒计时的装置,与机械式时钟相比具有更高的准确性和直观性,且无机械装置,具有更长的使用寿命,因此得到了广泛的应用。本项目中的时间计时需要用到定时器/计数器,定时器/计数器是单片机的重要资源。

任务 4.1　矩形波发生器

任务描述: 使用单片机的 P1.0 管脚输出频率为 50 Hz 的方波。

4.1.1　定时器/计数器的逻辑结构与工作原理

1. 定时器/计数器的逻辑结构

MCS-51 单片机内部设有两个 16 位可编程定时器/计数器，简称定时器 0(T0)和定时器 1(T1)。定时器/计数器的逻辑结构如图 4-1-1 所示。CPU 通过内部总线与定时器/计数器交换信息。16 位的定时器/计数器由两个 8 位专用寄存器组成，定时器 T0 由 TH0 和 TL0 构成，定时器 T1 由 TH1 和 TL1 构成。此外，其内部还有两个 8 位特殊功能寄存器 TMOD 和 TCON。TMOD 是定时器/计数器的工作方式寄存器，TCON 是定时器/计数器的控制寄存器，它们主要用于定时器/计数器的工作方式、管理与控制。

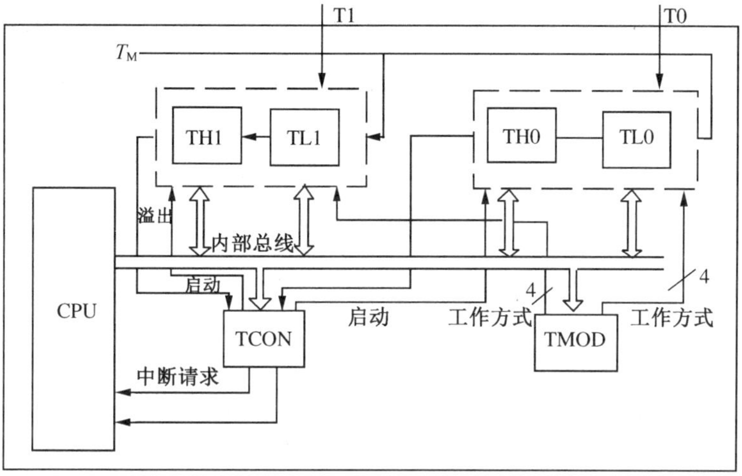

图 4-1-1　定时器/计数器的逻辑结构

2. 定时器/计数器的工作原理

16 位定时器/计数器实质上是一个加 1 计数器，可实现定时和计数两种功能，如图 4-1-2 所示。

定时器/计数器的工作原理

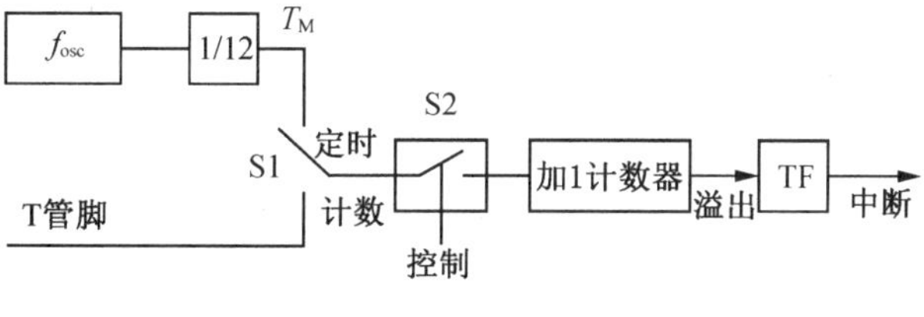

图 4-1-2　定时器/计数器的核心

当设置为定时器工作方式时，对机器周期 T_M 计数。这时计数器的计数脉冲由振荡器的 12 分频信号产生，即每经过一个机器周期，计数值加 1，直至计满溢出。若中断是开放的，溢出后可向 CPU 申请中断。因为一个机器周期由 12 个振荡脉冲组成，所以计数频率为 $f_{osc}/12$。当晶振频率 f_{osc} 为 12 MHz 时，计数频率为 1 MHz，或计数周期为 1 μs。

从开始计数到溢出这段时间就是所谓的“定时”时间，溢出后可申请中断。在机器周期固定的情况下，定时时间的长短与计数器 TH0 和 TL0（或者 TH1 和 TL1）寄存器事先装入的初值有关，装入的初值越大，定时时间越短。

当设置为计数器工作方式时，通过管脚 T0/T1（P3.4/P3.5）对单片机外部有效计数脉冲信号进行计数，为了与请求中断的外部事件区分开，称这种外部事件为外部计数事件。外部计数事件由脉冲引入，当 T0/T1（P3.4/P3.5）管脚上输入的脉冲信号出现由 1 到 0 的下降沿跳变时，加 1 计数器的值加 1。外部有效计数脉冲信号是指 CPU 在每个机器周期的 S5P2 期间对 T0/T1 管脚进行采样，如果在连续的两个机器周期里，前一个机器周期采样值为 1，后一个机器周期采样值为 0，则计数值加 1。显然，输入到 T0/T1（P3.4/P3.5）管脚计数脉冲频率不能超过振荡频率的 1/24。

当通过程序设定了定时器/计数器的工作模式后，定时器/计数器就会按设定的工作方式与 CPU 并行工作，不再占用 CPU 的操作时间，除非加 1 计数器计满溢出，才可中断 CPU 的当前工作。

除了可以选择定时模式或计数模式外，定时器还有 4 种工作方式可供选择，即定时器可构成 4 种电路结构模式（T1 只有 3 种）。

4.1.2 定时器/计数器的控制与工作方式

单片机内部的定时器/计数器可设置为 4 种工作方式，由两个 8 位特殊功能寄存器 TMOD 和 TCON 进行管理与控制。在工作前必须由编程软件将一些命令（或称控制字）和初始值写入 TMOD 和 TCON 等寄存器，并给对应的定时器/计数器赋初值，以定义定时器/计数器的工作模式、工作方式和实现控制功能。

1. 定时器/计数器的控制

（1）工作方式寄存器 TMOD

TMOD 寄存器

工作方式寄存器 TMOD 的地址为 89H，不可位寻址，只能用字节传送指令设置定时器的工作方式，其功能见表 4-1-1。每个定时器都可由软件设置成定时器模式或者计数器模式，在这两种模式下，又可单独设置为 4 种工作方式。

表 4-1-1 TMOD 结构

D7	D6	D5	D4	D3	D2	D1	D0
GATE	$C/\overline{T}$	M1	M0	GATE	$C/\overline{T}$	M1	M0

其中低 4 位用于定义定时器 T0/计数器（P3.4），高 4 位用于定义定时器 T1/计数器（P3.5）的工作方式。结合图 4-1-3 控制方式如下：

● GATE：门控位。用于选择定时器/计数器的启动方式，即启动是否受外部管脚 $\overline{INT0}/\overline{INT1}$ 的电平影响。当 GATE＝0 时，只要软件给 TR0/TR1 置 1 就可以启动定时器/计数器工作；当 GATE＝1 时，只有在 $\overline{INT0}/\overline{INT1}$ 为高电平，且将 TR0/TR1 置 1 时，才能启动定时器/计数器工作。一般使用时 GATE＝0 即可，它们的启动还要受到 EA 的控制。

● $C/\overline{T}$：定时器/计数器的模式选择位。当 $C/\overline{T}$ 为 0 时，作定时器模式使用；当 $C/\overline{T}$ 为 1 时，作计数器模式使用。

● M1 和 M0：工作方式选择位。由 M1M0 的 4 种组合状态确定 4 种工作方式，见表 4-1-2。

定时器/计数器工作方式

表 4-1-2　定时器/计数器的工作方式

M1M0	工作方式	功能说明
00	方式 0	13 位定时器/计数器
01	方式 1	16 位定时器/计数器
10	方式 2	自动再装入的 8 位定时器/计数器
11	方式 3	T0：分为两个独立的 8 位计数器 T1：停止计数

(2) 控制寄存器 TCON

控制寄存器 TCON 的地址为 88H，可位寻址，其功能见表 4-1-3。

控制寄存器 TCON

表 4-1-3　TCON 结构

TCON.7	TCON.6	TCON.5	TCON.4	TCON.3	TCON.2	TCON.1	TCON.0
TF1	TR1	TF0	TR0	IE1	IT1	IE0	IT0

● TF0/TF1：定时器/计数器溢出中断请求标志位。若其为 1，表示对应的定时器/计数器计数值已由全 1 变为全 0，产生溢出，由硬件自动对 TF0/TF1 置位，并可向 CPU 发出中断请求，CPU 响应中断后由硬件自动对 TF0/TF1 清 0。如果使用查询方式，可由软件查询 TF0/TF1 标志，并由软件对该标志位清 0。

● TR0/TR1：定时器/计数器启停控制位。由软件置 1 和清 0，当其为 1 时，定时器/计数器启动工作；当其为 0 时，定时器/计数器停止工作，启动、停止定时器/计数器要与 GATE、EA 配合使用。

2. 定时器/计数器工作方式

T0 与 T1 除了工作方式 3 不同外，其余 3 种工作方式基本相同，下面以 T0 为例分别介绍这 4 种工作方式。

定时器/计数器工作方式

(1) 方式 0

方式 0 是一个 13 位的计数器结构，其 13 位计数器由 TH0 和 TL0 的低 5 位构成。T0 在工作方式 0 下的逻辑结构如图 4-1-3 所示。

由图可知，若 $C/\overline{T}=0$ 时，控制开关接通内部振荡器的 12 分频电路，此时 T0 是对机器周期进行计数，即作为定时器使用。

$$\text{定时时间}=(2^{13}-\text{计数初值 }X)\times\text{机器周期。}$$

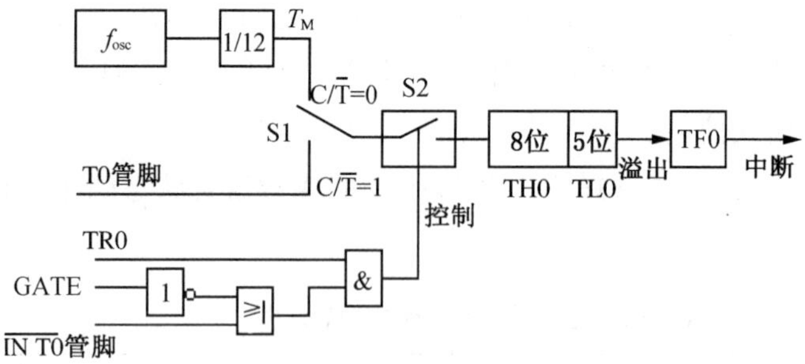

图 4-1-3　T0 在方式 0 下的逻辑结构

当 $C/\overline{T}=1$ 时，控制开关接通计数器 T0 管脚(P3.4)，此时 T0 就对外部输入端 P3.4 的输入脉冲进行计数，当检测到一个脉冲下降沿时，计数器就加 1，即它作为计数器使用。脉冲计数个数 $=2^{13}-$ 计数初值 X，最大计数值为 $2^{13}=8\ 192$。

13 位的加 1 计数器的启动、停止受一些逻辑门电路控制，当 GATE＝0 时，经非门取反后送到或门，“或”门输出为 1。只要 TR0＝1，则“与”门输出为 1，T0 就可以开始定时/计数了。当 GATE＝1 时，且 TR0＝1 时，则“或”门、“与”门输出仅受 $\overline{INT0}$ 控制。当 $\overline{INT0}$ 引脚出现高电平时，T0 开始计数，当 $\overline{INT0}$ 引脚信号变为低电平时，T0 立即停止计数。显然，这种情况适合测量外界脉冲的宽度。

如果工作在方式 0 下计数溢出时，13 位加 1 计数器由全 1 变为全 0，TF0 由硬件自动置 1，并申请中断，同时 13 位加 1 计数器继续从 0 开始加 1 计数，所以程序中要再赋计数初值。

(2) 方式 1

方式 1 是一个 16 位的计数器结构。图 4-1-4 为 T0 在方式 1 下的逻辑结构。其逻辑结构、操作及运行控制几乎与方式 0 相同，只是计数的位数不同，在这种方式下，TH0 与 TL0 均为 8 位寄存器。作定时器使用时，定时时间的计算公式如下：

$$\text{定时时间}=(2^{16}-\text{计数初值}\ X)\times\text{机器周期}$$

作计数器使用时，脉冲计数个数 $=2^{16}-$ 计数初值 X，最大计数值为 $2^{16}=65\ 536$。方式 1 的启、停控制及中断的申请等与方式 0 类似。

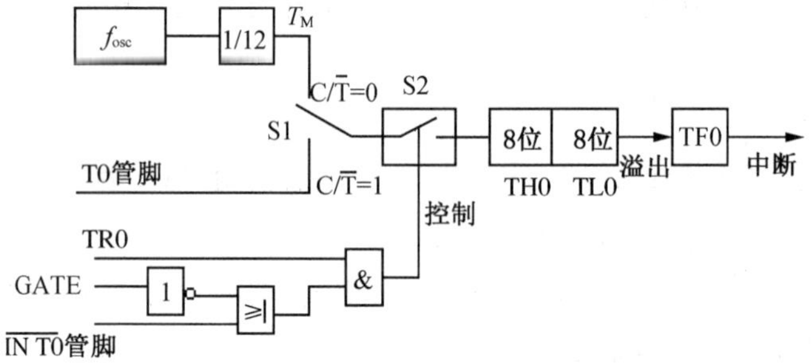

图 4-1-4　T0 在方式 1 下的逻辑结构

(3) 方式 2

定时器/计数器工作于方式 2 时,将两个 8 位计数器 TH0、TL0 分成独立的两部分,组成一个可自动重装初值的 8 位加 1 计数器。其逻辑结构如图 4-1-5所示。

定时计数器工作方式 123

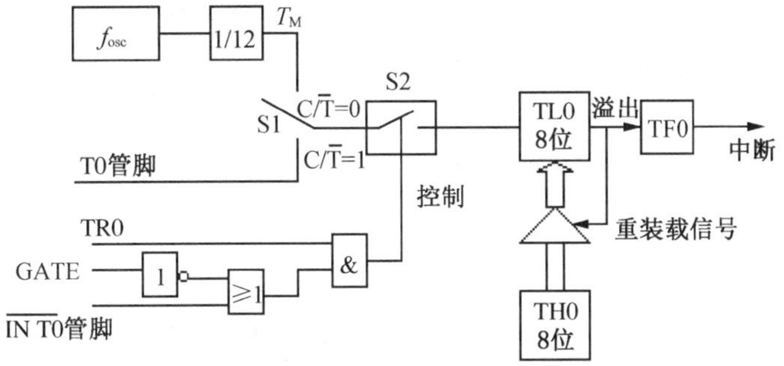

图 4-1-5 T0 在方式 2 下的逻辑结构

在方式 0 和方式 1 中,当计满溢出时,计数器 TH0 和 TL0 的初值全部为 0。若要进行重复定时或计数,还需要用软件向 TH0 和 TL0 重新装入初值。而工作在方式 2 时,16 位计数器被拆成两个,TL0 用作 8 位计数器,TH0 用于存放 8 位的计数初值。在程序初始化时,TL0 和 TH0 由软件赋相同的初值。计数过程中,若 TL0 计数溢出,一方面硬件将 TF0 置 1,可请求中断;另一方面将 TH0 中的初值自动重新装入 TL0 中,使 TL0 从初值开始重新计数,并可多次循环自动重装入,直到 TR0=0 才停止计数。

方式 2 的控制运行与方式 0、方式 1 相同。

作定时器使用时,定时时间的计算公式如下:

$$定时时间=(2^8-计数初值\ X)\times 机器周期$$

作计数器使用时,脉冲计数个数$=2^8-$计数初值 X,最大计数值为 $2^8=256$,方式 2 特别适用于较精确的定时和脉冲信号发生器,还常用作串行口波特率发生器。

(4) 方式 3

方式 3 只适用于定时器 T0。在这种方式下,T0 被分成两个相互独立的 8 位计数器 TL0 和 TH0。其逻辑结构如图 4-1-6 所示。

当定时器 T0 工作于方式 3 时,TL0 占用 T0 本身的控制位、管脚和中断源,并可工作于定时器模式或计数器模式。除仅用 8 位寄存器 TL0 外,其功能和操作情况与方式 0 和方式 1 相同。

由图 4-1-6 可见,TH0 只能工作在定时器状态。对机器周期进行计数,并且占用了定时器 T1 的控制位 TR1 和 TF1,同时占用了 T1 的中断源。TH0 的启动和关闭仅受 TR1 的控制。方式 3 为定时器 T0 增加了一个额外的 8 位定时器。

定时器 T1 没有方式 3 状态,若设置为方式 3,其效果与 TR1=0 一样,定时器 T1 停止工作。

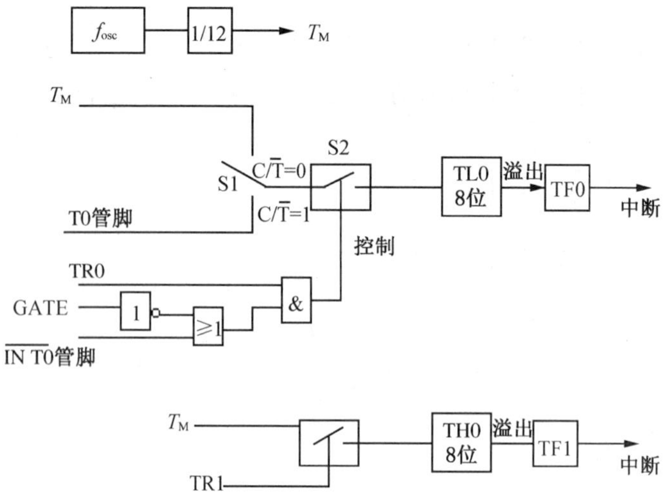

图 4-1-6　T0 在方式 3 下的逻辑结构

在定时器 T0 工作于方式 3 时，T1 仍可设置为其他方式。由于 TR1、TF1 和 T1 的中断源被定时器 T0 占用，此时只能通过 T1 控制为 $C/\overline{T}$ 来切换定时与计数。在 T0 设置为方式 3 时，一般是将定时器 T1 作为串行口波特率发生器，或用于不需要中断的场合。

4.1.3　定时器/计数器的应用举例

定时器/计数器是单片机应用系统中常用的重要部件，一旦启动，便可与 CPU 并行工作。因此，学习它的编程方法，灵活地选择和运用工作方式，对提高 CPU 的工作效率和简化外围电路大有益处。

1. 定时器/计数器的初始化

由于定时器/计数器的各种功能是由软件来确定的，所以在使用它之前，应对其进行编程初始化。初始化的主要内容是对 TCON 和 TMOD 等特殊功能寄存器编程赋值，计算和装载 T0、T1 的计数初值。

(1) 初始化步骤

① 分析定时器/计数器的工作方式写入 TMOD 寄存器，确定是计数器、定时器和它们的工作方式。

② 计算 T0 或 T1 中的计数初值，并将其写入 TH0、TL0 或 TH1、TL1。

③ 根据需要打开定时器/计数器中断，即对 IE 和 IP 寄存器编程。

④ 启动定时器/计数器工作：若要求用软件启动，编程对 TCON 中的 TR0 或 TR1 置位即可启动；若要外部中断管脚电平启动，则对 TCON 中的 TR0 或 TR1 置位后，还需要给外部中断管脚加启动电平。

⑤ 是用中断还是查询方式，对应的编程思想不同。

(2) 计数器初值的计算

① 计数器模式时的计数初值

在不同的工作方式下，计数器位数不同，计数器初值为

$$X = 2^M - N \tag{4-1}$$

式中，M 为计数器的位数，N 为要求的计数值。

不同方式下 M 的取值不同。方式 0：$M=13$，计数器的最大计数值为 $2^{13}=8\,192$；方式 1：$M=16$，计数器的最大计数值为 $2^{16}=65\,536$；方式 2：$M=8$，计数器的最大计数值为 $2^8=256$；方式 3 同方式 2。

例如，设 T0 工作在计数器方式 2，求计数 5 个脉冲的计数初值。根据式(4-1)得 $X=2^8-5=251=$ 0xFB，并赋给 TH0 和 TL0。

② 定时器模式下的计数初值

在定时器模式下，T0/T1 是对机器周期进行计数的。定时时间为

$$t=(2^M - \text{计数初值 } X) \times \text{机器周期} \tag{4-2}$$

则计数初值为

$$X = 2^M - (f_{osc}/12) \times t \tag{4-3}$$

式中，M 为定时器的位数，t 为要求的定时时间，f_{osc} 为振荡频率。

不同方式下，M 的取值不同，若系统的 $f_{osc}=12$ MHz，则方式 0：$M=13$，定时器的最大定时值为 $2^{13}\times$机器周期$=8\,192$ μs；方式 1：$M=16$，定时器的最大定时值为 $2^{16}\times$机器周期$=65\,536$ μs；方式 2：$M=8$，定时器的最大定时值为 $2^8\times$机器周期$=256$ μs；方式 3 同方式 2。

例如，若 $f_{osc}=12$ MHz，定时时间为 10 ms，使用定时器 T0 工作于方式 1，根据式(4-3)，有 $X=2^{16}-(12\,000\,000/12)\times 0.01=55\,536=$ 0xD8F0，换算时要注意单位统一。

2. 定时器/计数器的应用举例

(1) 定时模式的应用

【例 4-1-1】 已知某控制系统时钟频率为 12 MHz，要求用定时器 T0 定时，在管脚 P1.0 上输出周期为 500 μs 的矩形方波。

解 ① 据题意分析，方波周期为 500 μs，高低电平各为 250 μs，可用 T0 方式 1 定时 250 μs，使 P1.0 每隔 250 μs 取反一次，即可得到周期为 500 μs 的方波。

② TMOD 的控制字为 0000 0001B=0x01，初始化其他寄存器。

③ 装入初值计算。

$f_{osc}=12$ MHz，机器周期为 1 μs，根据式(4-2)或式(4-3)有

$$X=2^{16}-(12\,000\,000/12)\times 0.000\,25=65\,298=\text{0xFF06}$$

即 TH0 = 0xFF，TL0 = 0x06。

④ 依据定时器/计数器一节分析，实现该功能可使用查询或者中断方式。

● 中断方式：开启 T0 中断允许，开启总中断，溢出后硬件自动对 TF0 置 1，申请中断后硬件自动对 TF0 清 0。代码如下：

```
#include<reg51.h>
sbit pulse_out=P1^0;
main()
{
  TMOD=0x01;              // T0 定时器方式 1
  TH0=0xFF;               //装入计数初值
  TL0=0x06;
  TF0=0;
  ET0=1;                  //开 T0 中断
  EA=1;                   //开总中断
  TR0=1;                  //启动定时器 T0
  while(1);               //等待中断
}
void T0_int() interrupt  1//定时器 T0 中断服务程序
{
  TH0=0xFF;               //重装计数初值
  TL0=0x06;
  pulse_out=! pulse_out;
}
```

● 查询方式：在程序中判断定时器 T0 的溢出，如果溢出 TF0 被硬件置 1，查询方式下要手工对 TF0 清 0，为下次查询做准备。代码如下：

```
#include<reg51.h>
sbit pulse_out=P1^0;
main()
{
  TMOD=0x01;                        //T0 定时方式 1
  TH0=0xFF;                         //装入计数初值
  TL0=0x06;
  TF0=0;
  ET0=0;//关 T0 中断
  TR0=1;    //启动 T0
  while (1)
  {
      if(TF0)                       //查询是否溢出，即 TF0 是否为 1
      {
```

```
        pulse_out=! pulse_out;          //取反
        TH0=0xFF;                       //重新装入计数初值
        TL0=0x06;
        TF0=0;                          //手工清 0
      }
   }
}
```

(2) 计数模式的应用

【例 4-1-2】 某系统要求用定时器 T1 对由 P3.5(T1)管脚输入的脉冲计数，每计满 100 个脉冲，在 P1.1 管脚信号取反。

解 ① 由题意分析，可用 T1 设置为方式 2，计数器是 8 位自动重装。

② TMOD 的控制字为 0110 0000B=0x60。

③ 计算初值。

$$X=2^8-100=156=0x9C$$

即 TH1=0x9C，TL1=0x9C。

④ 既可以使用查询方式也可使用中断方式，本例使用中断方式。代码如下：

```
#include<reg51.h>
Sbit pulse_out=P1^1;          //定义脉冲输出位
main()
{
    TMOD=0x60;                // T1 时方式 2
    TH1=0x9C;                 //装入计数初值
    TL1=0x9C;
    ET1=1;                    //T1 开中断
    EA=1;                     //开总中断
    TR1=1;                    //启动定时器 T1
    while(1);                 //等待中断
}
void T1_int() interrupt  3
{
    pulse_out=! pulse_out;//取反脉冲输出位
}
```

(3) 定时时间的扩展

用定时器/计数器产生的定时时间是有限的，如晶振频率为 12 MHz 时，一个定时器最长的定时时间为

$$t=2^{16}\times(1/12\ 000\ 000)\times12=65.536\ \text{ms}$$

在实际应用中许多地方需要较长时间的定时，这时就必须采用一定的方法进行定时时间的扩展。扩展的方法就是利用定时与中断相结合。例如，若用 T0 定时 50 ms，每次溢出后就计数一次，则计数 20 次就得到 1 s 的定时。

【例 4-1-3】 编写程序，要求 P1 口控制的 8 个 LED 指示灯每隔 1 s 轮流闪亮，定时时间由 T0 完成，设系统时钟频率为 12 MHz。

解 ① 据题意分析，可选 T0 定时 50 ms，当 $f_{osc}=12$ MHz，要 50 000 个加 1 计数器才能完成，用方式 1 来实现较好。

② TMOD 的控制字为 0000 0001＝0x01。

③ 计算初值。

当 $f_{osc}=12$ MHz，机器周期为 1 μs，则

$$X=2^{16}-(12\ 000\ 000/12)\times0.05=15\ 536=0x3CB0$$

即 TH0＝0x3C，TL0＝0xB0。

④ 使用中断方式。代码如下：

```
#include<reg51.h>
#include <intrins.h>     //有循环移位函数
unsigned char c,d;
main()
{
    TMOD=0x01;
    TH0=0x3C;
    TL0=0xB0;
    c=20;
    d=0x7f;
    ET0=1;
    EA=1;
    TR0=1;
    while(1)
    {
        P1=d;
    }
}

void timer0_int (void)   interrupt   1
{
    TR0=0;
    TH0=0x3C;
    TL0=0xB0;
    if(! (c--))
```

```
//每进一次中断 c 自减，再判断 c 的值，共完成 20×50 ms=1 s 的总定时
    {
        c=20;
        d=_cror_(d,1);
    }
    TR0=1;
}
```

使用查询方式。代码如下：

```
#include<reg52.h>
#include <intrins.h>
unsigned char c,d;
main()
{
    TMOD=0x01;
    TH0=0x3C;
    TL0=0xB0;
    TF0=0;
    c=20;
    d=0xfe;
    TR0=1;
    while(1)
    {
        if(TF0)
        {
            TF0=0;
            TH0=0X3C;
            TL0=0XB0;
            c--;
            if(! c)
            {
                c=20;
                d=_crol_(d,1);
            }
        }
        else
        {
            P1=d;
        }
    }
}
```

4.1.4 任务实施

任务实施

根据任务要求，要用单片机产生频率 50 Hz 方波信号，并且从 P1.0 管脚输出。假设控制系统时钟频率为 12 MHz，用定时器 T1 实现定时。分析如下：

（1）方波频率 50 Hz，即周期为 20 ms，高低电平各为 10 ms，可用 T1 方式 1 定时 10 ms，使 P1.0 每隔 10 ms 取反一次，即可得到频率 50 Hz 的方波。

（2）TMOD 的控制字为 00010000B＝0x10，初始化其他寄存器。

（3）装入初值计算。

当 $f_{osc}=12$ MHz，机器周期为 1 μs，根据式(4-2)或式(4-3)，有

$$X=2^{16}-(12\ 000\ 000/12)\times 0.01=55\ 536=0XD8F0$$

即 TH1＝0XD8，TL1＝0XF0。

（4）依据定时器/计数器一节分析，实现该功能可使用查询或者中断方式。

中断方式：开启 T1 中断允许，开启总中断，溢出后硬件自动对 TF1 置 1，申请中断后硬件自动对 TF1 清 0。代码如下：

```
#include<reg51.h>
sbit pulse_out=P1^0;
main()
{
    TMOD=0x10;              //T1 定时器方式 1
    TH1=0XD8;               //装入计数初值
    TL1=0XF0;
    TF1=0;
    ET1=1;                  //开 T0 中断
    EA=1;                   //开总中断
    TR1=1;                  //启动定时器 T0
    while(1);               //等待中断
}
void T1_int() interrupt3    //定时器 T1 中断服务程序
{
    TH1=0XD8;               //重装计数初值
    TL1=0XF0;
    pulse_out=! pulse_out;
}
```

查询方式：在程序中判断定时器 T1 的溢出，如果溢出 TF1 被硬件置 1，查询方式下要手工对 TF1 清 0，为下次查询做准备。代码如下：

```
#include<reg51.h>
sbit pulse_out=P1^0;
main()
{
    TMOD=0x10;                //T0 定时方式 1
    TH1=0XD8;                 //装入计数初值
    TL1=0XF0;
    TF1=0;
    ET1=0;                    //关 T0 中断
    TR1=1;                    //启动 T0
    while (1)
    {
        if(TF1)                         //查询是否溢出,即 TF1 是否为 1
        {
            pulse_out=! pulse_out;  //取反
            TH1=0XD8;               //重新装入计数初值
            TL1=0XF0;
            TF1=0;                  //手工清 0
        }
    }
}
```

任务实施

任务 4.2　秒 表 设 计

任务描述：通过定时器产生周期为 1s 的定时信号，在二联装数码管上显示该 1s 的秒表时钟，秒表计到 99s 时重新计时。在秒表计时过程中要有停止、启动、复位等功能。

4.2.1　简易秒表设计

0～99 s 两位数显示，用数码管实现比较简单，选择二联装的数码管，电路如图 4-2-1 所示。P2.7、P2.6 是位选信号，本电路中是低电平有效，当 P2.7 为低电平时，三极管 T1 导通，共阳极数码管 L1 公共端为高电平，左边的 L1 可以点亮；当 P2.6 为低电平时，三极管 T2 导通，共阳极数码管 L2 的公共端为高电平，右边的数码管可以点亮。可轮流扫描点亮 2 个数码管，P1 口送段码，实现动态显示。三个独立按键分别接在 P3.5、P3.6、P3.7 端口。

3 个按键均以查询方式实现键盘的输入状态的扫描，其中按键 S2 为启动按钮，按键 S3 为停止按钮，按键 S4 为复位按钮。

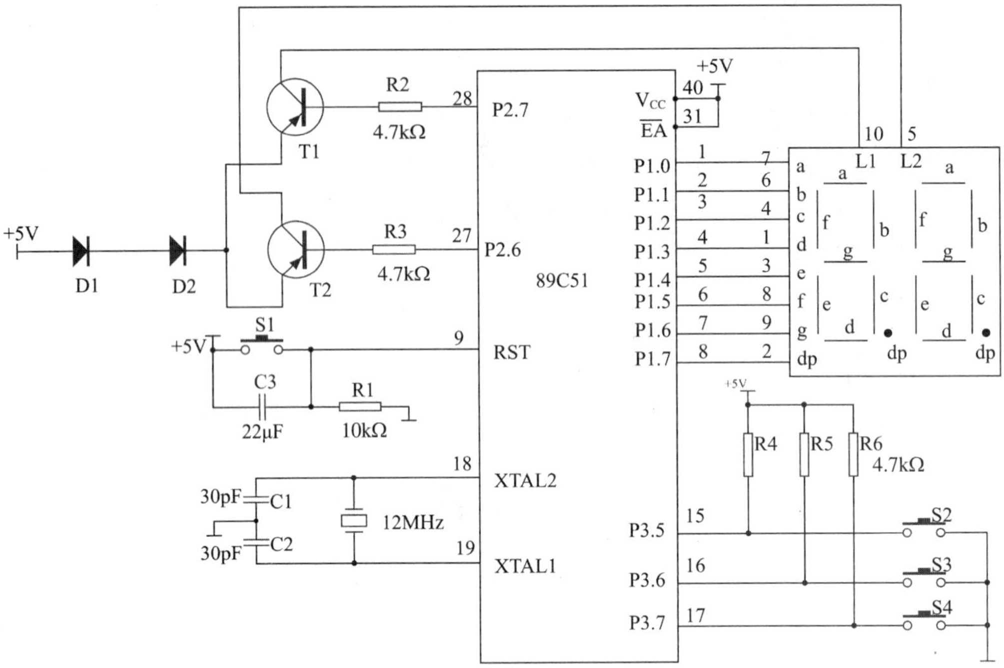

图 4-2-1　按键控制秒表电路

4.2.2　按键控制秒表设计

采用定时器 0 实现 50 ms 定时，采用中断方式编程，中断 20 次为 1 s 计时。3 个按键均为查询方式实现键盘输入状态的扫描。定时 50 ms，采用方式 1 来实现，定时器的初值为 3CB0H。实现秒表功能的流程如图 4-2-2 所示。

程序设计

参考程序如下：

```
#include <reg51.h>
unsigned char msec,sec;                //定义 msec 为 50 ms 计数变量，sec 为秒变量
void delay(unsigned char i);           //延时函数
void T0_INT(void) interrupt 1          //定时器 0 中断类型号为 1
{
    TH0=0x3C;                          //50 ms 定时初值
    TL0=0xB0;
    msec++;                            //中断次数增 1
    if(msec==20)                       //中断次数到 20 次吗?
    {
        msec=0;                        //是，1 s 计时到，50 ms 计数单元清 0
        sec++;                         //秒单元加 1
        if(sec==60)                    //到 60 s 吗?
```

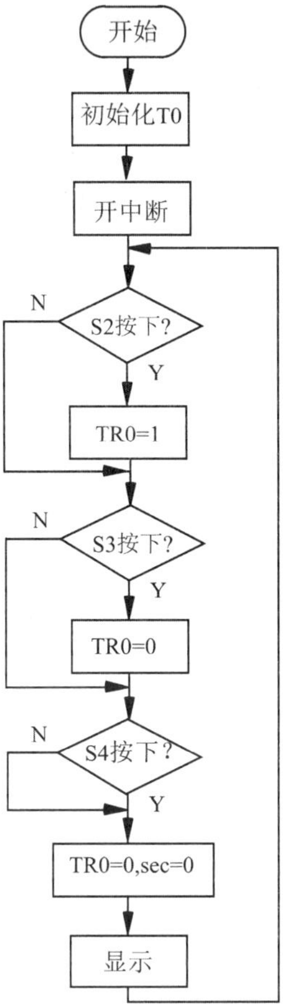

（a）主程序流程

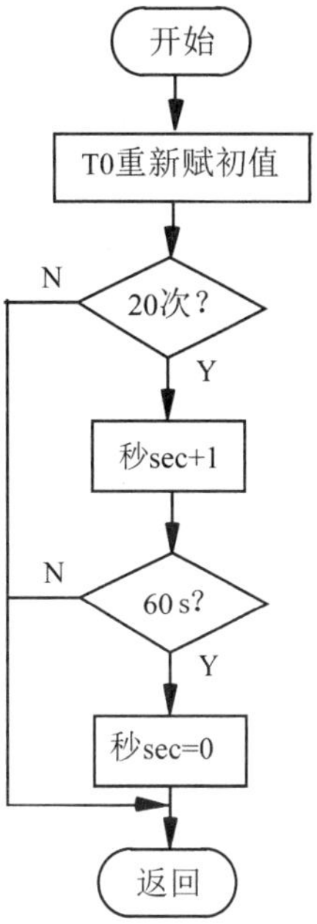

（b）中断服务流程

图 4-2-2　秒表程序流程

```
        {
      sec=0;                              //是,秒单元清 0
        }
    }
}
//主函数
void main()
{
    unsigned char led[]={0xc0,0xf9,0xa4,0xb0,0x99,0x92,0x82,0xf8,0x80,0x90};
                                          //定义数字 0~9 共阳字型显示码
    unsigned char temp;
    TMOD=0x01;                            //定时器 0 工作方式 1
    TH0=0x3C;                             //50 ms 定时初值
```

```
    TL0=0xB0;
    EA=1;                       //开总中断
    ET0=1;                      //开定时器0中断
    P3=0xff;                    //P3口作输入
    while(1)
      {
        P2=0xBF;                //选中P2.6控制的数码管
        P1=led[sec%10];         //显示秒个位
        delay(10);
        P1=0xFF;                //消隐
        P2=0x7F;                //选中P2.7控制的数码管
        P1=led[sec/10];         //显示秒十位
        delay(10);
        P1=0xFF;                //消隐
        temp=~P3;               //读入P3口引脚状态并取反
        temp=temp&0xE0;         //屏蔽掉无关位,保留三位按键状态x00000xx
        if(temp!=0)             //判断有无按键按下
        {
            if(temp==0x20)      //按下启动按键
                TR0=1;          //启动计数
            if(temp==0x40)      //按下停止按键
               TR0=0;           //停止计数
            if(temp==0x80)      //按下复位键
              { TR0=0;sec=0;msec=0; }
          }
        }
    }
void  delay(unsigned char i)
{
    unsigned char j,k;
    for(k=0;k<i;k++)
      for(j=0;j<255;j++);
}
```

任务仿真

任务 4.3 简易数字时钟设计

任务描述： 通过定时器产生频率为 1 s 的定时信号，对 1 s 的信号进行计数，经过计数得到秒钟，到 60 s 后进位到分，得到分钟，60 min 后进位到小时，得到时钟，12 h(或 24 h)后清 0 重新计时，使用字符型液晶显示模块 RT-1602C 为显示输出，完成数字时钟功能。在数字钟计时过程中要有停止、启动、复位等功能。

4.3.1　单片机与 LCD 液晶显示接口技术

液晶显示器简称 LCD 显示器，它是利用液晶经过处理后能改变光线的传输方向的特性来实现显示信息的。液晶显示器具有体积小、重量轻、功耗极低、显示内容丰富等特点，因而在单片机系统中得到广泛的应用。液晶显示器按其功能可分为三类：笔段式液晶显示器、字符点阵式液晶显示器和图形点阵式液晶显示器。前两种可显示数字、字符和符号，而图形点阵式液晶显示器还可以显示汉字和任意图形，达到图文并茂的效果。

1. 字符型点阵式 LCD 液晶显示器

字符型液晶显示模块是一种专门用于显示字母、数字、符号等的点阵式液晶显示模块。它由若干个 5×7 或 5×11 点阵字符位构成，每一个点阵字符位都可以显示一个字符。

要使用点阵式 LCD 液晶显示器，必须有相应的 LCD 显示器、驱动器来对 LCD 显示器进行扫描、驱动，以及一定空间的 ROM、RAM 来存储写入的命令和显示字符的点阵。现在往往将 LCD 控制器、驱动器、RAM、ROM 和 LCD 显示器连接在一起，称为液晶显示模块 LCM。使用时，只要向 LCM 送入相应的命令和数据就可以实现显示所需要的信息。

目前市面上常用的字符液晶显示模块有 16 字 1 行、16 字 2 行、20 字 2 行和 40 字 2 行等。这些 LCM 虽然显示字数各不相同，但是都具有相同的 I/O 界面。下面以 1602 字符型液晶显示模块 RT-1602C 为例(它能显示 2 行，每行 16 个英文字符)，详细介绍字符型液晶显示模块的应用。

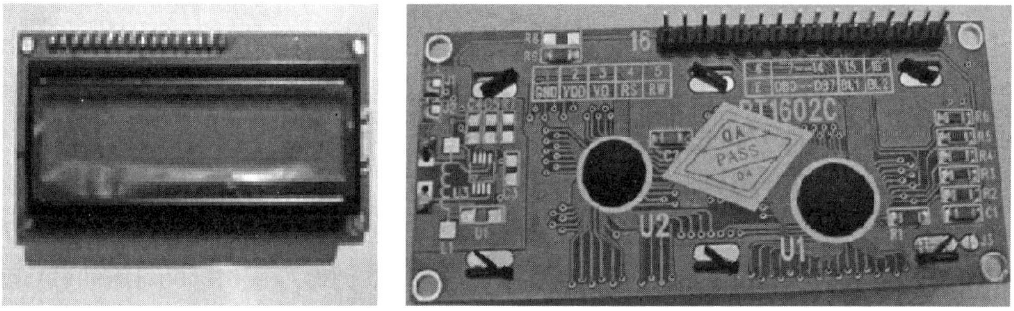

图 4-3-1　RT-1602C 的外观

RT-1602C 采用标准的 16 脚接口，各引脚情况如下。

第 1 脚：V_{SS}，电源地。

第 2 脚：V_{DD}，+5 V 电源。

第 3 脚：VO，液晶显示偏压信号。

第 4 脚：RS，数据/命令选择端，高电平时选择数据寄存器、低电平时选择指令寄存器。

第 5 脚：R/$\overline{W}$，读/写选择端，高电平时进行读操作，低电平时进行写操作。当 RS 和 R/W 共同为低电平时可以写入指令或者显示地址，当 RS 为低电平、R/W 为高电平时可以读忙信号，当 RS 为高电平、R/W 为低电平时可以写入数据。

第 6 脚：E，为使能端，当 E 端由高电平跳变成低电平时，液晶模块执行命令。

第 7～14 脚：D0～D7，为 8 位双向数据线，既是数据也是指令。

第 15 脚：BLA，背光源正极。

第 16 脚：BLK，背光源负极。

2. 液晶显示模块 RT-1602C 的内部结构

液晶显示模块 RT-1602C 的内部结构可以分成 LCD 控制器，LCD 驱动器，LCD 显示装置三个部分，如图 4-3-2 所示。

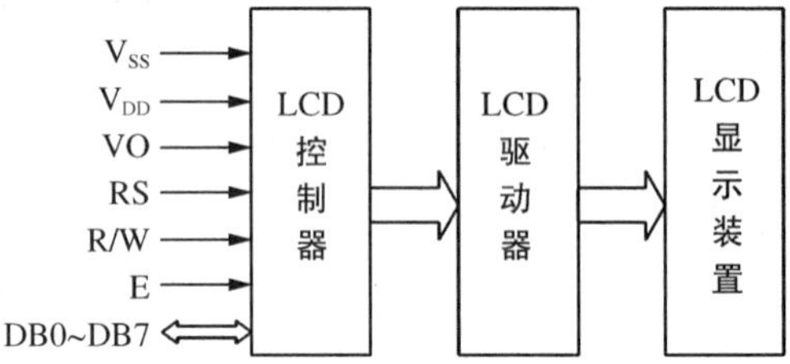

图 4-3-2 RT-1602C 的内部结构

控制器采用 HD44780，驱动器采用 HD44100。HD44780 是集控制器、驱动器于一体，专门用于字符显示控制驱动的集成电路。HD4410 是作扩展显示字符位的。HD44780 是字符液晶显示控制的代表电路。HD44780 集成电路的特点如下：

(1) 可选择 5×7 或 5×11 点字符。

(2) HD44780 不仅作为控制器而且还具有驱动 40×16 点阵液晶像素的能力，在外部加一 HD44100 外扩展多 40 路/列驱动，可驱动 16×2 LCD。

(3) HD44780 内藏显示缓冲区 DDRAM、字符发生存储器(ROM)及用户自定义的字符发生器 CGRAM。

HD44780 有 80 个字节的显示缓冲区，分两行，地址分别为 00H～27H，40H～67H，它的实际显示位置的排列顺序与 LCD 的型号有关，液晶显示模块 RT-1602C 的显示地址与实际显示位置的关系如图 4-3-3 所示。HD44780 内藏的字符发生存储器(ROM)已经存储了 160 个不同的点阵字符图形，如图 4-3-4 所示。这些字符有：阿拉伯数字、英文字母的大小写、常用的符号、日文平假名等，每一个字符都有一个固定的代码。比如数字"1"的代码是 00110001B(31H)，又如大写的英文字母"A"的代码是 01000001B(41H)，可以看出英文字母的代码与 ASCII 编码相同。要显示"1"时，只需将 ASCII 码 31H 存入 DDRAM 指定位置，显示模块将在相应的位置把数字"1"的点阵字符图形显示出来，就能看到数字"1"。

(4) HD44780 具有 8 位数据和 4 位数据传输两种方式，可与 4/8 位 CPU 相连。

(5) HD44780 具有简单而功能较强的指令集，可实现字符移动，闪烁等显示功能。

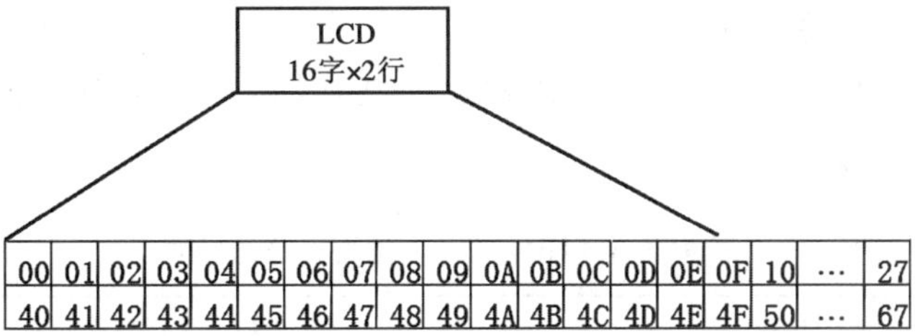

图 4-3-3　RT-1602C 的显示地址与实际显示位置的关系

注意 RT-1602C 只能显示 2 行每行 16 个字符，图 4-3-3 显示地址中 1602 第 1 行的 16 个字符地址是从 00H 到 0FH，后面从 10H 到 27H 地址 RT-1602C 并没有使用。如果是第 2 行，则从 40H 到 4FH，编程时要注意 RT-1602C 换行时(即显示第 2 行)的地址计算。那么是不是直接将要显示的字符写入显示地址 40H，就可以将要显示的字符显示在 RT-1602C 的第 2 行第 1 列，还要看指令格式，此时用到了第 8 条指令，显示缓冲区 DDRAM 地址设置命令，该指令的格式是 D7 位为 1，其他 7 位是数据位，所以写入的地址数据应该是 80H+40H=C0H。

图 4-3-4　点阵字符图形

3. 指令格式与指令功能

LCD 控制器 HD44780 内有多个寄存器，通过 RS 和 R/W 引脚共同决定选择哪一个寄存器，选择情况见表 4-3-1。

表 4-3-1　HD44780 内部寄存器选择表

RS	R/W	寄存器及操作
0	0	指令寄存器写入
0	1	忙标志和地址计数器读出
1	0	数据寄存器写入
1	1	数据寄存器读出

共有 10 条指令，它们的格式和功能如下。

(1) 清屏命令

格式：

RS	R/W	D7	D6	D5	D4	D3	D2	D1	D0
0	0	0	0	0	0	0	0	0	1

功能：清除屏幕，将显示缓冲区 DDRAM 的内容全部写入空格(ASCII 是 20H)。光标复位，回到显示器的左上角。地址计数器 AC 清 0。

(2) 光标复位命令

格式：

RS	R/W	D7	D6	D5	D4	D3	D2	D1	D0
0	0	0	0	0	0	0	0	1	0

功能：光标复位，回到显示器的左上角。地址计数器 AC 清 0。显示缓冲区 DDRAM 的内容不变。

(3) 输入方式设置命令

格式：

RS	R/W	D7	D6	D5	D4	D3	D2	D1	D0
0	0	0	0	0	0	0	1	I/D	S

功能：控制显示开关，当 D=1 时，显示；当 D=0 时，不显示。

功能：设定当写入一个字节后，光标的移动方向以及后面的内容是否移动。

- 当 I/D=1 时，光标从左向右移动；当 I/D=0 时，光标从右向左移动。
- 当 S=1 时，内容移动；当 S=0 时，内容不移动。

(4) 显示开关控制命令

格式：

RS	R/W	D7	D6	D5	D4	D3	D2	D1	D0
0	0	0	0	0	0	1	D	C	B

功能：控制显示开关，当 D=1 时，显示；当 D=0 时，不显示。

控制光标开关，当 C=1 时，光标显示；当 C=0 时，光标不显示。

控制字符是否闪烁，当 B=1 时，字符闪烁；当 B=0 时，字符不闪烁。

(5) 光标移位置命令

格式：

RS	R/W	D7	D6	D5	D4	D3	D2	D1	D0
0	0	0	0	0	1	S/C	R/L	*	*

功能：移动光标或整个显示字幕移位。

- 当 S/C=1 时，整个显示字幕移位；当 S/C=0 时，只光标移位。
- 当 R/L=1 时，光标右移；当 R/L=0 时，光标左移。

(6) 功能设置命令

格式：

RS	R/W	D7	D6	D5	D4	D3	D2	D1	D0
0	0	0	0	1	DL	N	F	*	*

功能：设置数据位数，当 DL=1 时，数据位为 8 位；当 DL=0 时，数据位为 4 位。

设置显示行数，当 N=1 时，双行显示；当 N=0 时，单行显示。

设置字形大小，当 F=1 时为 5×11 点阵；当 F=0 时为 5×7 点阵。

(7) 设置字库 CGRAM 地址命令

格式：

RS	R/W	D7	D6	D5	D4	D3	D2	D1	D0
0	0	0	1	CGRAM 的地址					

功能：设置用户自定义 CGRAM 的地址，对用户自定义 CGRAM 访问时，要先设定 CGRAM 的地址，地址范畴 0～63。

(8) 显示缓冲区 DDRAM 地址设置命令

格式：

RS	R/W	D7	D6	D5	D4	D3	D2	D1	D0
0	0	1	DDRAM 的地址						

功能：设置当前显示缓冲区 DDRAM 的地址，对 DDRAM 访问时，要先设定 DDRAM 的地址，地址范畴 0～127。此命令中的 DDRAM 地址为 7 位，但该命令的命令字为 8 位，最高位 D7 为 1，对应的是 80H，详细参见 RT-1602C 的显示地址与实际显示位置中的说明。

(9) 读忙标志及地址计数器 AC 命令

格式：

RS	R/W	D7	D6	D5	D4	D3	D2	D1	D0
0	1	BF	AC 的值						

功能：读忙标志及地址计数器 AC，当 BF=1 时，表示忙，这时不能接收命令和数据；当 BF=0 时，表示不忙。低 7 位为读出的 AC 的地址，值为 0～127。

(10) 写 DDRAM 或 CGRAM 命令

格式：

RS	R/W	D7	D6	D5	D4	D3	D2	D1	D0
1	0	写入的数据							

功能：向 DDRAM 或 CGRAM 当前位置中写入数据。对 DDRAM 或 CGRAM 写入数据之前须设定 DDRAM 或 CGRAM 的地址。

D7									
读出的数据									

功能：从 DDRAM 或 CGRAM 当前位置中读出数据。当 DDRAM 或 CGRAM 读出数据时，须先设定 DDRAM 或 CGRAM 的地址。

4. LCD 显示器的初始化

LCD 使用之前须对它进行初始化，初始化可通过复位完成，也可在复位后完成，初始化过程如下：

(1) 清屏；

(2) 功能设置；

(3) 开/关显示设置；

(4) 输入方式设置。

4.3.2　任务实施

任务实施

1. 硬件电路设计

数字时钟电路如图 4-3-5 所示，RT-1602C 的数据/命令端口为 P1 口，P2.7 为使能端 E，P2.6 为读/写选择端 R/W，P2.5 为数据/命令选择端 RS。三个独立按键分别接在 P3.5、P3.6、P3.7 端口，代表启动、停止、复位。

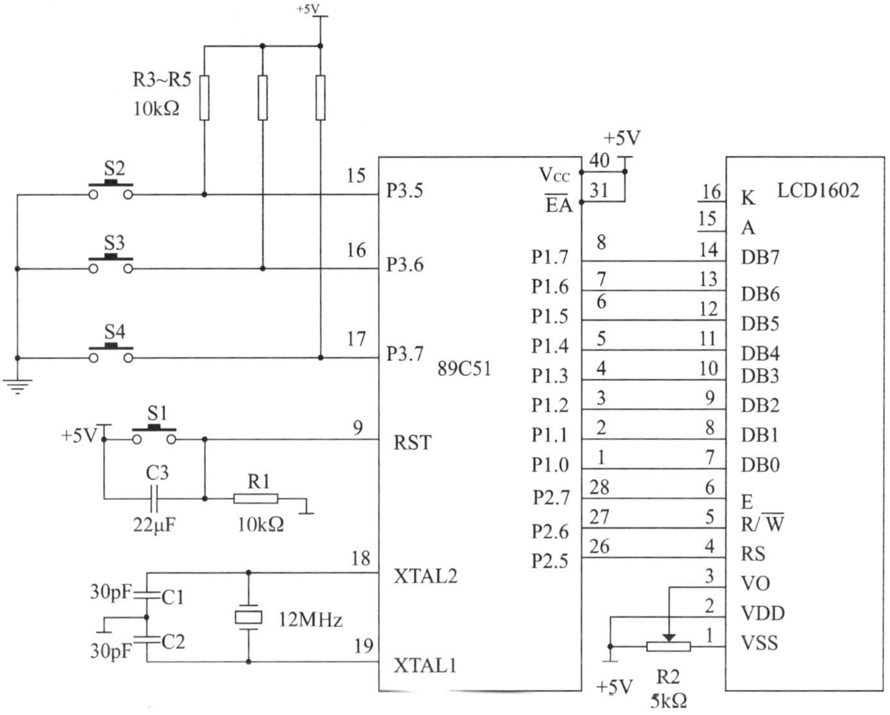

图 4-3-5　数字时钟电路

2. 程序设计

首先完成要使用功能的初始化，包括设置一个 8 位自动重装 50 ms 的定时器，完成 1 s 的时间基准，并计算出 1 s 内要进入 20 次中断；在中断服务程序中计 60 s、60 min 和 12 h 的变量自加，再完成秒、分、时的计数变量处理，最后在主程序中完成秒、分、时数据的处理，送到显示屏。数字时钟流程如图 4-3-6 所示。

参考程序如下：

程序

```
#include <reg51.h>
#include <1602.h>
sbit P3_5=P3^5;    //启动
sbit P3_6=P3^6;    //停止
sbit P3_7=P3^7;    //复位
```

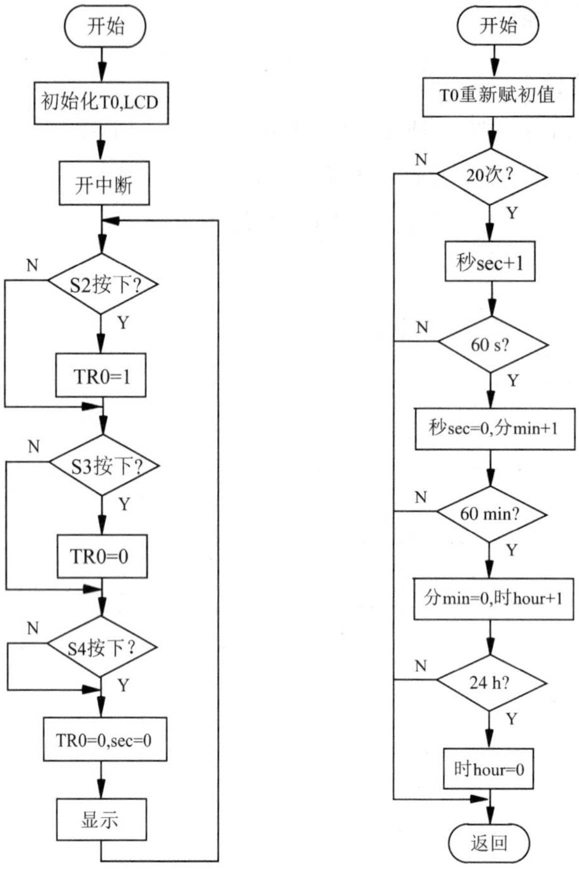

(a) 主程序流程　　　　(b) T0中断服务流程

图 4-3-6　数字时钟流程

```
unsigned char msec,sec,min,hour;//定义 msec 为 50 ms 计数变量,sec 为秒变量
void display_lcd(unsigned char sec1,min1,hour1);
void key();
unsigned char lcd[]={"time:          "};
void display_lcd(unsigned char sec1,min1,hour1)
{unsigned char i;
  lcd[5]=hour1/10+0x30;
  lcd[6]=hour1%10+0x30;
  lcd[7]='-';
  lcd[8]=min1/10+0x30;
  lcd[9]=min1%10+0x30;
  lcd[10]='-';
  lcd[11]=sec1/10+0x30;
  lcd[12]=sec1%10+0x30;
```

```
    lcd_w_cmd(0x80);
    delay(2);
     for(i=0;i<13;i++)
     {
       lcd_w_dat(lcd[i]);
       delay(2);
     }
}
//主函数
void main()
{
    TMOD=0x01;              //定时器 0 工作方式 1
    TH0=0x3C;               //50 ms 定时初值
    TL0=0xB0;
    EA=1;                   //开总中断
    ET0=1;                  //开定时器 0 中断
    P3=0xff;                //P3 口作输入
    int1();
    delay(2);
    while(1)
      {
       display_lcd(sec,min,hour);
     · key();
      }
}
//T0 中断服务函数
void T0_INT(void) interrupt 1       //定时器 0 中断类型号为 1
{
     TH0=0x3c;                      //50 ms 定时初值
     TL0=0xb0;
     msec++;                        //中断次数增 1
     if(msec==20)                   //中断次数到 20 次吗?
     {
          msec=0;                   //是,1 s 计时到,50 ms 计数单元清 0
          sec++;                    //秒单元增 1
          if(sec==60)               //到 60 s 吗?
           {
             sec=0;                 //是,秒单元清 0
```

```
                min++;
                  if(min==60)
                    { min=0;
                        hour++;
                    if(hour==24)
                          hour=0;
                    }
            }
         }
      }
   //按键函数
     void key()
     {     unsigned char temp;                //111X XXXX   011X XXXX   110X XXXX
           temp=~P3;                          //读入 P3 口引脚状态并取反 100
           temp=temp&0xE0;                    //屏蔽掉无关位,保留三位按键状态 xxx00000
           if(temp! =0)                       //判断有无按键按下
           {
             if(P3_5==0)                      //按下启动按键
             {
               delay(5);
               if(P3_5==0)
                   TR0=1;                     //启动计数
              }
             if(P3_6==0)                      //按下停止按键
                 { delay(5);
                   if(P3_6==0)
                       TR0=0;                 //停止计数
                 }
             if(P3_7==0)                      //按下复位键
                 {delay(5);
                  if(P3_7==0)
                    { TR0=0;sec=0;msec=0; }
           }
         }
     }
   /************* 1602.h *********************/
   #include <reg51.h>
   #include <intrins.h>
```

```
sbit  RS=P2^5;
sbit  RW=P2^6;
sbit  E= P2^7;
void lcd_w_cmd(unsigned char com);
void lcd_w_dat(unsigned char dat);
unsigned char lcd_r_start();
void int1();
void delay(unsigned char t);
void delay1();
void delay(unsigned char t)
{
    unsigned char j,i;
    for(i=0;i<t;i++)
        for(j=0;j<50;j++);
}
void delay1()
{
    _nop_();
    _nop_();
    _nop_();
}
/*******************************************************
初始化函数
*******************************************************/
void int1()
{
    lcd_w_cmd(0x3c);                    //0011 0000
    lcd_w_cmd(0x0C);                    //光标显示 0000 1100
    lcd_w_cmd(0x01);                    //清屏
    lcd_w_cmd(0x06);                    //光标右移   0000 0110
}
/****************************************************
启动函数
*******************************************************/
unsigned char lcd_r_start()
{
    unsigned char s;
    RW=1;
```

```
    delay1();
    RS=0;
    delay1();
    E=1;
    delay1();
    s=P1;
    delay1();
    E=0;
    delay1();
    RW=0;
    delay1();
    return(s);
}
/***********************************************************
写命令函数
***********************************************************/
void lcd_w_cmd(unsigned char com)
{
    unsigned char i;
    do {
        i=lcd_r_start();
        i=i&0x80;
        delay(2);
        } while(i! =0);
    RW=0;
    delay1();
    RS=0;
    delay1();
    E=1;
    delay1();
    P1=com;
    delay1();
    E=0;
    delay1();
    RW=1;
    delay(25);
    }
```

```
/ ***********************************************
写数据函数
*********************************************** /
void lcd_w_dat(unsigned char dat)
{
    unsigned char i;
    do {
        i=lcd_r_start();
        i=i&0x80;
        delay(2);
        } while(i! =0);
    RW=0;
    delay1();
    RS=1;
    delay1();
    E=1;
    delay1();
    P1=dat;
    delay1();
    E=0;
    delay1();
    RW=1;
    delay(25);
}
```

任务仿真

习题 4

一、选择题

1. 使 MCS-51 单片机的定时器 T0 停止计数的语句是(　　)。

A. TR0=0;　　B. TR1=0;　　C. TR0=1;　　D. TR1=1;

2. 定时器/计数器工作方式 2 是(　　)。

A. 8 位计数器结构　　B. 2 个 8 位计数器结构

C. 3 位计数结构　　D. 16 位计数结构

3. MCS-51 单片机定时器溢出标志是(　　)。

A、TR1 和 TR0　　B. IE1 和 IE0　　C. IT1 和 IT0　　D. TF1 和 TF0

4. 用 89C51 的定时器 T1 作定时方式,用模式 1,则工作方式控制字为(　　)。

A. 01H　　B. 05H　　C. 10H　　D. 50H

5. 启动定时器 0 开始计数的指令是使 TCON 的(　　)。

A. TF0 位置 1　　B. TR0 位置 1　　C. TR0 位置 0　　D. TR1 位置 0

6. 89C51 单片机计数初值的计算中,若设最大计数值为 M,模式 1 下的 M 值为(　　)。

A. 8 192　　B. 256　　C. 16　　D. 65 536

7. 用定时器 T1 方式 2 计数,要求每计满 100 次,向 CPU 发出中断请求,TH1、TL1 的初始值是(　　)。

A. 9CH　　B. 20H　　C. 64H　　D. A0H

8. 89C51 单片机的定时器 T1 用作计数方式时计数脉冲是(　　)。

A. 由 T1(P3.5)输入　　B. 由内部时钟频率提供

C. 由 T0(P3.4)输入　　D. 由外部计数脉冲计数

9. 定时计数器 T0 中断的矢量地址为(　　)。

A. 0003H　　B. 000BH　　C. 0013H　　D. 002BH

10. 定时/计数器在工作模式 0 的计数器最大计数值是(　　)。

A. 8 192　　B. 65 536　　C. 8　　D. 256

二、判断题

1. 若置 89C51 的定时器/计数器 T1 于定时模式,工作于方式 2,则工作方式字为 20H。(　　)

2. 如要允许外部中断 0 中断,应置中断允许寄存器 IE 的 EA 位和 EX0 位为 1。(　　)

3. 在 MCS-51 单片机内部结构中,TCON 为控制寄存器,主要用来控制定时器的启动与停止。(　　)

4. 当 89C51 的定时器 T0 计满数变为 0 后,溢出标志位(TCON 的 TF0)也变为 0。(　　)

5. 若置 89C51 的定时器/计数器 T0 于计数模式,工作于方式 1,则工作方式字为 50H。(　　)

6. MCS-51 单片机系统复位时,TMOD 模式控制寄存器的低 4 位均为 0。(　　)

7. T0 中断的入口地址是 0003H。(　　)

8. 89C51 单片机允许 5 个中断源请求中断,都可以用软件来屏蔽,即利用中断允许寄存器 IE 来控制中断的允许和禁止。(　　)

三、综合题

1. 定时器/计数器有哪几种工作方式?各有什么特点?适用于什么场合?

2. 设某单片机的晶振频率为 12 MHz,定时器/计数器 T0 工作于方式 1,定时时间为 20 μs,定时器/计数器 T1 工作于方式 2,计数长度为 200,请计算 T0、T1 的初始值,并写出其控制字。

3. 已知单片机的晶振频率为 12 MHz,试利用 T0 定时在 P1.0 管脚输出频率为 100 Hz

的方波，在 P1.1 管脚输出频率为 10 Hz 的方波。

4. 试用定时器/计数器 T1 对外部事件计数，要求每计数 100，就将 T1 改成定时方式，控制从 P1.2 输出一个脉宽为 50 ms 的正脉冲，然后又转为计数方式。如此反复循环，设晶振频率为 12 MHz。
5. 设单片机的系统频率为 12 MHz，试编程输出频率为 100 kHz，占空比为 2∶1 的矩形波。
6. 设 89C51 单片机的时钟频率为 6 MHz，请编写程序在管脚 P1.2 输出周期为 2 s 的方波的程序。
7. 利用单片机内部定时器/计数器 T1 产生定时时钟，由 P1 口输出信号控制 8 个 LED 指示灯。试编程使 8 个指示灯依次轮流闪动，闪动频率为 100 ms。
8. 利用定时器/计数器测量某正脉冲宽度，已知此脉冲宽度小于 10 ms，试编程测量脉宽，并把结果存入内部 RAM 的 50H 和 51H 单元中。
9. 试利用单片机内部定时器/计数器定时，配合软件实现定时扩展，控制与 P1 口连接的 8 个 LED 指示灯每隔 1s 循环移位点亮。每当外部中断源中断一次，LED 指示灯移位方向就改变一次。(1)绘制电路的原理图；(2)按要求编写相应的程序。

项目五

单片机远程控制

知识目标

- 了解串行口的结构和工作方式。
- 掌握串行通信的原理。

技能目标

- 能理解串行通信方式 1 的原理。
- 会编写点到点的通信程序。

思政目标

- 有效沟通，与人为善，实现合作共赢。
- 诚实守信，团结协作，恪守契约精神。

课程思政点

- 从单片机的多种通信方式，理解使用正确的沟通方法有助于表达自己的思想，达到有效沟通的目的。
- 单片机在与其他设备通信时，收发双方都要遵循所使用的通信协议，此时才能发送和接收正确的信息，从而培养学生在工作和生活中保持诚实守信的品质，遵守契约精神，与他方建立良好的合作共赢关系。

单片机具有一个全双工的串行异步通信接口，可以同时发送、接收数据，发送、接收数据可通过查询或中断方式处理，使用十分灵活。能方便地与其他的计算机或串行数据传送信息的外部设备(如串行打印机、CRT 终端)实现双机、多机通信。

任务 5.1　单片机与单片机的通信

任务描述：利用单片机 U1 将一段流水灯控制程序发送到单片机 U2，利用 U2 控制其 P1 口点亮 8 位 LED。

5.1.1　串行通信基础

串行通信是计算机中一个重要的外部接口，计算机通过它与外部设备进行通信。计算机与外界的通信有两种基本方式：并行通信和串行通信，如图 5-1-1 所示。

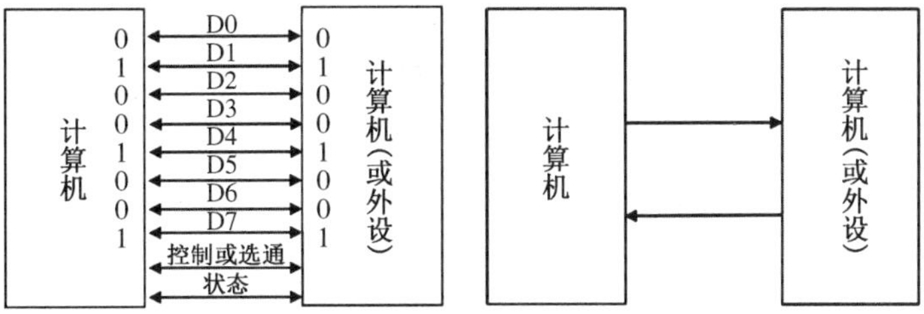

(a) 并行通信　　(b)串行通信

图 5-1-1　计算机与外界通信的基本方式

一次同时传送多位数据的通信方式称为并行通信，如图 5-1-1(a)所示。例如，一次传送 8 位或 16 位数据。在 51 单片机中并行通信可通过并行输入/输出接口实现。并行通信的特点是通信速度快，但传输信号线多，传输距离较远时线路复杂，成本高，通常用于近距离传输。

按一位接一位顺序传送数据的通信方式称为串行通信，如图 5-1-1(b)所示。串行通信可以通过串行口来实现。它的特点是传输线少，通信线路简单，通信速度慢，成本低，适合长距离通信。

串行通信有两种分类方式。

根据信息传送方向，串行通信可以分为单工、半双工和全双工三种方式，如图 5-1-2 所示。

串行通信分类

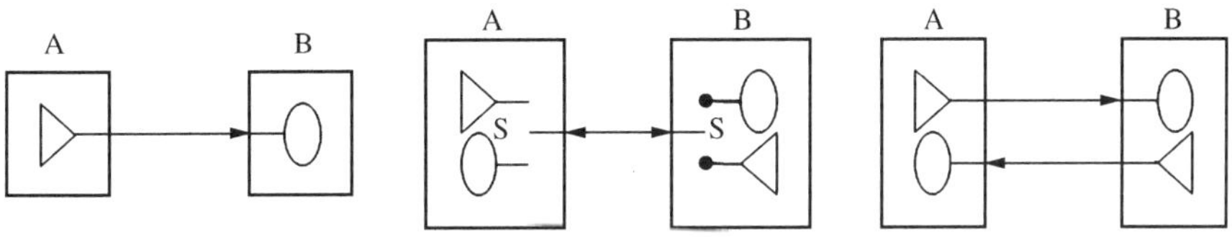

(a)单工　　(b)半双工　　(c)全双工

图 5-1-2　串行通信分类(信息传送方向)

单工方式只有一根数据线，信息只能单向传送；半双工方式也只有一根数据线，但信息可以分时双向传送；全双工方式有两根数据线，在同一个时刻能够实现数据双向传送。

根据信息格式，串行通信可分为异步通信和同步通信两种方式。

串行异步通信方式

1. 串行异步通信方式

串行异步通信方式的特点是数据在线路上传送时是以一个字符(字节)为单位，未传送时线路处于空闲状态，空闲线路约定为高电平“1”。传送一个字符又称为一帧信息，传送时每一个字符前加一个低电平的起始位，然后是数据位，数据位可以是 5～8 位，低位在前，高位在后，数据位后可以带一个奇偶校验位，最后是停止位，停止位用高电平表示，它可以是 1 位、1 位半或 2 位。数据格式如图 5-1-3 所示。

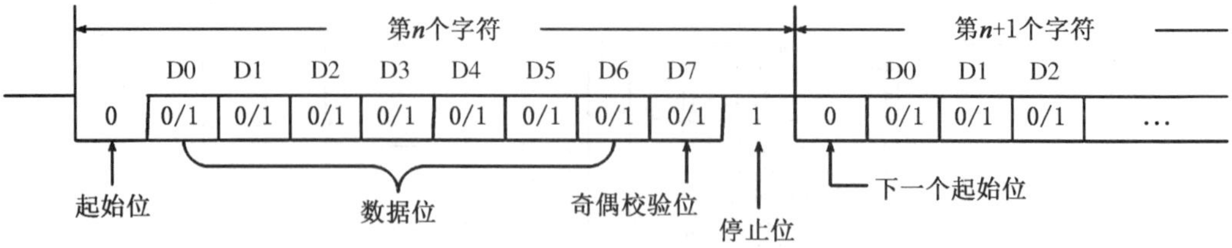

图 5-1-3　异步通信数据格式

异步传送时，字符间可以间隔，间隔的位数不固定。由于一次只传送一个字符，因而一次传送的位数比较少，对发送时钟和接收时钟的要求相对不高，线路简单，但传送速度较慢。

2. 串行同步通信方式

串行同步通信方式的特点是数据在线路上传送时以字符块为单位，一次传送多个字符，传送时须在前面加上一个或两个同步字符，后面加上校验字符。数据格式如图 5-1-4 所示。

同步字符 1	同步字符 2	数据块	校验字符 1	校验字符 2

图 5-1-4　同步通信数据格式

同步方式时一次连续传送多个字符，传送的位数多，对发送时钟和接收时钟要求较高，往往用同一个时钟源控制，控制线路复杂，传送速度快。

波特率

3. 波特率

波特率是串行通信中的一个重要概念，它用于衡量串行通信速度的快慢。波特率是指串行通信中，单位时间传送的二进制位数，单位为 bps。

在异步通信中，传输速度往往又可用每秒传送多少个字节来表示(Bps)。它与波特率的关系为

$$波特率(bps)=一个字符的二进制位数\times字符/秒(Bps)$$

例如，每秒传送 200 个字符，每个字符由 1 位起始位、8 个数据位、1 个校验位和 1 个停止位构成，则波特率为 2 200 bps。

为了保证异步通信数据信息的可靠传输，异步通信的双方必须保持一致的波特率。串行口的波特率是否精确直接影响到异步通信数据传送的效率，如果两个设备之间用异步通信传输数据，但二者之间的波特率有误差，极可能造成接收方接收错误数据。

5.1.2 单片机的串行接口

51 单片机的串行口占用 P3.0 和 P3.1 两个引脚，P3.0 是串行数据接收端 RXD，P3.1 是串行数据发送端 TXD。51 单片机串行接口的内部结构如图 5-1-5 所示。

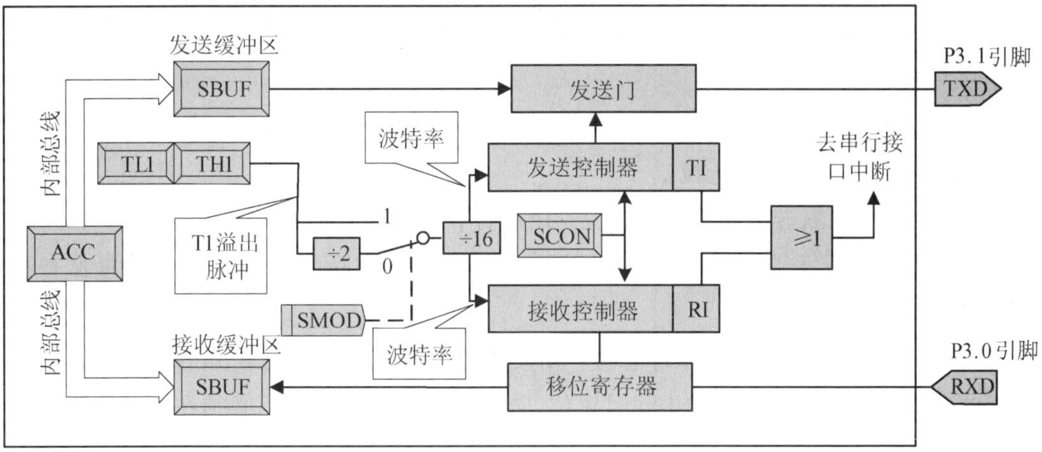

图 5-1-5 51 单片机串行口结构

51 单片机串行接口的结构由串行接口控制电路、发送电路和接收电路三部分组成。发送电路由发送缓冲器(SBUF)和发送控制电路组成，接收电路由接收缓冲器(SBUF)和接收控制电路组成。两个数据缓冲器在物理上是相互独立的，在逻辑上却占用一个字节地址(99H)。

1. 串行口控制寄存器 SCON

SCON 是串行口控制和状态寄存器，其字节地址为 98H，SCON 的功能见表 5-1-1。

表 5-1-1 SCON

SCON.7	SCON.6	SCON.5	SCON.4	SCON.3	SCON.2	SCON.1	SCON.0
SM0	SM1	SM2	REN	TB8	RB8	TI	RI

● SM0、SM1：串行口工作方式选择位，可选择四种工作方式见表 5-1-2。

表 5-1-2 串行口工作方式选择

SM0 SM1	工作方式	功能	波特率
0 0	方式 0	同步移位寄存器	$f_{osc}/12$
0 1	方式 1	10 位异步收发	可变
1 0	方式 2	11 位异步收发	$f_{osc}/32$ 或 $f_{osc}/64$
1 1	方式 3	11 位异步收发	可变

● SM2：多机通信控制位（方式 2，3）。

对于方式 2 或方式 3，当 SM2=1 时，只有接收到第 9 位（RB8）为 1，RI 才置位；对于方式 1，当 SM2=1 时，只有接收到有效的停止位时才会置位 RI。对于方式 0，SM2 应为 0。

● REN：允许接收控制位。当 REN=1 时，允许接收；当 REN=0 时，禁止接收。

● TB8：方式 2 或方式 3 时，该位为发送的第 9 位数据，该位常作奇偶效验位。在多机通信中，作为地址帧/数据帧的标志位，TB8=0，发送数据帧；TB8=1，发送地址帧。需要用软件置 1 或清 0。

● RB8：方式 2 或方式 3 时，存放接收到的第 9 位数据，在方式 0 中该位未用；在方式 1 中，存放的是已接收的停止位。

● TI：串行口发送中断请求标志位。由硬件在方式 0 串行发送第 8 位结束时置位，或在其他方式串行发送停止位的开始时置位，向 CPU 发中断申请，但必须在中断服务程序中用软件清 0。

● RI：串行口接收中断请求标志位。由硬件在方式 0 串行接收第 8 位结束时置位，在其他方式串行接收到停止位的中间时置位，向 CPU 发中断申请，但必须在中断服务程序中用软件清 0。

2. 数据缓冲器 SBUF

发送缓冲器只管发送数据，51 单片机没有专门的启动发送的指令，发送时，就是 CPU 写入 SBUF 的时候（MOV　SBUF，A）；接收缓冲器只管接收数据，接受时，就是 CPU 读取 SBUF 的过程（MOV　A，SBUF）。数据接收缓冲器只能读出不能写入，数据发送缓冲器只能写入不能读出。CPU 对特殊功能寄存器 SBUF 执行写操作，就是将数据写入发送缓冲器；对 SBUF 执行读操作就是读出接收缓冲器的内容。所以可以同时发送和接收数据。对于发送缓冲器，由于发送时 CPU 是主动的，不会产生重叠错误。而接收缓冲器是双缓冲结构，以避免在接收下一帧数据之前，CPU 未能及时响应接收器的中断，没有把上一帧数据取走，就会丢失前一字节的内容。

3. 电源控制寄存器 PCON

PCON 的第 7 位 SMOD 是与串行口的波特率设置有关的选择位。其地址为 97H，PCON 的功能见表 5-1-3。

表 5-1-3　PCON

PCON. 7	PCON. 6	PCON. 5	PCON. 4	PCON. 3	PCON. 2	PCON. 1	PCON. 0
SMOD							

● SMOD 是波特率倍增位。

在串行口方式 1、方式 2 和方式 3 时，波特率和 2^{SMOD} 成正比，即当 SMOD=1 时，波特率提高一倍。复位时，SMOD=0。

以下介绍串行口的工作方式。

（1）方式 0

串行口的工作方式 0

方式 0 为移位寄存器输入/输出方式。串行数据通过 RXD 输入/输出，TXD 则用于输出移位时钟脉冲。收发的数据为 8 位，低位在前。波特率固定为 $f_{osc}/12$。

① 方式 0 输出

发送是以写 SBUF 寄存器的指令开始的，8 位输出结束时 TI 被置位。方式 0 输出时序如图 5-1-6 所示。

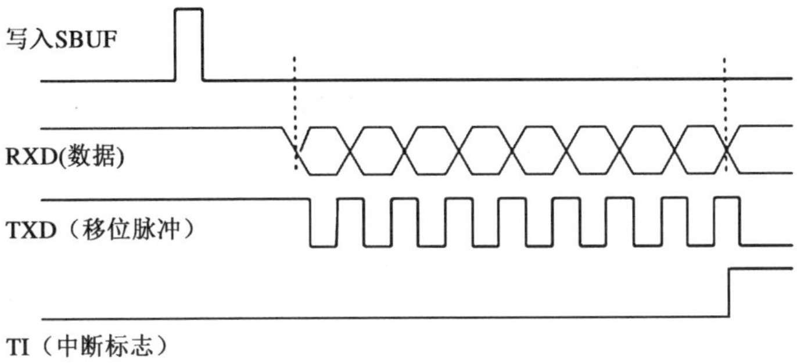

图 5-1-6　方式 0 输出时序

当执行一条写入 SBUF 的指令时，就启动了串行接口的发送过程（如 MOV SBUF，A）。串行口以 $f_{osc}/12$ 的固定波特率从 TXD 引脚输出串行同步时钟，8 位同步数据从 RXD 引脚输出。8 位数据发送完后自动将 TI 置 1，向 CPU 申请中断，告诉 CPU 可以发送下一帧数据。在这之前，必须在中断服务程序中用软件将 TI 清 0。

② 方式 0 输入

方式 0 接收在 REN＝1 和 RI＝0 同时满足时开始。接收的数据装入 SBUF 中，结束时 RI 被置位。方式 0 输入时序如图 5-1-7 所示。

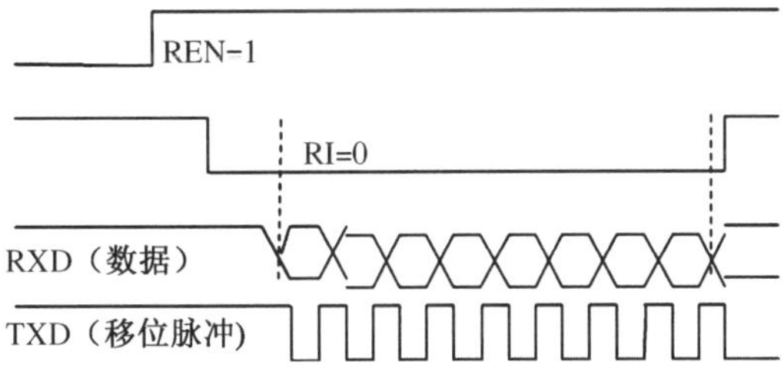

图 5-1-7　方式 0 输入时序

当用户在应用程序中，将 SCON 中的 REN 位置 1 时（同时 RI＝0），就启动了一次数据接收过程。数据从外接引脚 RXD（P3.0）输入，移位脉冲从外接引脚 TXD（P3.1）输出。8 位数据接收完后，由硬件将输入移位寄存器中的内容写入 SBUF，并自动将 RI 置 1，向 CPU 申请中断。CPU 响应中断后，用软件将 RI 清 0，同时读走输入的数据，接着启动串行口接收下一个数据。

【例 5-1-1】 用 89C51 单片机的串行口外接串入并出的芯片 CD4094 扩展并行输出口控制一组发光二极管，使发光二极管从左至右延时轮流显示。

CD4094 是一块 8 位的串入并出的芯片，带有一个控制端 STB，当 STB＝0 时，打开串行输入控制门，在时钟信号 CLK 的控制下，数据从串行输入端 DATA 一个时钟周期一位依次输入；当 STB=1 时，打开并行输出控制门，CD4094 中的 8 位数据并行输出。使用时，89C51 串行口工作于方式 0，89C51 的 TXD 接 CD4094 的 CLK，RXD 接 DATA，STB 用 P1.0 控制，8 位并行输出端接 8 个发光二极管，如图 5-1-8 所示。

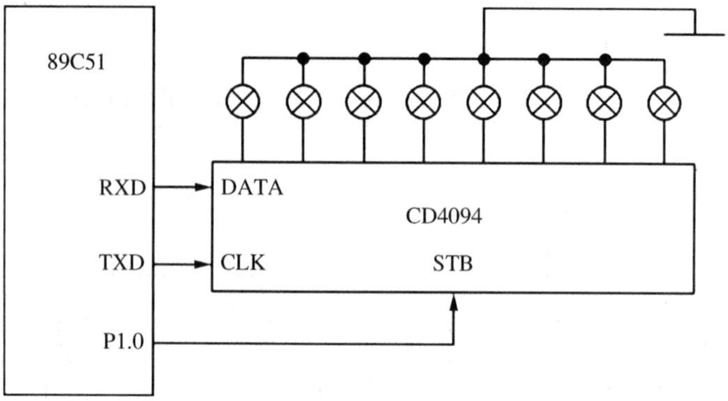

图 5-1-8　用 CD4094 扩展并行输出口

如串行口采用查询方式，显示的延时依靠调用延时子程序来实现。程序如下：

```
#include  <reg51.h>  //包含特殊功能寄存器库
sbit  P1_0=P1^0;
void  main()
{
unsigned  char  i,j;
SCON=0x00;
j=0x01;
for (; ;)
{
P1_0=0;
SBUF=j;
while (! TI) { ;}
P1_0=1;TI=0;
for (i=0;i<=254;i++) {;}
j=j * 2;
if (j= =0x00)  j=0x01;
}
}
```

【例 5-1-2】 用 89C51 单片机的串行口外接并入串出的芯片 CD4014 扩展并行输入口，输入一组开关的信息。

CD4014 是一块 8 位的并入串出的芯片，带有一个控制端 P/S，当 P/S=1 时，8 位并行数据置入到内部的寄存器；当 P/S=0 时，在时钟信号 CLK 的控制下，内部寄存器的内容按低位在前从 QB 串行输出端依次输出。使用时，89C51 串行口工作于方式 0，89C51 的 TXD 接 CD4014 的 CLK，RXD 接 QB，P/S 用 P1.0 控制，另外，用 P1.1 控制 8 并行数据的置入，如图 5-1-9 所示。

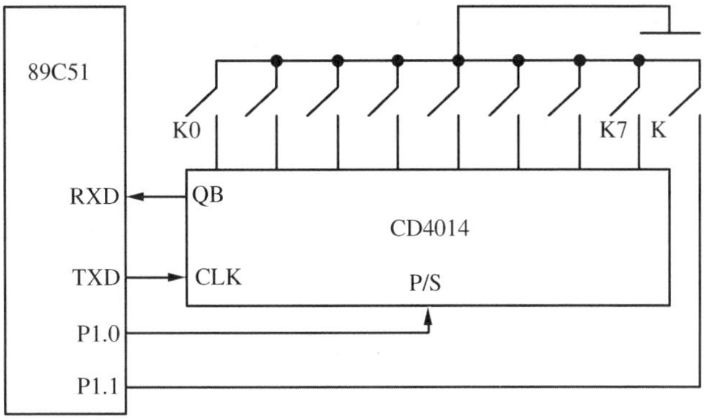

图 5-1-9　用 CD4014 扩展并行输入口

串行口方式 0 数据的接收，用 SCON 寄存器中的 REN 位来控制，采用查询 RI 的方式来判断数据是否输入。程序如下：

```
#include  <reg51.h>  //包含特殊功能寄存器库
sbit  P1_0=P1^0;
sbit  P1_1=P1^1;
void  main()
{
unsigned  char  i;
P1_1=1;
while (P1_1= =1) {;}
P1_0=1;
P1_0=0;
SCON=0x10;
while (! RI) {;}
 RI=0;
i=SBUF;
……
}
```

（2）方式 1

方式 1 是 10 位异步通信方式，1 位起始位(0)，8 位数据位和 1 位停止位(1)。其中的起始位和停止位在发送时是自动插入的。

串行口的工作方式 1

任何一条以 SBUF 为目的寄存器的指令都启动一次发送，发送的条件是

TI=0,发送完置位 TI。

方式 1 接收的条件是 SCON 中的 REN 为 1,同时满足两个条件:RI=0;SM2=0 或接收到的停止位为 1,本次接收有效,将其装入 SBUF 和 RB8 位,否则放弃接收结果。

方式 1 的波特率是可变的,波特率的计算公式如下:

$$方式1波特率=(2^{SMOD}/32)\times 定时器1的溢出率$$

① 方式 1 发送

方式 1 的发送时序如图 5-1-10 所示。

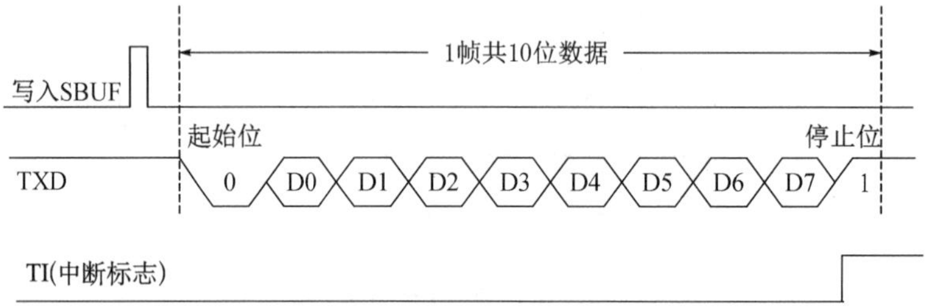

图 5-1-10　方式 1 的发送时序

当执行一条写入 SBUF 的指令时,就启动了串行接口的发送过程。在发送时钟脉冲的作用下,从 TXD 引脚先送出起始位(0),然后是 8 位数据位,最后是停止位(1)。一帧数据发送完后自动将 TI 置 1,向 CPU 申请中断。若要再发送下一帧数据,必须用软件先将 TI 清 0。

② 方式 1 接收

方式 1 的接收时序如图 5-1-11 所示。

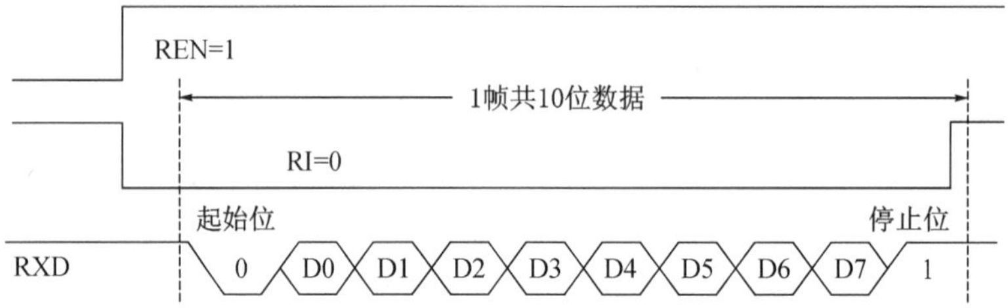

图 5-1-11　方式 1 的接收时序

当用软件将 SCON 中的 REN 位置 1 时(同时 RI=0),就允许接收器接收。接收器以波特率的 16 倍速率采样 RXD 引脚,当采样到"1"到"0"的负跳变时,即检测到了有效的起始位,就开始启动接收,将输入的 8 位数据逐位移入内部的输入移位寄存器。如果接收不到起始位,则重新检查 RXD 引脚是否有负跳变信号。

当 RI=0,且 SM2=0 或接收到的停止位为 1 时,将接收到的 9 位数据的前 8 位装入接收 SBUF,第 9 位(停止位)装入 RB8,并置位 RI,向 CPU 申请中断。否则接收的信息将被丢弃。所以编程时要特别注意 RI 必须在每次接收完成后将其清 0,以准备下一次接收。通常方式 1 时，SM2＝0。

(3) 方式 2

方式 2 是波特率可调的 11 位异步接收/发送方式。方式 2 的波特率固定为晶振频率的 1/64 或 1/32，计算公式如下：

串行口的工作方式 2

$$\text{方式 2 波特率} = (2^{SMOD}/64) \times f_{osc}$$

其中，SMOD 是特殊功能寄存器 PCON 的最高位，即波特率加倍控制位。当 SMOD＝1 时，串行口波特率加倍。

方式 2 的发送起始于任何一条“写 SBUF”指令。当第 9 位数据(TB8)输出之后，置位 TI。方式 2 的接收的前提条件也是 REN 为 1。在第 9 位数据接收到后，如果下列条件同时满足：RI＝0；SM2＝0 或接收到的第 9 位为 1，则将已接收的数据装入 SBUF 和 RB8，并置位 RI；如果条件不满足，则接收无效。

① 方式 2 发送

方式 2 的发送时序如图 5-1-12 所示。

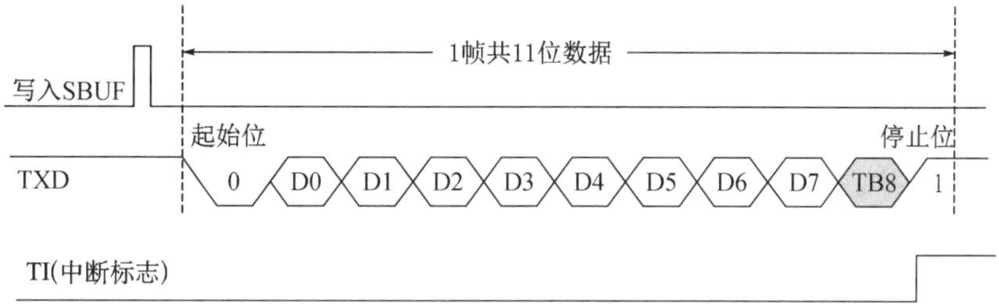

图 5-1-12　方式 2 和方式 3 的发送时序

方式 2 发送的数据为 9 位，其中发送的第 9 位在 TB8 中，在启动发送之前，必须把要发送的第 9 位数据装入 SCON 寄存器中的 TB8 中。准备好 TB8 后，就可以通过向 SBUF 中写入发送的字符数据来启动发送过程，发送时前 8 位数据从发送数据寄存器中取得，发送的第 9 位从 TB8 中取得。一帧信息发送完毕，置 TI 为 1。

② 方式 2 接收

方式 2 的接收时序如图 5-1-13 所示。

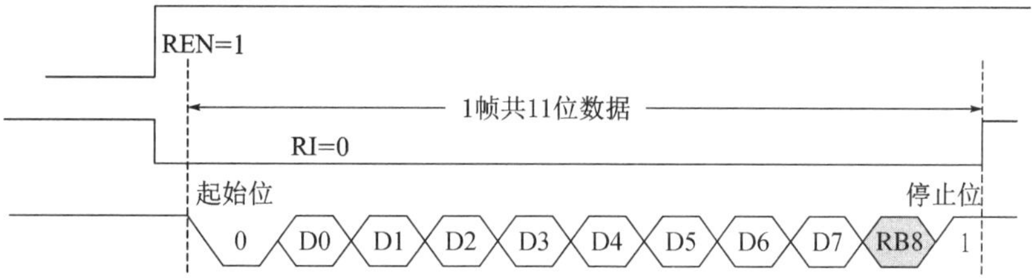

图 5-1-13　方式 2 和方式 3 的接收时序

方式 2 的接收过程与方式 1 类似，当 REN 位置 1 时也启动接收过程，所不同的是接收的第 9 位数据是发送过来的 TB8 位，而不是停止位，接收后存放到 SCON 中的 RB8 中，对接收是否有判断也是用接收的第 9 位，而不是用停止位。其余情况与方式 1 相同。

(4) 方式 3

串行口的工作方式 3

方式 3 是 11 位异步接收/发送方式，与方式 2 的操作过程完全一样，所不同的是波特率，计算公式如下：

$$方式3波特率=(2^{SMOD}/32)\times定时器1的溢出率$$

定时器从初值计数到产生溢出，它每秒溢出的次数称为溢出率。定时器 T1 作波特率发生器时，通常工作于定时模式($C/\overline{T}=0$)，禁止 T1 中断。T1 的溢出率和它的工作方式有关，一般选方式 2，这种方式可以避免重新设定初值而产生波特率误差。此时 T1 溢出率的计算公式如下：

$$T1溢出率=f_{osc}/[12\times(256-TH1)]$$

波特率的计算公式如下：

$$方式3的波特率=2^{SMOD}\times f_{osc}/[32\times12(256-TH1)]$$

在单片机的应用中，相同机种单片机波特率很容易达到一致，只要晶振频率相同，可以采用完全一致的参数。异种单片机的波特率较难达到一致，这是由于不同机种的波特率产生的方式不同，计算公式也不同，只能产生有限的离散的波特率值，即波特率值是非连续的。这时的设计原则应使两个通信设备之间的波特率误差小于 2.5%。例如在 PC 与单片机进行通信时，常选择单片机晶振为 11.059 2 MHz，二者容易匹配波特率。

常用的串行口波特率及相应的晶振频率、T1 计数初值等参数关系见表 5-1-4。

表 5-1-4　常用的波特率

波特率(bps)	晶振(MHz)	初值		误差(%)	晶振(MHz)	初值		误差(12 MHz晶振)(%)	
		(SMOD=0)	(SMOD=1)			(SMOD=0)	(SMOD=1)	(SMOD=0)	(SMOD=1)
300	11.059 2	0xA0	0x40	0	12	0x98	0x30	0.16	0.16
600	11.059 2	0xD0	0xA0	0	12	0xCC	0x98	0.16	0.16
1 200	11.059 2	0xE8	0xD8	0	12	0xE6	0xCC	0.16	0.16
1 800	11.059 2	0xF0	0xE0	0	12	0xEF	0xDD	2.12	−0.79
2 400	11.059 2	0xF4	0xE8	0	12	0xF3	0xE6	0.16	0.16
3 600	11.059 2	0xF8	0xF0	0	12	0xF7	0xEF	−3.55	2.12
4 800	11.059 2	0xFA	0xF4	0	12	0xF9	0xF3	−6.99	0.16
7 200	11.059 2	0xFC	0xF8	0	12	0xFC	0xF7	8.51	−3.55

（续表）

波特率(bps)	晶振(MHz)	初值		误差(%)	晶振(MHz)	初值		误差(12 MHz晶振)(%)	
		(SMOD=0)	(SMOD=1)			(SMOD=0)	(SMOD=1)	(SMOD=0)	(SMOD=1)
9 600	11.059 2	0xFD	0xFA	0	12	0xFD	0xF9	8.51	−6.99
14 400	11.059 2	0xFE	0xFC	0	12	0xFE	0xFC	8.51	8.51
19 200	11.059 2	—	0xFD	0	12	—	0xFD	—	8.51
28 800	11.059 2	0xFF	0xFE	0	12	0xFF	0xFE	8.51	8.51

5.1.3　任务实施

任务实施

1. 硬件电路

单片机 U2 的 P1 口接 8 个发光二极管。单片机 U1 的 P3.1(TXD)脚直接与单片机 U2 的 P3.0(RXD)脚相连，电路如图 5-1-14 所示。

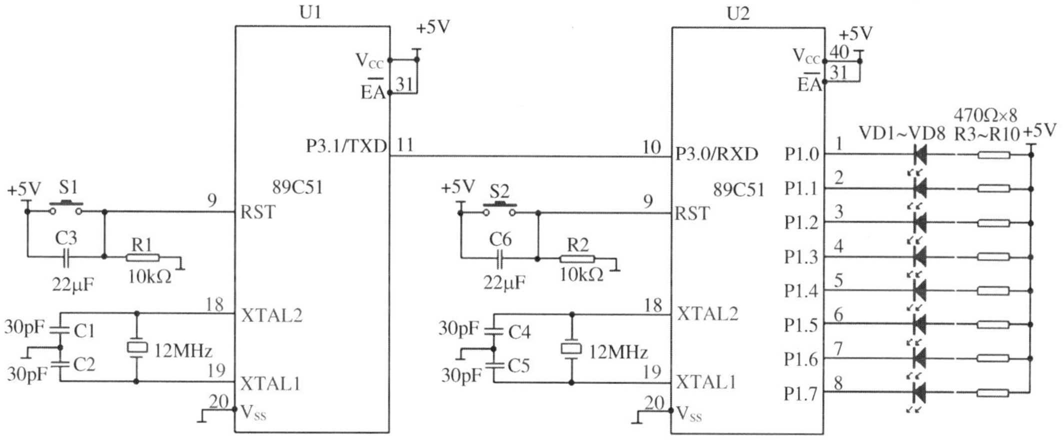

图 5-1-14　单片机与单片机之间通信

2. 程序设计

串口发送程序流程如图 5-1-15 所示。

```
/**********************************************************************
数据发送程序
**********************************************************************/
#include<reg51.h>
unsigned char code tab[]={0XFE,0XFD,0XFB,0XF7,0XEF,0XDF,0XBF,0X7F};
void Send(unsigned char dat)
{
```

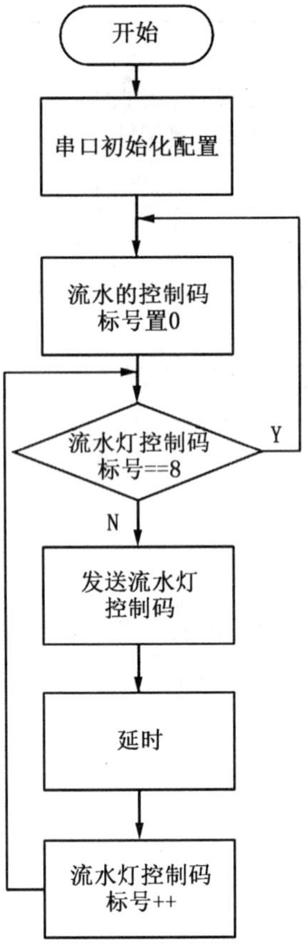

图 5-1-15　串口发送程序流程

```
    SBUF=dat;                  //将待发送的数据写入发送缓冲器中
    while(TI==0);              //若发送标志没有置1(正在发送),就等待
    TI=0;                      //将TI清0
}
void delay(void)               //延时函数
{
    unsigned char m,n;
    for(m=0;m<200;m++)
    for(n=0;n<250;n++);
}
void main(void)
{
    unsigned char i;
    TMOD=0X20;                 //定时器T1工作于方式2
    SCON=0X40;                 //串行工作方式1
```

```
    PCON=0X00;
    TH1=0XF3;              //波特率为 2 400 bps
    TL1=0XF3;
    TR1=1;                 //启动定时器 T1
    while(1)
    {
      for(i=0;i<8;i++)     //一共 8 位流水灯控制码
      {
        Send(tab[i]);      //发送数据 i
        delay();
      }
    }
}
```

串口接收程序流程如图 5-1-16 所示。

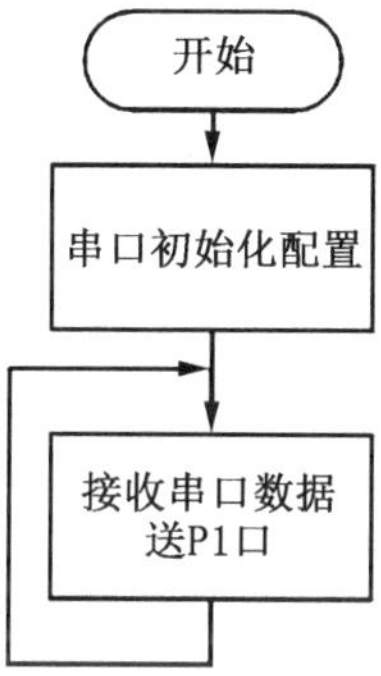

图 5-1-16　串口接收程序流程

```
/ ****************************************************************************
数据接收程序
**************************************************************************** /

#include<reg51.h>
unsigned char Receive (void)
{
  unsigned char dat;
  while(RI==0);        //没有接收完毕,就等待
  RI=0;                //用软件将 RI 清 0
  dat=SBUF;            //将接收缓冲器中的数据存于 dat 中
  return dat;          //将接收到的数据返回
}
```

```
void main(void)
{
  TMOD=0X20;          //定时器 T1 工作于方式 2
  SCON=0X50;          //串行工作方式 1
  PCON=0X00;
  TH1=0XF3;           //设置波特率为 2 400 bps
  TL1=0XF3;
  TR1=1;              //启动定时器 T1
  REN=1;              //允许接收
  while(1)
  {
   P1=Receive();      //接收到的数据送 P1 口
  }
}
```

任务 5.2　单片机与 PC 之间的通信

任务描述：单片机向 PC 发送一组数据：FEH，FDH，FBH，F7H，EFH，DFH，BFH，7FH。单片机接收 PC 发来的数据。

CH340 芯片

5.2.1　串行通信协议

目前，不管是台式计算机还是笔记本电脑，其与外部通信的接口都是 USB 接口，以前的串口也被 USB 接口取代。所以单片机与计算机之间进行串口通信是通过 USB 转串口方式实现的，具体方式是在单片机和计算机之间通过 USB 转串口模块进行连接通信。该模块的核心芯片是 CH340。CH340 芯片封装如图 5-2-1 所示，引脚说明见表 5-2-1。

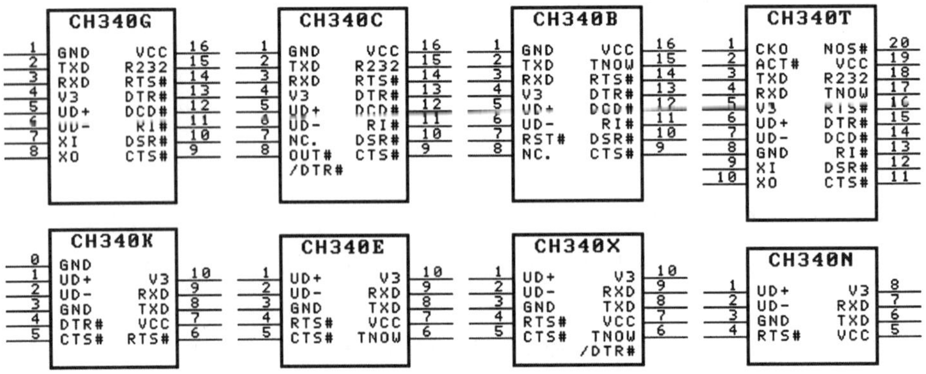

图 5-2-1　CH340 封装

表 5-2-1 CH340 引脚说明

SSOP20 引脚号	SOP16 引脚号	ESSOP10 引脚号	SOP8 引脚号	引脚名称	类型	引脚说明（括号中说明仅针对 CH340R 型号）
19	16	7	5	V_{CC}	电源	正电源输入端，需要外接 0.1 μF 电源退耦电容
8	1	3、0	3	GND	电源	公共接地端，直接连到 USB 总线的地线
5	4	10	8	V3	电源	在 3.3 V 电源电压时连接 V_{CC} 输入外部电源，在 5 V 电源电压时外接容量为 0.1 μF 退耦电容
9	7	无	无	XI	输入	CH340T/R/G：晶体振荡的输入端，需外接 12 MHz 晶体及振荡电容
				NC.	空脚	CH340C：空脚，必须悬空
				RST#	输入	CH340B：外部复位输入，低电平有效，内置上拉电
10	8	无	无	XO	输出	CH340T/R/G：晶体振荡的输出端，需外接 12 MHz 晶体及振荡电容
				OUT#	输出	CH340C：MODEM 通用输出信号，软件定义，低有效。部分批次 CH340C 可选切换为第二 DTR#
				NC.	空脚	CH340B：空脚，必须悬空
6	5	1	1	UD+	USB 信号	直接连到 USB 总线的 D+数据线，不要串联电阻
7	6	2	2	UD-	USB 信号	直接连到 USB 总线的 D-数据线，不要串联电阻
20	无	无	无	NOS#	输入	禁止 USB 设备挂起，低电平有效，内置上拉电阻
3	2	8	6	TXD	输出	串行数据输出（CH340R 型号为反相输出）
4	3	9	7	RXD	输入	串行数据输入，内置可控的上拉和下拉电阻
11	9	5	无	CTS#	输入	MODEM 联络输入信号，清除发送，低（高）有效
12	10	无	无	DSR#	输入	MODEM 联络输入信号，数据装置就绪，低（高）有效
13	11	无	无	RI#	输入	MODEM 联络输入信号，振铃指示，低（高）有效
14	12	无	无	DCD#	输入	MODEM 联络输入信号，载波检测，低（高）有效

CH340 是一个 USB 总线的转接芯片，实现 USB 转串口：从电平角度，其实现 USB 电平和 TTL 电平相互转换；从通信角度，其实现 USB 协议与串口协议相互转换。在串口方式下，CH340 提供常用的 MODEM 联络信号，用于为计算机扩展异步串口，或者将普通的串口设备直接升级到 USB 总线。工作原理如图 5-2-2 所示。

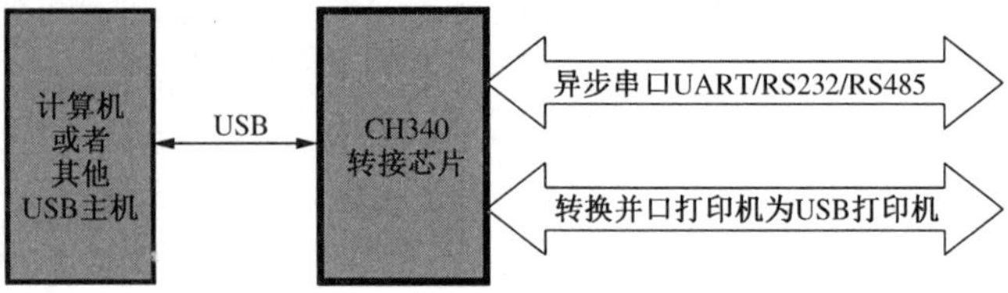

图 5-2-2　CH340 工作原理

CH340 内置了独立的收发缓冲区，支持单工、半双工或者全双工异步串行通信。串行数据包括 1 个低电平起始位，5、6、7 或 8 个数据位，1 个或 2 个高电平停止位，支持奇校验/偶校验/标志校验/空白校验。CH340 支持常用通信波特率：50，75，100，110，134.5，150，300，600，900，1 200，1 800，2 400，3 600，4 800，9 600，14 400，19 200，28 800，33 600，38 400，56 000，57 600，76 800，115 200，128 000，153 600，230 400，460 800，921 600，1 500 000，2 000 000 等。在使用 CH340 之前需要在电脑上安装好 CH340 驱动，在计算机端的 Windows 操作系统下，CH340 的驱动程序能够仿真标准串口，所以绝大部分原串口应用程序完全兼容。CH340 可以用于升级原串口外围设备，或者通过 USB 总线为计算机增加额外串口。通过外加电平转换器件，可以进一步提供 RS232、RS485、RS422 等接口。

5.2.2　任务实施

1. 硬件电路

单片机通过 TTL 串口连接 CH340 芯片实现 USB 通信，电路如图 5-2-3 所示。

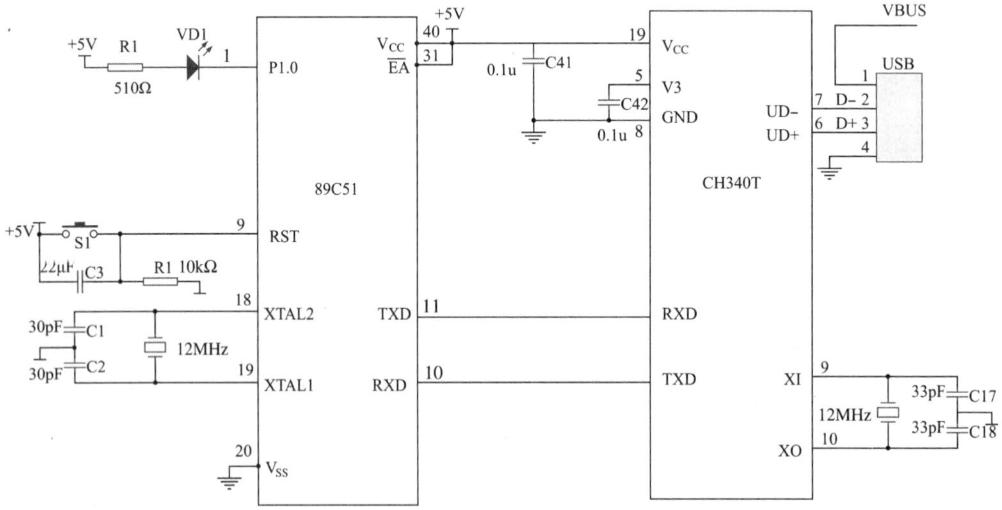

图 5-2-3　单片机与 PC 串行通信原理

2. 程序设计

(1) 单片机向 PC 发送数据，程序流程如图 5-2-4 所示。

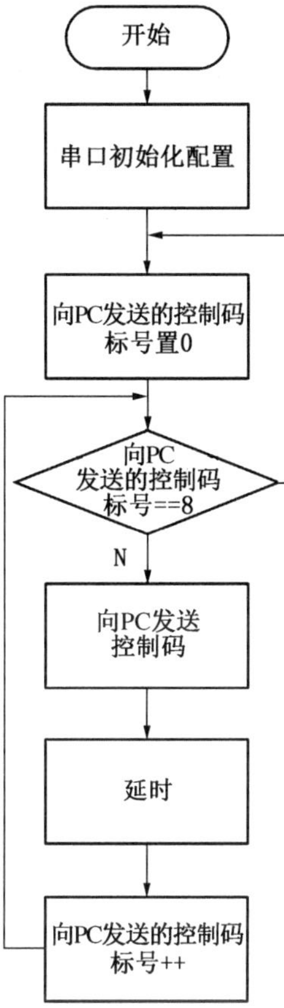

图 5-2-4　单片机向 PC 发送数据流程

```
#include<reg51.h>
unsigned char code tab[]={0XFE,0XFD,0XFB,0XF7,0XEF,0XDF,0XBF,0X7F};
void Send(unsigned char dat)
{
    SBUF=dat;                   //将待发送的数据写入发送缓冲器中
    while(TI==0);               //若发送标志没有置1(正在发送),就等待
    TI=0;                       //用软件将TI清0
}
void delay(void)                //延时函数
{
    unsigned char m,n;
    for(m=0;m<200;m++)
    for(n=0;n<250;n++);
```

```
}
void main(void)
{
    unsigned char i;
    TMOD=0X20;              //定时器 T1 工作于方式 2
    SCON=0X40;              //串行工作方式 1
    PCON=0X00;
    TH1=0XF3;               //波特率为 2 400 bps
    TL1=0XF3;
    TR1=1;                  //启动定时器 T1
    while(1)
    {
        for(i=0;i<8;i++)
        {
            Send(tab[i]);   //发送数据 i
            delay();
        }
    }
}
```

(2) 单片机接收 PC 送来的数据,程序流程如图 5-2-5 所示。

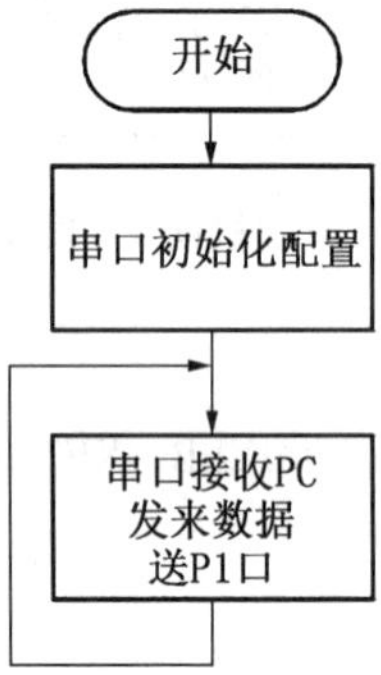

图 5-2-5　单片机接收 PC 送来的数据流程

```
#include<reg51.h>
unsigned char Receive (void)
{
    unsigned char dat;
    while(RI==0);     //没有接收完毕,就等待
    RI=0;             //用软件将 RI 清 0
    dat=SBUF;         //将接收缓冲器中的数据存于 dat 中
```

```
    return dat;          //将接收到的数据返回
}
void main(void)
{
    TMOD=0X20;      //定时器 T1 工作于方式 2
    SCON=0X50;      //串行工作方式 1
    PCON=0X00;
    TH1=0XF3;       //设置波特率为 2 400 bps
    TL1=0XF3;
    TR1=1;          //启动定时器 T1
    REN=1;          //允许接收
    while(1)
    {
            P1=Receive();   //接收到的数据送 P1 口
    }
}
```

习题 5

一、选择题

1. AT89C51 单片机串行口用工作方式 0 时，数据(　　)。

A. 从 RXD 串行输入，从 TXD 串行输出

B. 从 RXD 串行输出，从 TXD 串行输入

C. 从 RXD 串行输入或输出，同步信号从 TXD 输出

D. 从 TXD 串行输入或输出，同步信号从 RXD 输出

2. 控制串行口工作方式的寄存器是(　　)。

A. TCON　　B. PCON　　C. SCON　　D. TMOD

3. 异步串行通信中，一帧数据格式中 8 位数据的发送应该是(　　)。

A. 串行接口随机安排　　B. 低位在前，高位在后

C. 用户程序指定次序　　D. 高位在前，地位在后

4. 串行口工作方式 1 的波特率是(　　)。

A. 固定的，$f_{osc}/32$　　B. 固定的，$f_{osc}/16$

C. 固定的，$f_{osc}/64$　　D. 可变的通过定时器/计数器 T1 的溢出率设定

5. 在 89C51 单片机中，含有串行口中断标志的寄存器是(　　)。

A. TCON　　B. IE　　C. IP　　D. SCON

6. MCS-51 的串行数据缓冲器 SBUF 用于(　　)。

A. 存放运算中间结果　　B. 存放待发送或已接收到的数据

C. 暂存数据和地址　　D. 存放待调试的程序

二、判断题

1. 串行通信的优点是只需一对传送线，成本低，适于远距离通信，缺点是传送速度较低。（　）
2. 异步通信中，在线路上不传送字符时保持高电平。（　）
3. 串行口方式 1 的波特率是可变的，通过定时器/计数器 T1 的溢出设定。（　）
4. 波特率用于表征数据传输的速度，波特率越高，数据传输速度越快。（　）
5. TI 是串行口发送中断标志，RI 是串行口接收中断标志。（　）
6. 五个中断源中优先级最高的是外部中断 0，优先级最低的是串行口中断。（　）
7. 51 单片机中的 TXD 为串行数据接收端。（　）
8. 51 单片机的串口是全双工的。（　）

三、综合题

1. 并行通信与串行通信的特点是什么？
2. 单工、半双工和全双工有什么区别？
3. 串行口数据寄存器 SBUF 有什么特点？
4. 设某异步通信接口，每帧信息格式为 10 位，当接口每秒传送 1 000 个字符时，其波特率是多少？
5. 串行口有几种工作方式？有几种帧格式？各种工作方式的波特率如何确定？
6. 怎样实现利用串行口扩展并行输入/输出口？
7. 编写程序，单片机在按键的控制下发送一组数据，PC 接收，利用串行口调试助手查看结果。
8. 编写程序，PC 发送，单片机接收数据，将数据通过数码管显示。

项目六

LED点阵电子广告牌控制

知识目标

- 掌握大屏LED点阵显示原理。
- 掌握广告牌字符和汉字显示原理。

技能目标

- 会使用PCtoLCD2002获取汉字字模。
- 会使用LED点阵显示数字和汉字。

思政目标

- 沟通协作,换位思考,勇于表达。
- 积极向上,团结互助,传播正能量。

课程思政点

- LED点阵显示是人机交互的一种重要表现形式,单片机控制LED点阵显示出人可以理解的文字符号,引导学生在表达自己观点时,通过换位思考提高表达与沟通能力。
- 街上随处可见的各种电子广告牌,都可以利用单片机控制实现。通过宣传可以传播正能量。

LED大屏幕显示器不仅能显示文字,还可以显示图形、图象,并且能产生各种动画效果,是广告宣传、新闻传播的有力工具。LED大屏幕显示器不仅有单色显示,还有彩色显示,其应用越来越广泛,已经渗透到人们的日常生活中。

任务6.1　8×8 LED点阵显示

任务描述: 利用单片机控制8×8 LED点阵循环显示数字0～9。

6.1.1　LED大屏幕显示器的结构和原理

LED点阵结构和工作原理

LED点阵显示器是把很多LED发光二极管按矩阵方式排列在一起,通过对每个 LED 进行发光控制，完成各种字符或图形的显示。最常见的 LED 点阵显示模块有 5×7(5 列 7 行)，7×9(7 列 9 行)，8×8(8 列 8 行)结构。

LED 点阵由一个一个的点(LED 发光二极管)组成，总点数为行数与列数之积，引脚数为行数与列数之和。

将一块 8×8 的 LED 点阵剖开，其内部等效电路如图 6-1-1 所示。它由 8 行 8 列 LED 构成，对外共有 16 个引脚，其中 8 根行线(Y0～Y7)用数字 0～7 表示，8 根列线(X0～X7)用字母 A～H 表示。

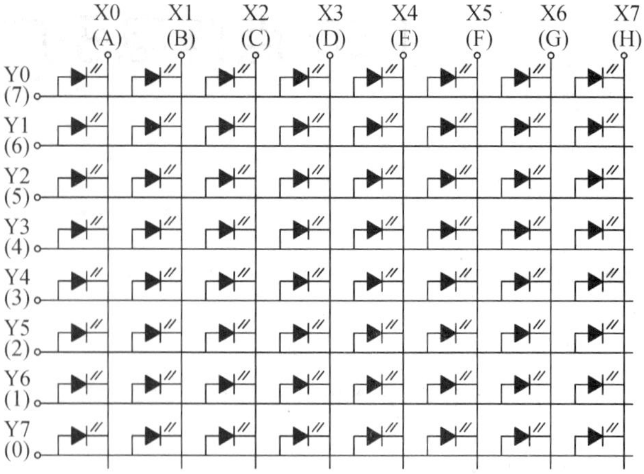

图 6-1-1　LED 点阵等效电路

从图 6-1-1 可以看出，点跨接在某行某列的 LED 发光二极管的发光的条件是：对应的行数处高电平，对应的列输出低电平。例如，当 Y7＝1，X7＝0 时，对应的右下角的 LED 发光。如果在很短的时间内一次点亮多个发光二极管，就可以看到多个二极管稳定点亮，即看到要显示的数字、字母或者其他图形符号，这就是动态显示原理。

下面介绍如何用 LED 大屏幕稳定显示一个字符。

假设需要显示“大”字，则 8×8 点阵需要点亮的位置如图 6-1-2 所示。

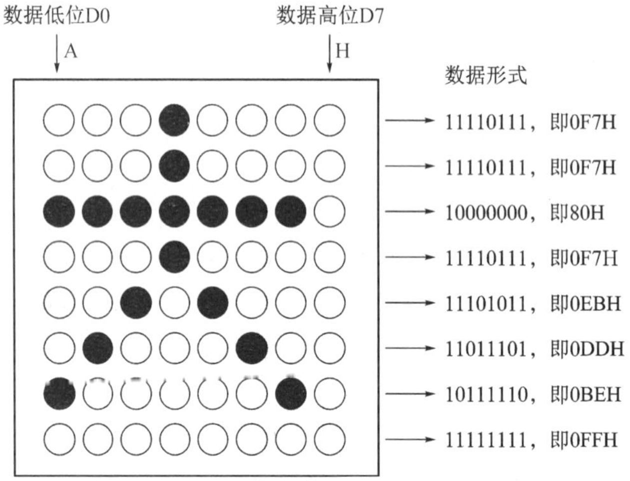

LED 点阵显示大字的工作过程

图 6-1-2　“大”字显示字型码

显示“大”字的过程如下：先给第 1 行送高电平(行高电平有效)，同时给 8 列送 11110111(列低电平有效)，然后给第 2 行送高电平，同时给 8 列送 11110111，……，最后给第 8 行送高电平，同时给 8 列送 11111111。每行点亮延时时间为 1 ms，第 8 行结束再从第1行开始循环显示。利用视觉驻留现象,人们看到的就是一个稳定的“大”字。

6.1.2 LED大屏幕显示器接口

用单片机控制一个8×8 LED点阵需要使用两个并行端口,一个端口控制行线,另一个端口控制列线。

显示过程以行扫描方式进行,扫描显示过程是每次显示一行8个LED,显示时间为行周期,8行扫描显示完成后开始新一轮扫描,这段时间称为场周期。行与行之间延时1~2 ms。延时时间受50 Hz闪烁频率的限制,不能太大,应保证扫描所有8行(即一帧数据)的时间之和在20 ms以内。

6.1.3 任务实施

1. 硬件电路

用单片机控制一块8×8 LED点阵式电子广告牌的硬件电路如图6-1-3所示。每一块8×8 LED点阵式电子广告牌有8行8列共16个引脚,采用单片机的P1口控制8条行线,P0口控制8条列线。

任务实施

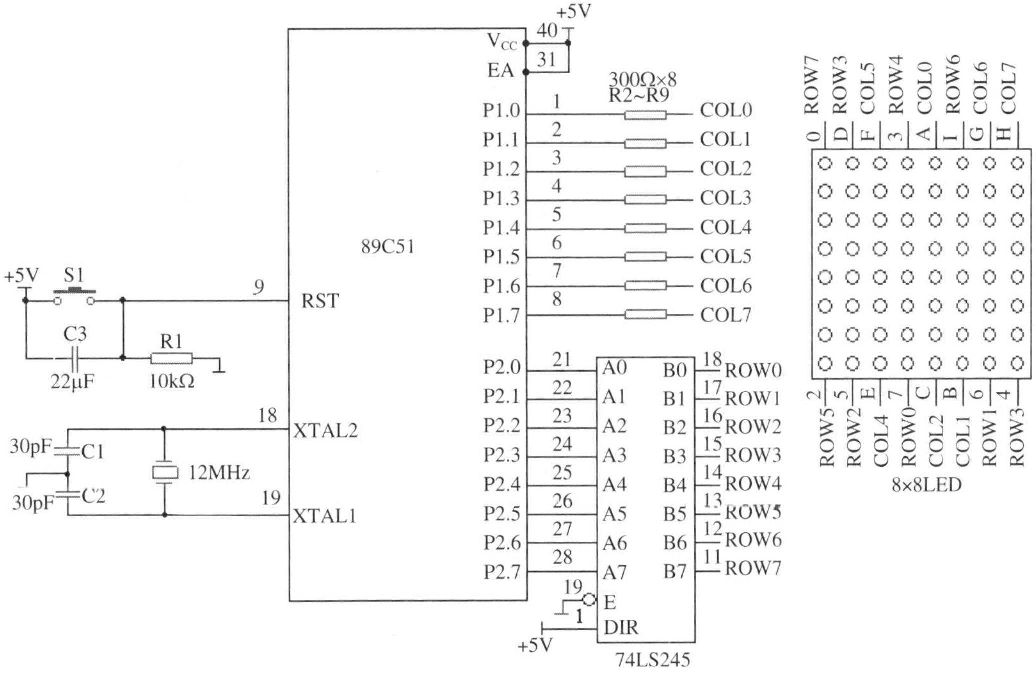

图6-1-3 8×8 LED点阵式电子广告牌电路

2. 程序设计

在8×8 LED点阵上稳定显示一个字符的程序设计思路如下:首先选中第1行,然后将该行要点亮状态所对应的字型码送到列控制端口,延时约1 ms后,选中下一行,再传送该行对应的字型码，直至 8 行均显示一遍。时间约 8 ms，即完成一遍扫描显示。然后再从第 1 行重新扫描显示，利用视觉驻留现象，人们看到的是一个稳定的字符。多个字符的显示则在一个字符显示程序的基础上再外嵌入一个循环即可。软件流程如图 6-1-4 所示。

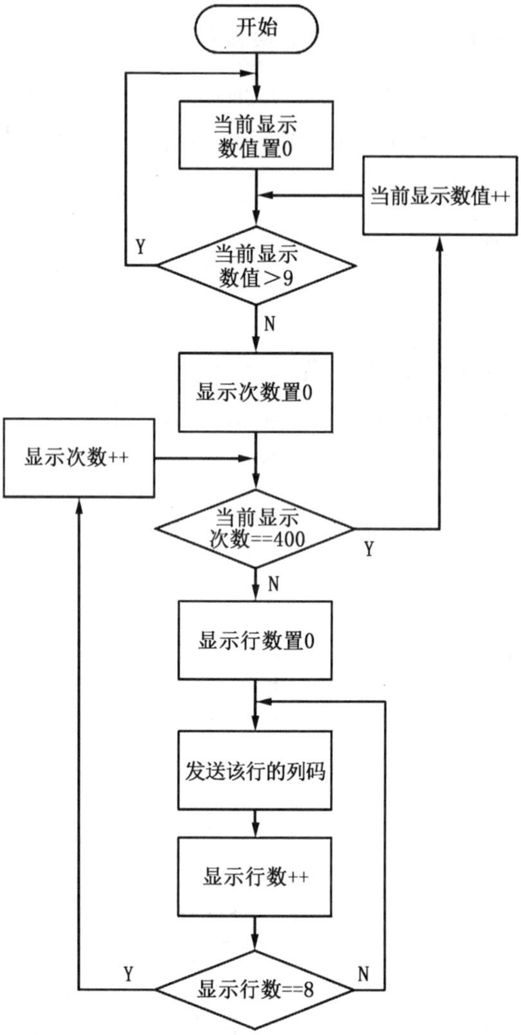

图 6-1-4　8×8 LED 点阵显示程序流程

在 8×8 LED 点阵式电子广告牌上循环显示数字 0～9 的程序如下：

```
#include  "reg51.H"
void delay();                 //延时约 1 ms 函数声明
void main()
{
  unsigned char code led[]={0x18,0x24,0x24,0x24,0x24,0x24,0x24,0x18,  //0
```

```
0x00,0x18,0x1c,0x18,0x18,0x18,0x18,0x18,     //1
0x00,0x1e,0x30,0x30,0x1c,0x06,0x06,0x3e,     //2
0x00,0x1e,0x30,0x30,0x1c,0x30,0x30,0x1e,     //3
0x00,0x30,0x38,0x34,0x32,0x3e,0x30,0x30,     //4
0x00,0x1e,0x02,0x1e,0x30,0x30,0x30,0x1e,     //5
0x00,0x1c,0x06,0x1e,0x36,0x36,0x36,0x1c,     //6
0x00,0x3f,0x30,0x18,0x18,0x0c,0x0c,0x0c,     //7
0x00,0x1c,0x36,0x36,0x1c,0x36,0x36,0x1c,     //8
0x00,0x1c,0x36,0x36,0x36,0x3c,0x30,0x1c};    //9

 unsigned char w;
 unsigned int i,j,k,m;
 while(1) {
  for(k=0;k<10;k++)            //字符个数控制变量
  {
     for(m=0;m<400;m++)    //每个字符扫描显示 400 次,控制每个字符显示时间
     {
       w=0x01;                 //行变量 w 指向第 1 行
       j=k*8;                  //指向数组 led 的第 k 个字符第一个显示码下标
       for(i=0;i<8;i++)
       {
         P1=w;                 //行数据送 P1 口
         P0=led[j];            //列数据送 P0 口
         delay();
         w<<=1;                //行变量左移指向下一行
         j++;                  //指向数组中下一个显示码
       }
     }
   }
 }
}
void delay()   //采用软件实现延时约 1 ms
{
 unsigned char  i;
 for(i=0;i<125;i++);
}
```

采用二维数组实现的 8×8 LED 点阵式电子广告牌控制程序如下：

```
#include  "reg51.h"
void delay1ms();       //延时约 1 ms 函数声明
void main()            //主函数
{
  unsigned char code led[][]={{0x18,0x24,0x24,0x24,0x24,0x24,0x24,0x18},  //0
  {0x00,0x18,0x1c,0x18,0x18,0x18,0x18,0x18},  //1
  {0x00,0x1e,0x30,0x30,0x1c,0x06,0x06,0x3e},  //2
  {0x00,0x1e,0x30,0x30,0x1c,0x30,0x30,0x1e},  //3
  {0x00,0x30,0x38,0x34,0x32,0x3e,0x30,0x30},  //4
  {0x00,0x1e,0x02,0x1e,0x30,0x30,0x30,0x1e},  //5
  {0x00,0x1c,0x06,0x1e,0x36,0x36,0x36,0x1c},  //6
  {0x00,0x3f,0x30,0x18,0x18,0x0c,0x0c,0x0c},  //7
  {0x00,0x1c,0x36,0x36,0x1c,0x36,0x36,0x1c},  //8
  {0x00,0x1c,0x36,0x36,0x36,0x3c,0x30,0x1c}}; //9

  unsigned char w;
  unsigned int i,j,k,m;
  while(1) {
    for(k=0;k<10;k++)           //第 1 维下标取值范围 0～9
    {
      for(m=0;m<400;m++)
      {
        w=0x01;
        for(j=0;j<8;j++)        //第 2 维下标取值范围 0～7
        {
          P1=w;
          P0=led[k][j];         //将指定数组元素赋值给 P0 口
          delay1ms();
          w<<=1;
        }
      }
    }
  }
}
void delay1ms()                 //采用软件实现延时约 1 ms
{
  unsigned char  i;
  for(i=0;i<0x10;i++);
}
```

3. 采用 74HC595 模块实现广告牌控制

从上述硬件电路可以看出，为完成 8×8 LED 点阵显示，在单片机硬件资源上占用两组 P 口(共 8 个引脚)。而在工程实践上，为节约单片机硬件资源，一般采用 I/O 口与串转并译码器共同完成硬件连接。基于此设计理念，将 P3 口的 P3.4、P3.5、P3.6 三个 I/O 口与 74HC595 模块的输入连接，然后在将 74HC595 模块输出的 8 个引脚与 8×8LED 点阵的原列线连接。其硬件原理如图 6-1-5 所示。

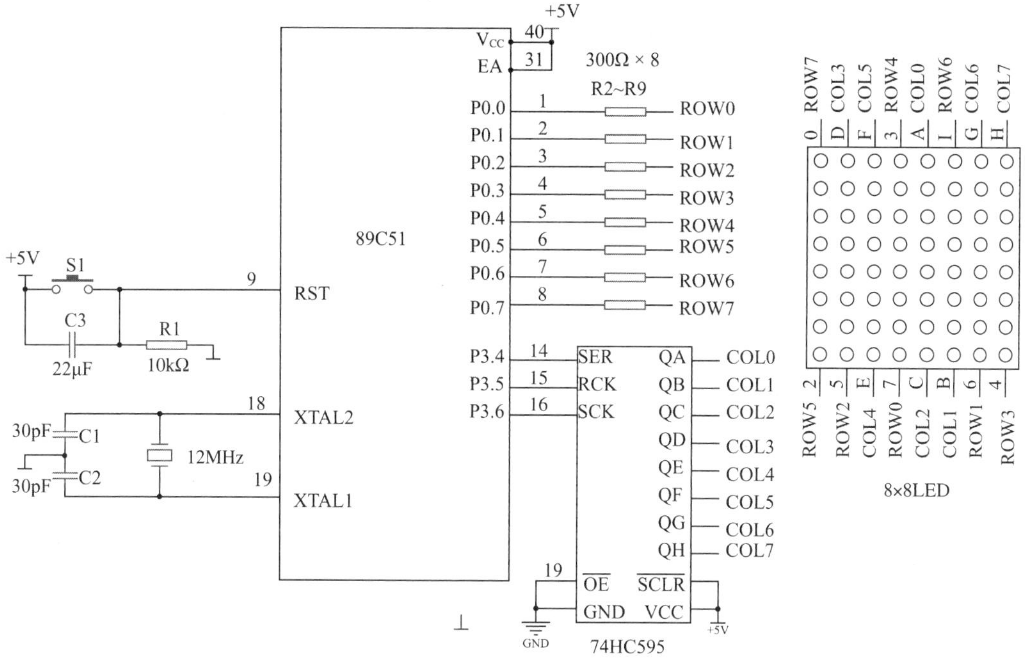

图 6-1-5　8×8 LED 点阵串转并电路

(1) 74HC595 模块功能

74HC595 是一个 8 位串行输入、并行输出的位移缓存器，芯片引脚如图 6-1-6 所示。

芯片引脚说明见表 6-1-1。

74HC595 串转并工作原理：SER 为串行输入引脚，当 SCLR 为高电平，在 SCK 移位寄存器时钟信号的控制下，SCK 每一个上升延时，串行数据由 SER 输入到芯片内部 8 位移位缓存器；在 RCK 上升延时，将 8 位位移缓存器的数据存入 8 位并行输出缓存器；当 OE 输出控制信号引脚为低电平时，将输出缓存器数据输出到并行输出口(QA～QH)。

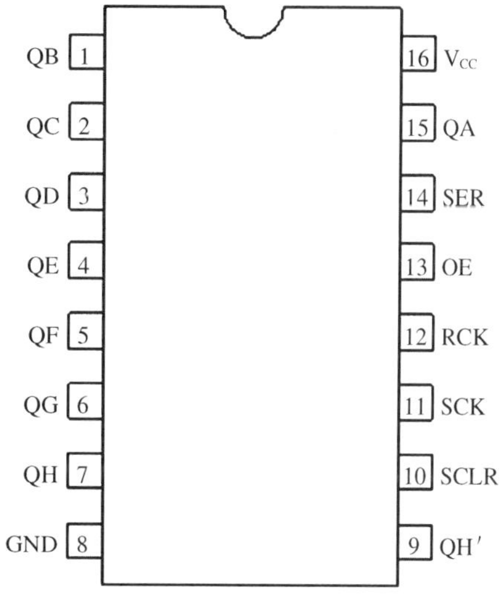

图 6-1-6　74HC595 芯片引脚

表 6-1-1　74HC595 引脚说明

引脚序号	引脚名称	引脚功能
1～7、15	QA～QH	并行数据输出口
8	GND	接地端
9	QH'	串行数据输出口
10	SCLR	低电平复位引脚
11	SCK	移位寄存器时钟输入
12	RCK	存储寄存器时钟输入
13	OE	输出有效
14	SER	串行数据输入
16	V_{CC}	正向电源接口

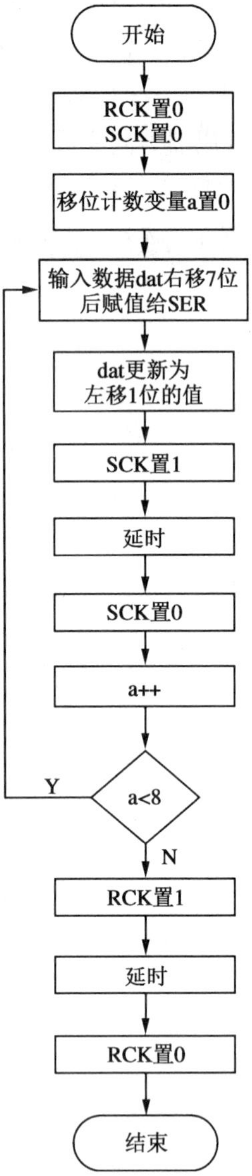

图 6-1-7　Hc595SendByte 函数流程

基于以上工作原理，将 74HC595 的 SER 引脚接单片机的 P3.4 口用于接收单片机发送过来的串行数据；SCK 接单片机 P3.5 口用作移位寄存器时钟信号；RCK 接单片机 P3.6 口用作存储寄存器时钟信号；OE 接地（低电平）；SCLR 接 5V 电源（高电平）。QA～QH 接 8×8LED 点阵的列线。硬件连接如图 6-1-5 所示。

（2）程序设计

主函数流程如图 6-1-4 所示。Hc595SendByte 函数流程如图 6-1-7 所示。

对应的程序代码参考如下：

```
#include "reg51.h"   //此文件中定义了单片机的一些特殊功能寄存器
#include<intrins.h>

sbit SCK=P3^6;
sbit RCK=P3^5;
sbit SER=P3^4;

/*******************************************************************************
* 函 数 名  : delay
* 函数功能  : 延时函数，i=1 时，大约延时 10 μs
*******************************************************************************/
void delay(unsigned int i)
{
```

```
    while(i--);
}

/**********************************************************************
* 函数名     :Hc595SendByte(u8 dat)
* 函数功能   :向74HC595发送一个字节的数据
* 输入       :无
* 输出       :无
**********************************************************************/
void Hc595SendByte(unsigned char dat)
{
   unsigned char a;
   SCK=0;
   RCK=0;
   for(a=0;a<8;a++)
   {
          SER=dat>>7;
          dat<<=1;

          SCK=1;
          _nop_();
          _nop_();
          SCK=0;
   }

   RCK=1;
   _nop_();
   _nop_();
   RCK=0;
}

void main()
{
   unsigned char w;
   unsigned int i,j,k,m;

   unsigned char code led[]={
     0x00,0x7E,0x81,0x81,0x81,0x81,0x7E,0x00,  //0
```

```
    0x00,0x00,0x00,0x21,0x7f,0x01,0x00,0x00,    //1
    0x00,0x47,0x89,0x89,0x89,0x71,0x00,0x00,    //2
    0x00,0x42,0x91,0x91,0x91,0x91,0x6F,0x00,    //3
    0x00,0x18,0x28,0x48,0x88,0xFF,0x08,0x00,    //4
    0x00,0x71,0x91,0x91,0x91,0x91,0x0E,0x00,    //5
    0x00,0x3C,0x52,0xA1,0xA1,0x12,0x0C,0x00,    //6
    0x00,0x40,0x80,0x80,0x83,0xBC,0xC0,0x00,    //7
    0x00,0x6E,0x91,0x91,0x91,0x91,0x6E,0x00,    //8
    0x00,0x00,0x70,0x89,0x89,0x8A,0x7C,0x00     //9
  };

  while(1)
  {
    for(k=0;k<10;k++)             //字符个数控制变量
    {
      for(m=0;m<30;m++)
      {
        w=0x7f;                   //行变量 w 指向第 1 行
        j=k*8;                    //指向数组 led 的第 k 个字符第一个显示码下标
        for(i=0;i<8;i++)
        {
          P0=w;                   //行数据送 P1 口
          Hc595SendByte(led[j]);  //列数据送 P0 口
          delay(250);
          Hc595SendByte(0x00);    //消隐
          w=_cror_(w,1);          //行变量右移指向下一行
          j++;                    //指向数组中下一个显示码
        }
      }
    }
  }
}
```

任务 6.2　16×16 LED 点阵显示

任务描述：利用单片机控制一块 16×16 点阵式电子广告牌，将一些特定的文字或图形以特定的方式显示出来。要求轮流显示“生日快乐”四个汉字。

6.2.1　使用 PCtoLCD2002 获取汉字字模

PCtoLCD2002
软件使用

单片机控制 LED 点阵进行字符显示是通过行扫描方式将每一行的控制码依次发送到 LED 点阵。而控制码是基于字符的形状事先人为编写的，为快速得到字符的控制码，可使用专门的点阵字符控制码生成工具。

PCtoLCD2002 是较为常用的 LED 字符控制码生成工具，其主要功能如下：

(1) 生成中英文数字混合的字符串的字模数据。

(2) 可选择字体，大小，并且可独立调整文字的长和宽，生成任意形状的字符。

(3) 各种旋转、翻转文字功能。

(4) 任意调整输出点阵大小，并任意调整字符在点阵中的位置。

(5) 支持四种取模方式：逐行(横向逐行取点)，逐列(纵向逐列取点)，行列(先横向取第 1 行的 8 个点作为第 1 个字节，然后纵向取第 2 行的 8 个点作为第 2 个字节……)，列行(先纵向取第 1 列的前 8 个点作为第 1 个字节，然后横向取第 2 列的前 8 个点作为第 2 个字节……)。

(6) 支持阴码(亮点为 1)，阳码(亮点为 0)取模。

(7) 支持纵向(第 1 位为低位)、倒向(第 1 位为高位)取模。

下面以同样显示图 6-1-2"大"字为例，介绍利用 PCtoLCD2002 获取汉字字模的操作步骤。

(1) 打开软件。双击 PCtoLCD2002 软件图标，显示主界面如图 6-2-1 所示。

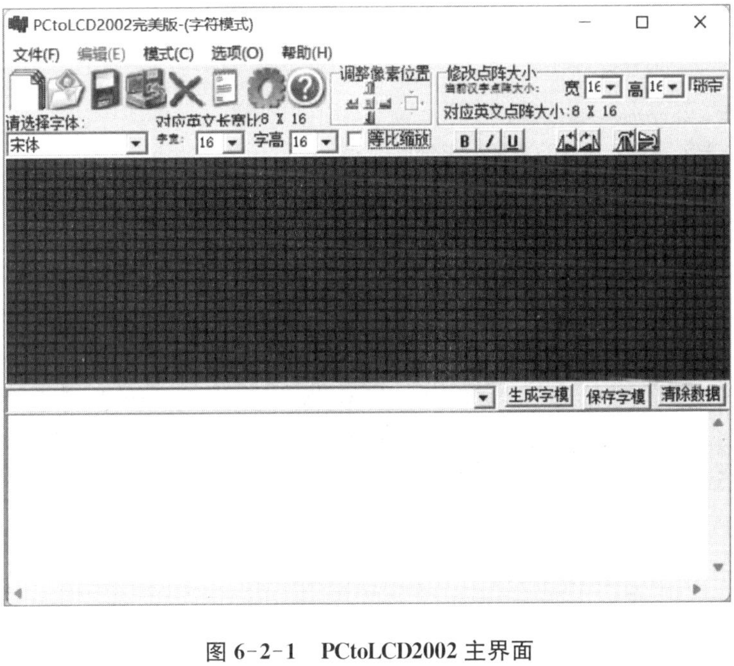

图 6-2-1　PCtoLCD2002 主界面

(2) 设置工作模式。软件有两种工作模式：字符模式和图形模式。点击模式选项卡，在下拉菜单中可以切换工作模式，当前工作模式在软件标题内容尾部括号中，如图 6-2-2

所示。此处,利用 PCtoLCD2002 显示汉字,选择字符模式。

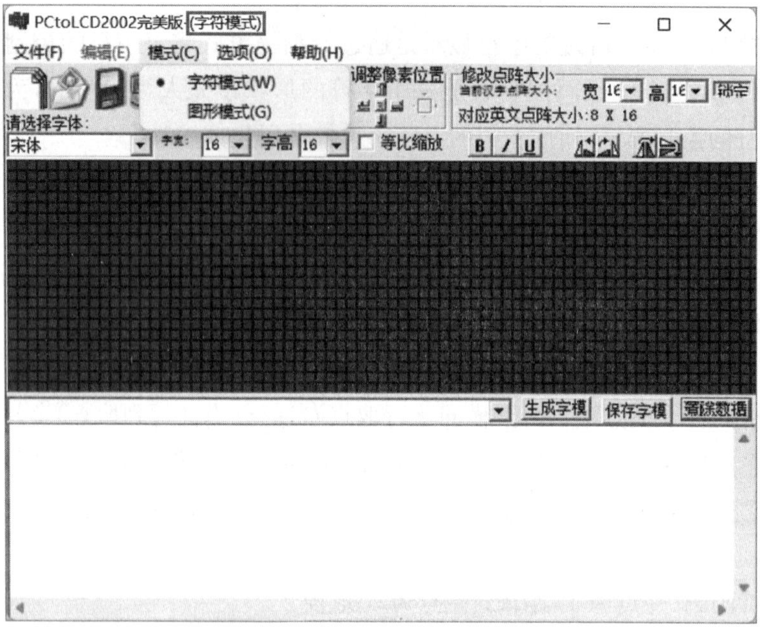

图 6-2-2　PCtoLCD2002 工作模式

(3) 设置显示属性。依照图 6-1-2 显示效果,点阵大小为 8×8 像素,故在主界面修改点阵大小区域里的宽和高都选“8”;字宽和字高也都选“8”;字体选“等线”;在输入框中输入汉字“大”后,在中间显示区域出现当前设置属性的“大”字,如图 6-2-3 所示。

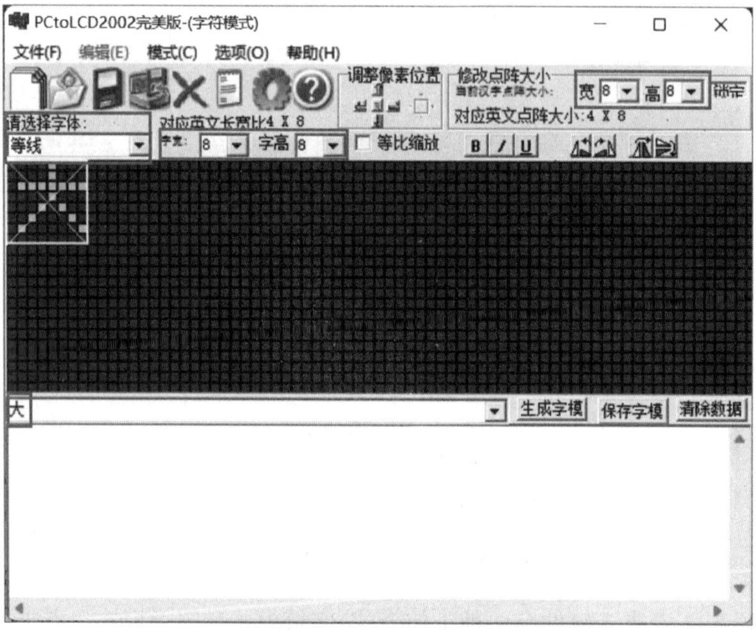

图 6-2-3　PCtoLCD2002 设置显示属性

（4）点阵图案显示调节。观察图 6-2-3 中显示的“大”字点阵与图 6-1-2 发现，图 6-2-3 中生成的“大”字整体向右偏移了一个像素点，为保证图 6-2-3 中“大”字与图 6-1-2 一致，将图 6-2-3 中“大”整体向左移动一个像素点。有两个方法：一是点击调整像素位置区域里的左箭头；二是点击“文字水平翻转”按钮。这两种操作都可以让生成的“大”字与图 6-1-2 保持一致，如图 6-2-4 所示。

图 6-2-4　PCtoLCD2002 点阵图案显示调节

（5）设置字模生成选项。点击“选项”按钮，出现“字模选项”对话框。为保证最终在实物上的显示效果与图 6-1-2 一致，点阵格式选择“阳码”；取模方式选择“逐行式”；取模走向选择“逆向（低位在前）”；输出数制选择“十六进制数”；自定义格式选择“C51 格式”，其他选项保持不变，最后点击“确定”按钮，如图 6-2-5 所示。

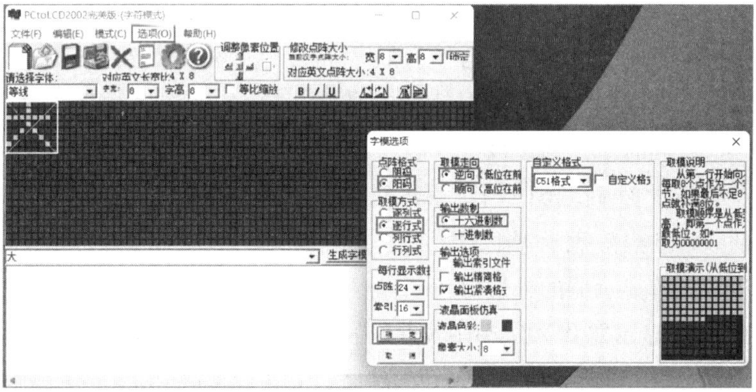

图 6-2-5　PCtoLCD2002 设置字模生成选项

(6) 生成字模。点击输入框右边的“生成字模”按钮，则在下方的输出框中显示生成的字模。如图 6-2-6 所示，其生成的字模码为{0xF7,0xF7,0x80,0xF7,0xEB,0xDD,0xBE,0xFF}。观察生成的字模码可以发现其与图 6-2-1 中基于点亮点阵内部发光二极管显示“大”字图案得到的字模码一致。

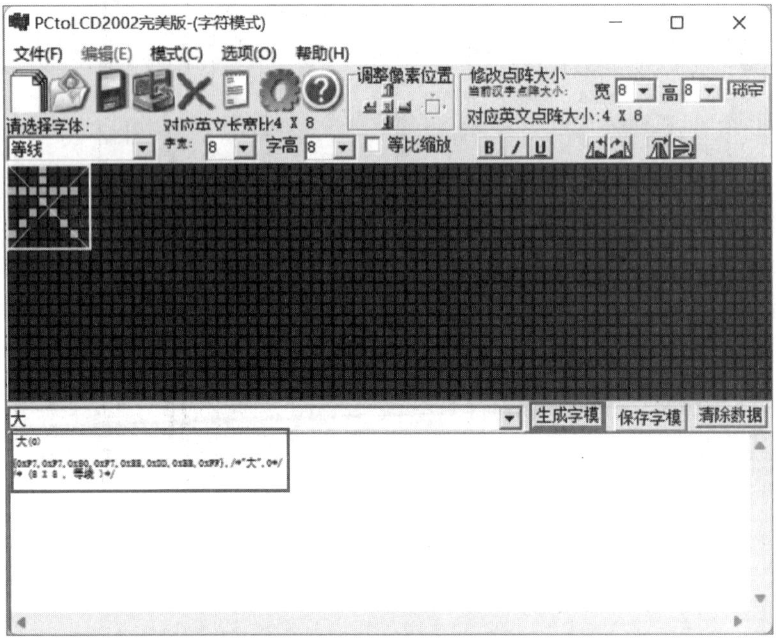

图 6-2-6　PCtoLCD2002 生成字模

6.2.2　8×16 字符点阵显示

与 8×8 点阵显示器相似，8×16 点阵显示器同样是把很多 LED 发光二极管按矩阵方式排列在一起，不过其具体摆放方式是 16 行 16 列，但显示的字符只占点阵区域的一半，一般使用左半边。

基于 16×16 点阵内部等效电路可知，其显示图案原理与 8×8 点阵一致：先给第 1 行送高电平其余行保持低电平（行高电平有效），同时给 8 列送该行字模码（列低电平有效），然后给第 2 行送高电平其余行保持低电平，同时给 8 列送该行字模码，……最后给第 16 行送高电平，同时给 8 列送该行字模码。每行的字模码可以用 PCtoLCD2002 软件生成。每行点亮延时 1 ms，第 16 行结束再从第 1 行开始循环显示。利用视觉驻留现象，就可以看到的 8×16 点阵显示器上的图案。

鉴于 8×16 点阵显示器的外形尺寸，其显示内容主要是英文字母和数字。在单片机控制上，8×16 点阵显示器共 24 个引脚（点阵的 16 个行引脚，8 个左列引脚，对于低电平点亮，另外 8 个右列引脚直接接+5 V），故需要 3 组并行 P 口进行控制。其中 1 组 P 口用于送出列字模码，剩下两组 P 口用于 16 行的选通。

设 8×16 点阵显示器每列低电平点亮，且 8 列与单片机 P 口连接是低位在前顺序连接。则利用 PCtoLCD2002 软件生成数字“1”，如图 6-2-7 所示，其字模码为{0xFF，0xFF，0xFF，0xEF，0xE3，0xEF，0xEF，0xEF，0xEF，0xEF，0xEF，0xEF，0xEF，0x83，0xFF，0xFF}；生成字母“A”，如图 6-2-8 所示，其字模码为{0xFF，0xFF，0xFF，0xF7，0xF7，0xF7，0xEB，0xEB，0xDB，0xC3，0xDD，0xBD，0xBD，0x18，0xFF，0xFF}。

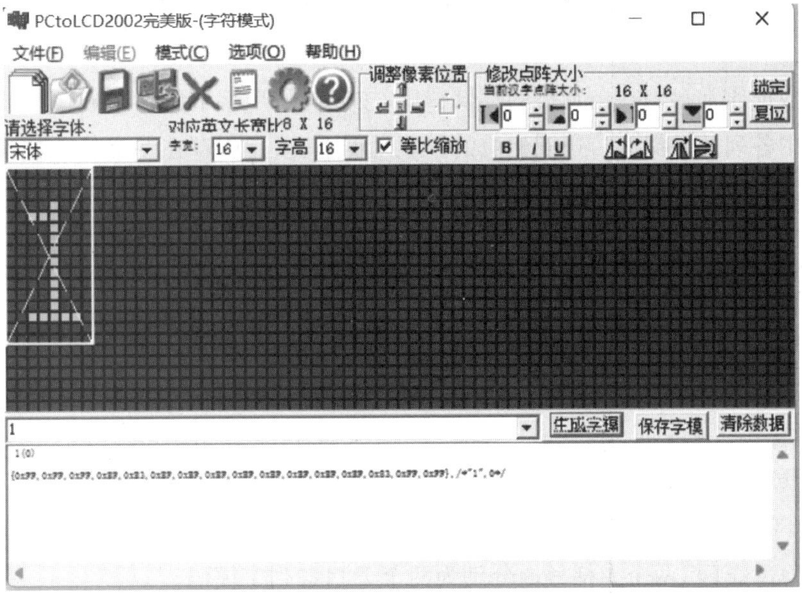

图 6-2-7　PCtoLCD2002 数字“1”字模码

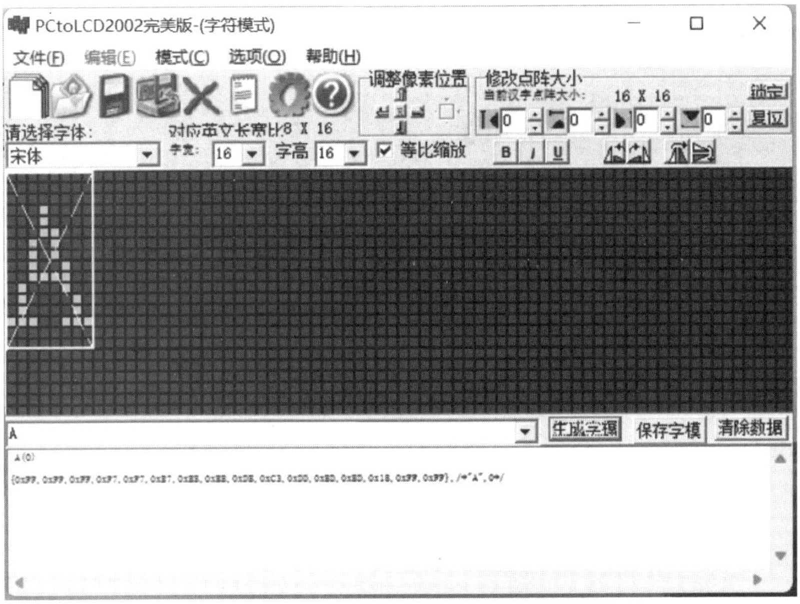

图 6-2-8　PCtoLCD2002 字母“A”字模码

6.2.3 16×16 汉字点阵显示

对 16×16 的点阵来说，先送出对应第 1 行发光二极管亮灭的数据并锁存，接着选通第 1 行使其燃亮一定的时间，然后熄灭；再送出第 2 行的数据并锁存，接着选通第 2 行使其燃亮相同的时间，然后熄灭；……；第 16 行之后，又重新燃亮第 1 行。当这样轮回的速度足够快（每秒 24 次以上），由于人眼的视觉暂留现象，就能看到显示屏上稳定的图形了。

显示数据通常存储在单片机的存储器中，按 8 位一个字节的形式顺序排放。显示时要把一行中各列的数据都传送到相应的列驱动器上去，这就存在一个显示数据传输的问题，一般选用单片机两组 P 口进行数据传输。在 16 个行选通控制上，一般采用单片机一个 P 口的 4 位结合 4 转 16 译码器方式，将译码器的 4 位输入接在单片机上，16 位输出接在 16×16 点阵行控制引脚上。

16×16 的点阵像素较高且显示区域为正方形，可使用其显示汉字。设点阵显示器每列低电平点亮，且 16 列与单片机两组 P 口连接都是低位在前顺序连接。利用 PCtoLCD2002 软件生成汉字“王”，如图 6-2-9 所示，其字模码为{0xFF,0x03,0xFF,0xFF,0xFF,0xFF,0xFF,0x07,0xFF,0xFF,0xFF,0xFF,0xFF,0xFF,0x01,0xFF},{0xFF,0x80,0xFE,0xFE,0xFE,0xFE,0xFE,0xC0,0xFE,0xFE,0xFE,0xFE,0xFE,0xFE,0x00,0xFF}，两个大括号内分别为两个 P 口各列字模码。

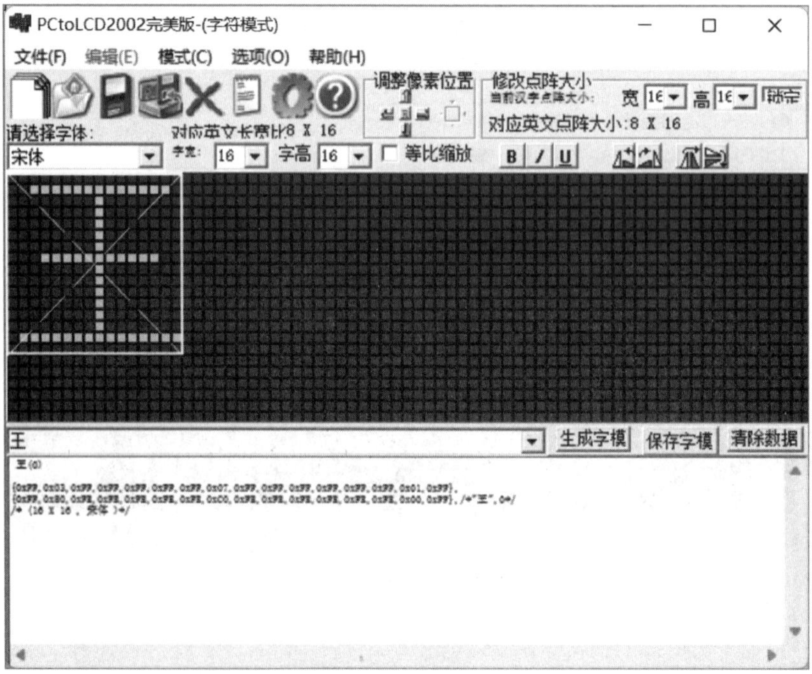

图 6-2-9 PCtoLCD2002 汉字“王”字模码

6.2.4　任务实施

1. 硬件电路

用单片机 P0、P2 控制列线，一条行线上要带动 16 列的 LED 进行显示，按每一 LED 器件 20 mA 电流计算，16 个 LED 同时发光时，需要 320 mA 电流，选用电流大于 350 mA NPN 型三极管作为驱动管可满足要求。P1 口低 4 位输出的行号经 4/16 线译码器 74LSl54 译码后生成 16 条行选通信号线，再经过驱动器驱动对应的行线。电路如图 6-2-10 所示。

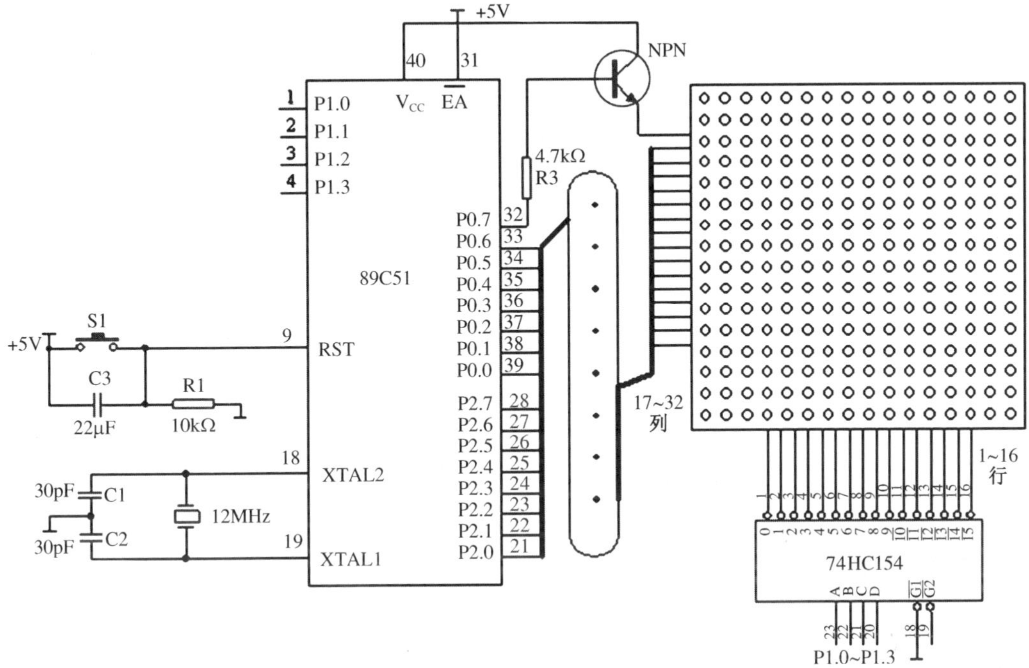

图 6-2-10　单片机控制 16×16 点阵显示电路

2. 程序设计

软件流程如图 6-2-11 所示。

```
#include  "reg51.h"
unsigned char code led[4][32]={
{0x00,0x00,0x7F,0xFE,0x00,0x84,0x00,0x80,
0x00,0x80,0x00,0x80,0x00,0x80,0x9F,0xFC,
0x40,0x88,0x20,0x80,0x20,0x80,0x1F,0xFC,
0x10,0x88,0x10,0x80,0x10,0xC0,0x00,0x80,}, //生
{0x00,0x00,0x00,0x00,0x10,0x10,0x1F,0xF0,
0x10,0x10,0x10,0x10,0x10,0x10,0x10,0x10,
```

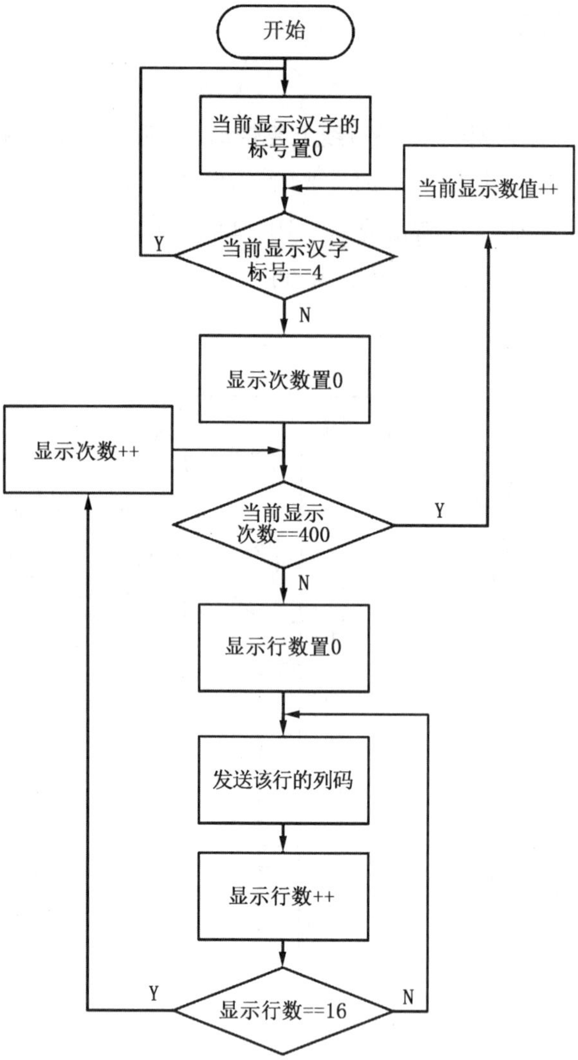

图 6-2-11　16×16 点阵显示软件流程

```
0x1F,0xF0,0x10,0x10,0x10,0x10,0x10,0x10,
0x10,0x10,0x10,0x10,0x00,0x00,0x1F,0xF0,},  //日
{0x28,0x04,0x24,0x0E,0x22,0x18,0x22,0x10,
0x21,0x20,0x21,0x40,0x21,0x40,0x20,0x80,
0xA0,0x88,0x2F,0xFE,0xA8,0x88,0xA8,0x88,
0x20,0x80,0x37,0xF8,0x20,0x80,0x20,0x80},   //快
{0x00,0x00,0x01,0x00,0x42,0x84,0x24,0x86,
0x30,0x8C,0x18,0x88,0x0C,0x90,0x08,0x80,
0x3F,0xFC,0x10,0x80,0x10,0x80,0x10,0x80,
0x1F,0x00,0x10,0x80,0x00,0x30,0x01,0xF8}   // 乐
};
```

```
void delay1ms();
void main()
{
  unsigned char i,j,k;
  unsigned int m;
  while(1) {
    for(k=0;k<4;k++)
    {
      delay1ms();
      for(m=0;m<400;m++)             //每个字符扫描 400 次
      {
        for(i=0;i<16;i++)
        {
          P1=i;                      // 行数据送 P1 口
          j=2 * i;
          P0=led[k][j];              //列数据送 P0、P2 口
          P2=led[k][j+1];
          delay1ms();
        }
      }
    }
  }
}
void delay1ms()   //延时 1 ms
{
  unsigned char  i;
  for(i=0;i<125;i++);
}
```

习题 6

一、选择题

1. LED 点阵屏由(　　)组成。

A. 三极管　　B. 电阻　　C. 二极管　　D. 芯片

2. 8×8 LED 点阵模块共有(　　)个引脚。

A. 4　　B. 8　　C. 16　　D. 36

3. 8×16 LED 点阵模块总像素点数为(　　)个。

A. 8　　B. 16　　C. 32　　D. 128

4. 在 8×8 LED 点阵模块内部结构中，每一行的二极管的正极连在同一根行线上，若外部 8 条行线从第 1 条开始依次与 P0 口 0～7 个连接，则选通 3 行时，P0 口输出为(　　)。

A. 0x8f　　B. 0x04　　C. 0x02　　D. 0x88

5. 点阵模块内部结构中，若每一行的二极管的正极连在同一根行线上，每一列的二极管的负极连在同一根列线上，当让其中某一行接高电平，则该行的列线为(　　)电平时，列线所在的点被点亮。

A. 高　　B. 低　　C. 任意　　D. 无法判断

二、判断题

1. LED 点阵由一个一个的点(LED 发光二极管)组成，总点数为行数与列数之积，引脚数为行数与列数之和。(　　)
2. LED 点阵屏由三极管组成。(　　)
3. LED 点阵屏能显示一个图案，说明每行 LED 灯是同时点亮的。(　　)
4. LED 点阵行选通是利用了二极管的单向导电性原理。(　　)
5. 对于 16×16 LED 点阵显示，为节约单片机 I/O 口资源，可用利用单片机与串转并模块共同完成硬件连接。(　　)

三、综合题

1. 怎样实现利用串行口扩展并行输入/输出口？
2. 请简述 8×8 LED 点阵模块内部结构以及工作原理。
3. 编写程序实现数字 0 在 8×8 LED 点阵显示屏上横向滚动显示。
4. 编写程序实现数字 0～9 在 8×16 LED 点阵依次循环显示。

项目七

简易电压表

知识目标

- 了解 STC12C5A60S2 单片机引脚功能。
- 了解 A/D 转换原理。
- 掌握 STC12C5A60S2 单片机内部 AD 工作原理。

技能目标

- 掌握 STC12C5A60S2 单片机程序调试技巧。
- 掌握 STC12C5A60S2 单片机内部 AD 的应用。

思政目标

- 牢记使命,敢于担当,创新发展。
- 吃苦耐劳,脚踏实地,聚沙成塔。

课程思政点

- 从单片机的更新换代,型号从 89C51 到 STC12C5A60S2,引导学生要有创新意识。
- 通过 AD 转换的学习,引导学生在学习和生活中不惧挫折,稳扎稳打,从而提高工作效率。

STC12 系列新型的 Flash 单片机与传统的 8051 指令兼容,在片内资源、操作性能和运行速度方面作了很大的改进,尤其是 STC12C5A60S2 单片机具有内置的 AD 转换和 PWM 功能,且采用新型的 Flash 作为片内存储器,应用 ISP 和 IAP 技术,使单片机系统的开发过程变得简单。

任务 7.1　广告灯控制

任务描述: 用 STC12C5A60S2 单片机实现广告灯控制,控制 8 个并排发光二极管 VD1～VD8,低电平点亮。发光二极管点亮的规律从 VD1 至 VD8 依次轮流点亮,然后再从 VD8 至 VD1 依次轮流点亮,依次这样重复循环,各个灯亮的时间为 1 s。

7.1.1 STC12C5A60S2 单片机性能特点

STC12C5A60S2 单片机引脚排列如图 7-1-1 所示。CCP 是 Capture(捕获), Compare(比较),PWM(脉宽调制)的英文缩写。

STC12C5A60S2/AD/PWM 系列单片机是一款单时钟/ 机器周期(1T)的单片机,是高速/低功耗/超强抗干扰的新一代 8051 单片机,指令代码完全兼容传统 8051,但速度快 8~12 倍。内部集成 MAX810 专用复位电路,2 路 PWM,8 路高速 10 位 A/D 转换(250 k/s),针对电机控制,强干扰场合。

(1) 增强型 8051 CPU,1T,单时钟/机器周期,指令代码完全兼容传统 8051。

(2) 工作电压:

STC12C5A60S2 系列工作电压:3.3~5.5 V(5 V 单片机)。

STC12LE5A60S2 系列工作电压:2.2~3.6 V(3 V 单片机)。

(3) 工作频率范围:0~35 MHz,相当于普通 8051 的 0~420 MHz。

(4) 用户应用程序空间 8 k/16 k/20 k/32 k/40 k/48 k/52 k/60 k/62 k 字节。

(5) 片上集成 1280 字节 RAM。

(6) 通用 I/O 口(36/40/44 个),复位后为:准双向口/弱上拉(普通 8051 传统 I/O 口)。可设置成四种模式:准双向口/弱上拉,推挽/强上拉,仅为输入/高阻,开漏每个 I/O 口驱动能力均可达到 20 mA,但整个芯片最大不要超过 120 mA。

(7) SP(在系统可编程)/IAP(在应用可编程),不需要专用编程器和专用仿真器。可通过串口(P3.0/P3.1)直接下载用户程序,数秒即可完成一片。

(8) 有 EEPROM 功能(STC12C5A62S2/AD/PWM 无内部 EEPROM)。

(9) 片内硬件“看门狗”。

(10) 内部集成 MAX810 专用复位电路(外部晶体 12M 以下时,复位脚可直接 1 kΩ 电阻到地)。

(11) 外部掉电检测电路:在 P4.6 口有一个低压门槛比较器。5 V 单片机为 1.32 V,误差为+/-5%;3.3 V 单片机为 1.30 V,误差为+/-3%。

(12) 时钟源:外部晶体/时钟,内部 R/C 振荡器(温漂为+/-5%到+/-10%以内)。用户在下载用户程序时,可选择使用内部 R/C 振荡器还是外部晶体/时钟。常温下内部 R/C 振荡器频率:5.0 V 单片机为 11~15.5 MHz;3.3 V 单片机为 8~12 MHz。精度要求不高时,可选择使用内部时钟,但因为有制造误差和温漂,以实际测试为准。

(13) 共 4 个 16 位定时器:两个与传统 8051 兼容的定时器/计数器,16 位定时器 T0 和 T1,没有定时器 2,但有独立波特率发生器作串行通信的波特率发生器,再加上 2 路 PCA 模块可再实现 2 个 16 位定时器。

(14) 2 个时钟输出口,可由 T0 的溢出在 P3.4/T0 输出时钟,可由 T1 的溢出在 P3.5/T1 输出时钟。

（15）外部中断 I/O 口 7 路，传统的下降沿中断或低电平触发中断，并新增支持上升沿中断的 PCA 模块，Power Down 模式可由外部中断唤醒，INT0/P3.2，INT1/P3.3，T0/P3.4，T1/P3.5，RxD/P3.0，CCP0/P1.3（可通过寄存器设置到 P4.2），CCP1/P1.4（可通过寄存器设置到 P4.3）。

（16）PWM（2 路）/PCA（可编程计数器阵列，2 路），可用来当 2 路 D/A 使用，实现 2 个定时器，再实现 2 个外部中断（上升沿中断/下降沿中断均可分别或同时支持）。

（17）A/D 转换，10 位精度 ADC，共 8 路，转换速度可达 25 万次/s。

（18）通用全双工异步串行口（UART），由于 STC12 系列是高速的 8051，可再用定时器或 PCA 软件实现多串口。

（19）STC12C5A60S2 系列有双串口，后缀有 S2 标志的才有双串口，RxD2/P1.2（可通过寄存器设置到 P4.2），TxD2/P1.3（可通过寄存器设置到 P4.3）。

（20）工作温度范围：−40℃～85℃（工业级）/0℃～75℃（商业级）。

（21）封装：PDIP-40，LQFP-44，LQFP-48。I/O 口不够时，可用 2 根普通 I/O 口线外接 74HC164/165/595（均可级联）来扩展 I/O 口，还可用 A/D 作按键扫描来节省 I/O 口，或用双 CPU，三线通信，这样还多了串口。

7.1.2　引脚及功能描述

STC12C5A60S2
单片机

STC12C5A60S2 单片机采用 PDIP、LQFP 封装，其中 PDIP-40 封装的引脚功能如图 7-1-1 所示。引脚排列与传统的 8051 单片机兼容。部分引脚多了复用功能，可以通过特殊功能寄存器进行配置。

1. P0 口

P0.0～P0.7 引脚可用作 8 位 I/O 口；访问外部存储器时分时复用作为低 8 位地址线/数据线。

2. P1 口

P1.0～P1.7 引脚可用作 8 位 I/O 口，也可配置为 8 路 A/D 模拟输入通道，还可以进行如下配置：

（1）P1.0 引脚可配置为独立波特率发生器的时钟输出，可通过设置 WAKE_CLKO[2]位/BRT_CLKO 将该管脚配置为 CLKOUT2。

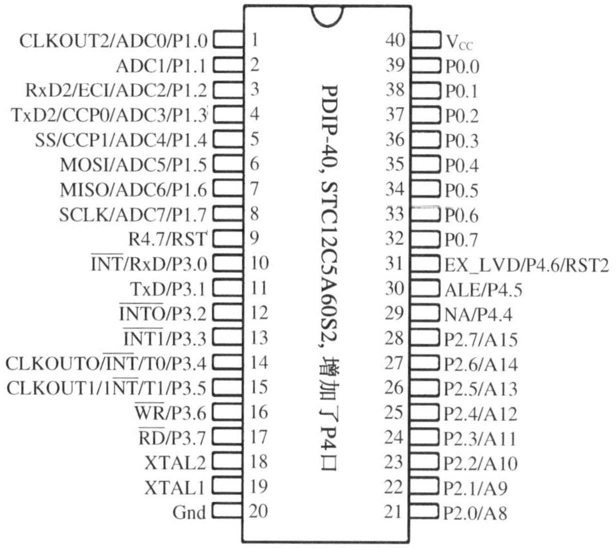

图 7-1-1　STC12C5A60S2 单片机 PDIP-40 封装引脚分布

(2) P1.2 引脚可配置为 PCA 计数器的外部脉冲输入脚 ECI，或者第二串口接收端 RxD2。

(3) P1.3、P1.4 引脚可分别配置为 CCP0、CCP1，用于外部信号捕获（频率测量或当外部中断使用）、高速脉冲输出及脉宽调制输出通道。P1.3 还可配置为第二串口发送端 TxD2；P1.4 还可配置为 SPI 同步串行接口的从机选择信号 SS。

(4) P1.5～P1.7 引脚可分别配置为 SPI 同步串行接口的 MOSI（主出从入）、MISO（主入从出）、SCLK（同步时钟）信号线。

3. P2 口

P2.0～P2.7 引脚可用作 8 位 I/O 口，访问外部存储器时作为高 8 位地址线。

4. P3 口

P3.0～P3.7 引脚可用作 8 位 I/O 口，还可以进行如下配置：

(1) P3.0、P3.1 引脚可配置为串行口 1 的 RxD 和 TxD。

(2) P3.2、P3.3 引脚可配置为外部中断的 INT0 和 INT1，触发方式可选择下降沿或者低电平。

(3) P3.4、P3.5 引脚可配置为定时器 T0 和 T1 的外部计数脉冲输入端，或者配置为 CLKOUT0（对外的时钟输出端）和 CLKOUT1（对外的时钟输出端）。

(4) P3.6、P3.7 引脚可配置为外部数据存储器写信号和读信号，低电平有效。

5. P4 口

(1) P4.4 引脚，标准的 I/O 口。

(2) P4.5 引脚可配置为 ALE，用于外部数据存储器扩展时低 8 位地址的锁存信号。

(3) P4.6 引脚可配置为外部低压检测中断/比较器 EX_LVD，还可配置为第二复位功能 RST2。

(4) P4.7 引脚可配置为复位输入 RST。

7.1.3 特殊功能寄存器映像

特殊功能寄存器

STC12C5A60S2 系列 8051 单片机部分特殊功能寄存器映像见表 7-1-1 至表 7-1-9。

表 7-1-1 STC12C5A60S2 单片机系统管理特殊功能寄存器

符号	地址	描述	7	6	5	4	3	2	1	0	复位值
PCON	87h	Power Control	SMOD	SMOD0	LVDF	POF	GF1	GF0	PD	IDL	0011,0000
AUXR	8Eh	Auxiliary Register	T0x12	T1x12	UART_M0x6	BRTR	S2SMOD	BRTx12	EXTRAM	S1BRS	0000,0000
CLK_DIV	97h	Clock Divder	—	—	—	—	—	CLKS2	CLXS1	CLKS0	xxxx,x000

表 7-1-2 STC12C5A60S2 单片机内核特殊功能寄存器

符号	地址	描述	7	6	5	4	3	2	1	0	复位值
ACC	E0h	Accumulator									0000,0000
B	F0h	B Register									0000,0000
PSW	D0h	Program Status Word	CY	AC	F0	RS1	RS0	OV	F1	P	0000,0000
SP	81h	Stack Pointer									0000,0111
DPL	82h	Data Pointer Low Byte									0000,0000
DPH	83h	Data Pointer High Byte									0000,0000

表 7-1-3 STC12C5A60S2 单片机 I/O 口特殊功能寄存器

符号	地址	描述	7	6	5	4	3	2	1	0	复位值
P0	80h	8—bit Port 0	P0.7	P0.6	P0.5	P0.4	P0.3	P0.2	P0.1	P0.0	1111,1111
P0M1	93h										0000,0000
P0M0	94h										0000,0000
P1	90h	8—bit Port 1	P1.7	P1.6	P1.5	P1.4	P1.3	P1.2	P1.1	P1.0	1111,1111
P1M1	91h										0000,0000
P1M0	92h										0000,0000
P2	A0h	8—bit Port 2	P2.7	P2.6	P2.5	P2.4	P2.3	P2.2	P2.1	P2.0	1111,1111
P2M1	95h										0000,0000
P2M0	96h										0000,0000
P3	B0h	8—bit Port 3	P3.7	P3.6	P3.5	P3.4	P3.3	P3.2	P3.1	P3.0	1111,1111
P3M1	B1h										0000,0000
P3M0	B2h										0000,0000

表 7-1-4 STC12C5A60S2 单片机“看门狗”定时器特殊功能寄存器

符号	地址	描述	7	6	5	4	3	2	1	0	复位值
WDT_CONTR	C1h	Watch-Dog-Timer Control register	WDT_FLAG	—	EN_WDT	CLR_WDT	IDLE_WDT	PS2	PS1	PS0	xx00,0000

表 7-1-5 STC12C5A60S2 单片机定时器特殊功能寄存器

符号	地址	描述	7	6	5	4	3	2	1	0	复位值
TCON	88h	Timer/Counter 0 and 1 Control	TF1	TR1	TF0	TR0	IE1	IT1	IE0	IT0	0000,0000
TMOD	89h	Timer/Counter 0 and 1 Modes	GATE GATE1	C/T# C/T1#	M1 M1_1	M0 M1_0	GATE GATE0	C/T# C/T0#	M1 M0_1	M0 M0_0	0000,0000
TL0	8Ah	Timer/Counter 0 Low Byte									0000,0000
TH0	8Ch	Timer/Counter 0 High Byte									0000,0000
TL1	8Bh	Timer/Counter 1 Low Byte									0000,0000
TH1	8Dh	Timer/Counter 1 High Byte									0000,0000
AUXR	8Eh	Auxiliary Register	T0x12	T1x12	UART_M0x6	EADCI	ESPI	ELVDI	—	—	0000,00xx

表 7-1-6 STC12C5A60S2 单片机串行口特殊功能寄存器

符号	地址	描述	7	6	5	4	3	2	1	0	复位值
SCON	98h	Serial Control	SM0/FE	SM1	SM2	REN	TB8	RB8	TI	RI	0000,0000
SBUF	99h	Serial Data Buffer									xxxx,xxxx
SADEN	B9h	Slave Address Mask									0000,0000
SADDR	A9h	Slave Address									0000,0000
AUXR	8Eh	Auxiliary Register	T0x12	T1x12	UART_M0x6	BRTR	S2SMOD	BRTx12	EXTRAM	S1BRS	0000,0000

表 7-1-7 STC12C5A60S2 单片机中断特殊功能寄存器

符号	地址	描述	7	6	5	4	3	2	1	0	复位值
IE	A8h	Interrupt Enable	EA	ELVD	EADC	ES	ET1	EX1	ET0	EX0	0000,0000
IP	B8h	Interrupt Priority Low	PPCA	PLVD	PADC	PS	PT1	PX1	PT0	PX0	0000,0000
IPH	B7h	Interrupt Priority High	PPCAH	PLVDH	PADCH	PSH	PT1H	PX1H	PT0H	PX0H	0000,0000
TCON	88h	Timer/Counter 0 and 1 Control	TF1	TR1	TF0	TR0	IE1	IT1	IE0	IT0	0000,0000
SCON	98h	Serial Control	SMO/FE	SM1	SM2	REN	TB8	RB8	TI	RI	0000,0000
AUXR	8Eh	Auxiliary Register	T0x12	T1x12	UART_M0x6	BRTR	S2SMOD	BRTx12	EXTRAM	S1BRS	0000,0000
PCON	87h	Power Control	SMOD	SMOD0	LVDF	POF	GF1	GF0	PD	IDL	0011,0000
WAKE_CLKO	8Fh	CLK_Output Powerdown_Wakeup Control Register	PCAWAKEUP	RXD_PIN_IE	T1_PIN_IE	T0_PIN_IE	LVD_WAKE	—	T1CLKO	T0CLKO	0000,0x00
ADC_CONTR	BCh	A/D转换控制寄存器	ADC_POWER	SPEED1	SPEED0	ADC_FLAG	ADC_START	CHS2	CHS1	CHS0	0000,0000
CCON	D8h	PCA Control Register	CF	CR	—	—	—	—	CCF1	CCF0	00xx,xx00
CMOD	D9h	PCA Mode Register	CIDL	—	—	—	CPS2	CPS1	CPS0	ECF	0xxx,0000
OCAPM0	DAh	PCA Module 0 Mode Register	—	ECOM0	CAPP0	CAPN0	MAT0	TOG0	PWMD	ECCF0	x000,0000
OCAPM1	DHh	PCA Module 1 Mode Register	—	ECOM1	CAPP1	CAPN1	MAT1	TOG1	PWM1	ECCF1	x000,0000

表 7-1-8 STC12C5A60S2 单片机 PCA/PWM 特殊功能寄存器

符号	地址	描述	7	6	5	4	3	2	1	0	复位值
CCON	D8h	PCA Control Register	CF	CR	—	—	—	—	CCF1	CCF0	00xx,xx00
CMOD	D9h	PCA Mode Register	CIDL	—	—	—	CPS2	CPS1	CPS0	ECF	0xxx,0000
CCAPM0	DAh	PCA Module 0 Mode Register	—	ECOM0	CAPP0	CAPN0	MAT0	TOG0	PWM0	ECCF0	x000,0000
CCAPM1	DBh	PCA Module 1 Mode Register	—	ECOM1	CAPP1	CAPN1	MAT1	TOG1	PWM1	ECCF1	x000,0000
CL	E9h	PCA Base Timer Low									0000,0000
CH	F9h	PCA Base Timer High									0000,0000
CCAP0L	EAh	PCA Module—0 Capture Register Low									0000,0000
CCAP0H	FAh	PCA Module—0 Capture Register High									0000,0000
CCAP1L	EBh	PCA Module—1 Capture Register Low									0000,0000

（续表）

符号	地址	描述	7	6	5	4	3	2	1	0	复位值
CCAP1H	FBh	PCA Module—1 Capture Register High									0000,0000
PCA_PWM0	F2h	PCA PWM Mode Auxiliary Register 0	—	—	—	—	—	—	EPC0H	EPC0L	xxxx,xx00
PCA_PWM1	F3h	PCA PWM Mode Auxiliary Register 1	—	—	—	—	—	—	EPC1H	EPC1L	xxxx,xx00

表 7-1-9 STC12C5A60S2 单片机新增加的特殊功能寄存器

符号	地址	描述	7	6	5	4	3	2	1	0	复位值
P4	C0h	8—bit Port 4	P4.7	P4.6	P4.5	P4.4	P4.3	P4.2	P4.1	P4.0	1111,1111
P4M1	B3h	P4 Configuration 1									0000,0000
P4M0	B4h	P4 Configuration 0									0000,0000
P4SW	BBh	Port—4 switch		LVD_P4.6	ALE_P4.5	NA_P4.4					x000,xxxx
P5	C8h	8—bit Port 5	—	—	—	—	P5.3	P5.2	P5.1	P5.0	xxxx,1111
P5M1	C9h	P5 Configuration 1									0000,0000
P5M0	CAh	P5 Configuration 0									0000,0000
ADC_RESL	BEh	ADC Result low									0000,0000
SPSTAT	CDh	SPI Status register	SPIF	WCOL							00xx,xxxx
SPCTL	CEh	SPI Control register	SSIG	SPEN	DORD	MSTR	CPOL	CPHA	SPR1	SPR0	0000.0100
SPDAT	CFh	SPI Dataregister									0000,0000
AUXR1	A2h	Auxiliary register 1		PCA_P4	SPI_P4	S2_P4	GF2	ADRJ		DPS	0000,0000
IE2	AFh	Interrupt Enable 2							ESPI	ES2	xxxx,xx00
IP2	B5h	2rd Interrupt Priority Low register							PSPI	PS2	xxxx,xx00
IP2H	B6h	2rd Interrupt Priority High register							PSPIH	PS2H	xxxx,xx00
S2CON	9Ah	Serial 2 Control register	S2SM0	S2SM1	S2SM2	S2REN	S2TB8	S2RB8	S2TI	S2RI	0000,0000
S2BUF	9Bh	Serial 2 Buffer									xxxx,xxxx
BRT	9Ch	Serial 2 Baud-Rate timer									0000,0000
BUS_SPEED	A1h	Bus-Speed Control			ALES1	ALES0		RWS2	RWS1	RWS0	xx10,x011

7.1.4 STC12C5A60S2 单片机中断优先级

STC12C5A60S2 单片机中断优先级及中断查询次序与 8051 完全兼容，见表 7-1-10。与中断有关的寄存器见表 7-1-11 和表 7-1-12。通过设置新增加的特殊功能寄存器 IPH 中的相应位，可将中断优先级设为四级，如果只设置 IP，那么中断优先级就只有两级，与传统 8051 单片机两级中断优先级完全兼容。如果使用 C 语言编程，中断查询次序号就是中断号，例如：

```
void Int0_Routine(void) interrupt 0;
void Timer0_Routine(void) interrupt 1;
void Int1_Routine(void) interrupt 2;
void Timer1_Routine(void) interrupt 3;
void UART_Routine(void) interrupt 4;
void ADC_Routine(void) interrupt 5;
void LVD_Routine(void) interrupt 6;
void PCA_Routine(void) interrupt 7;
void UART2_Routine(void) interrupt 8;
void SPI_Routine(void) interrupt 9;
```

表 7-1-10　STC12C5A60S2 单片机中断优先级

中断源	中断向量地址	中断查询次序	中断优先级设置(IPH,IP)	优先级 0(最低)	优先级 1	优先级 2	优先级 3(最高)	中断请求标志位	中断允许控制位
/INT0	0003H	0(最优先)	PX0H,PX0	0,0	0,1	1,0	1,1	IE0	EX0/EA
Timer 0	000BH	1	PT0H,PT0	0,0	0,1	1,0	1,1	TF0	ET0/EA
/INT1	0013H	2	PX1H,PX1	0,0	0,1	1,0	1,1	IE1	EX1/EA
Timer 1	001BH	3	PT1H,PT1	0,0	0,1	1,0	1,1	TF1	ET1/EA
UART	0023H	4	PSH,PS	0,0	0,1	1,0	1,1	RI+T1	ES/EA
ADC	002BH	5	PADCH,PADC	0,0	0,1	1,0	1,1	ADC_FLAG	EADC/EA
LVD	0033H	6	PLVDH,PLVD	0,0	0,1	1,0	1,1	LVDF	ELVD/EA
PCA	003BH	7	PPCAH,PPCA	0,0	0,1	1,0	1,1	CF+CCF0+CCF1	(ECF+ECCF0+ECCF1)/EA
以上是 12C5202AD/12C5202PWM/12C5202 系列和 12C5A60S2/AD/PWM 系列共有的中断									
UART2	0043	8	PS2H,PS2	0,0	0,1	1,0	1,1	S2TI+S2RI	ES2/EA
UART2 是 12C5A60S2 系列独有的第二个串口中断(12C5A60AD 系列/12C5A60PWM 系列/12C5202AD 系列没有 UART2)									
SPI	004B	9	PSPIH,PSPI	0,0	0,1	1,0	1,1	SPIF	ESPI/EA
SPI 是 12C5A60S2/12C5A60AD/12C5A60PWM 系列系列系列独有的 SPI 中断									

表 7-1-11　STC12C5A60S2 单片机中断特殊功能寄存器

符号	地址	描述	7	6	5	4	3	2	1	0	复位值
IE	A8h	Interrupt Enable	EA	ELVD	EADC	ES	ET1	EX1	ET0	EX0	0000,0000
IP	B8h	Interrupt Priority Low	PPCA	PLVD	PADC	PS	PT1	PX1	PT0	PX0	0000,0000
IPH	B7h	Interrupt Priority High	PPCAH	PLVDH	PADCH	PSH	PT1H	PX1H	PT0H	PX0H	0000,0000
IE2	AFh	Interrupt Enable 2							ESPI	ES2	xxxx,xx00
IP2	B5h	2rd Interrupt Priority Low register							PSPI	PS2	xxxx,xx00
IP2H	B6h	2rd Interrupt Priority High register							PSPIH	PS2H	xxxx,xx00
TCON	88h	Timer/Counter 0 and 1 Control	TF1	TR1	TF0	TR0	IE1	IT1	IE0	IT0	0000,0000

（续表）

符号	地址	描述	7	6	5	4	3	2	1	0	复位值
SCON	98h	Serial Control	SX0/FE	SX1	SX2	REN	TB8	RB8	TI	RI	0000,0000
AUXR	8Eh	Auxiliary Register	T0x12	T1x12	UART_M0x6	BRTR	S2SXDD	BRTx12	EXTRAM	S1BRS	0000,0000
PCON	87h	Power Control	SMOD	SMOD0	LVDF	POF	GF1	GF0	PD	IDL	0011,0000
WAKE_CLKO	8Fh	CLK_Output Powerdown_Wakeup Control Register	PCAWAKEUP	RXD_PIN_IE	T1_PIN_IE	T0_PIN_IE	LVD_WAKE	BRTCLKO	T1CLKO	T0CLKO	0000,0x00
ADC_CONTR	BCh	A/D转换控制寄存器	ADC_POWER	SPEED1	SPEED0	ADC_FLAG	ADC_START	CHS2	CHS1	CHS0	0xx0,0000
CCON	D8h	PCA Control Register	CF	CR	—	—	—	—	CCF1	CCF0	00xx,xx00
CMOD	D9h	PCA Mode Register	CIDL	—	—	—	CPS2	CPS1	CPS0	ECF	0xxx,0000
CCAPM0	DAh	PCA Module 0 Mode Register	—	ECOM0	CAPP0	CAPN0	MAT0	TOG0	PWM0	ECCF0	x000,0000
CCAPM1	DBh	PCA Module 1 Mode Register	—	ECOM1	CAPP1	CAPN1	MAT1	TOG1	PWM1	ECCF1	x000,0000

表 7-1-12　PCA/PWM 特殊功能寄存器(部分位与 PCA 中断有关)

符号	地址	描述	7	6	5	4	3	2	1	0	复位值
CCON	D8h	PCA Control Register	CF	CR	—	—	—	—	CCF1	CCF0	00xx,xx00
CMOD	D9h	PCA Mode Register	CIDL	—	—	—	CPS2	CPS1	CPS0	ECF	0xxx,0000
CCAPM0	DAh	PCA Module 0 Mode Register	—	ECOM0	CAPP0	CAPN0	MAT0	TOG0	PWM0	ECCF0	x000,0000
CCAPM1	DBh	PCA Module 1 Mode Register	—	ECOM1	CAPP1	CAPN1	MAT1	TOG1	PWM1	ECCF1	x000,0000
CL	E9h	PCA Base Timer Low									0000,0000
CH	F9h	PCA Base Timer High									0000,0000
CCAP0L	EAh	PCA Module－0 Capture Register Low									0000,0000
CCAP0H	FAh	PCA Module－0 Capture Register High									0000,0000
CCAP1L	EBh	PCA Module－1 Capture Register Low									0000,0000
CCAP1H	FBh	PCA Module－1 Capture Register High									0000,0000
PCA_PWM0	F2h	PCA PWM Mode Auxiliary Register 0	—	—	—	—	—	—	EPC0H	EPC0L	xxxx,xx00
PCA_PWM1	F3h	PCA PWM Mode Auxiliary Register 1	—	—	—	—	—	—	EPC1H	EPC1L	xxxx,xx00

有关 PCA 和 AD 转换的中断控制在后续的章节中详细介绍。

7.1.5　时钟分频及分频寄存器

时钟分频寄存器，可将时钟分成较低频率工作，见表 7-1-13。

表 7-1-13　时钟分频寄存器

符号	地址	描述	7	6	5	4	3	2	1	0	复位值
CLK_DIV	97h	Clock Divder	—	—	—	—	—	CLKS2	CLKS1	CLKS0	xxxx,x000

CLKS2	CLKS1	CLKS0	分频后 CPU 的实际工作时钟
0	0	0	系统时钟(外部时钟或内部 R/C 振荡时钟)
0	0	1	系统时钟/2
0	1	0	系统时钟/4
0	1	1	系统时钟/8
1	0	0	系统时钟/16
1	0	1	系统时钟/32
1	1	0	系统时钟/64
1	1	1	系统时钟/128

7.1.6　I/O 口各种不同模式

I/O 口配置

STC12C5A60S2 单片机所有 I/O 口(新增 P4 口)均可由软件配置成 4 种工作类型：

(1) 准双向口/弱上拉(标准的 8051 输出模式)；

(2) 强推挽输出/强上拉；

(3) 仅为输入(高阻)；

(4) 开路输出功能。

STC12C5A60S2 单片机上电复位后准双向口/弱上拉(传统的 8051 的 I/O 口)模式。2 V 以上为高电平，0.8 V 以下为低电平。每个 I/O 口的驱动能力均可达到 20 mA，但整个芯片最大不超过 120 mA。

每个端口的工作模式可以通过两个特殊功能寄存器 PxM1、PxM0 中相应的位来进行设置，例如 P0M1、P1M0 用于设置 P0 口的工作模式。其中 P0M1.0、P0M0.0 用于设置 P0.0 引脚，P0M1.7、P0M01.7 用于设置 P0.7 引脚。这里主要介绍 P0～P3 口的工作类型模式。I/O 口工作模式的设置见表 7-1-14。

表 7-1-14　I/O 口工作模式设置

P0 口设定〈P0.7，P0.6，P0.5，P0.4，P0.3，P0.2，P0.1，P0.0 口〉(P0 口地址：80H)

P0M1[1∶0]	P0M0[1∶0]	I/O 口模式
0	0	准双向口(传统 8051 I/O 口模式)， 灌电流可达 20 mA，拉电流为 230 μA， 由于制造误差，实际为 250～150 μA

（续表）

P0M1[1∶0]	P0M0[1∶0]	I/O 口模式
0	1	推挽输出（强上拉输出，可达 20 mA，要加限流电阻）
1	0	仅为输入（高阻）
1	1	开漏（Open Drain），内部上拉电阻断开，要外加

P1 口设定〈P1.7，P1.6，P1.5，P1.4，P1.3，P1.2，P1.1，P1.0 口〉（P1 口地址：90H）

P1M1[7∶0]	P1M0[7∶0]	I/O 口模式（P1.x 如作 A/D 使用，须先将其设置成开漏或高阻输入）
0	0	准双向口（传统 8051 I/O 口模式）， 灌电流可达 20 mA，拉电流为 230 μA， 由于制造误差，实际为 250～150 μA
0	1	推挽输出（强上拉输出，可达 20 mA，要加限流电阻）
1	0	仅为输入（高阻），如果该 I/O 口需作为 A/D 使用，可选此模式
1	1	开漏（Open Drain），如果该 I/O 口需作为 A/D 使用，可选此模式

P2 口设定〈P2.7，P2.6，P2.5，P2.4，P2.3，P2.2，P2.2，P2.0〉（P2 口地址：A0H）

P2M1[7∶0]	P2M0[7∶0]	I/O 口模式
0	0	准双向口（传统 8051 I/O 口模式）， 灌电流可达 20 mA，拉电流为 230 μA， 由于制造误差，实际为 250～150 μA
0	1	强推挽输出（强上拉输出，可达 20 mA，要加限流电阻）
1	0	仅为输入（高阻）
1	1	开漏（Open Drain），内部上拉电阻断开，要外加

P3 口设定〈P3.7，P3.6，P3.5，P3.4，P3.3，P3.2，P3.1，P3.0 口〉（P3 口地址：B0H）

P3M1[7∶0]	P3M0[7∶0]	I/O 口模式
0	0	准双向口（传统 8051 I/O 口模式）， 灌电流可达 20 mA，拉电流为 230 μA， 由于制造误差，实际为 250～150 μA
0	1	强推挽输出（强上拉输出，可达 20 mA，要加限流电阻）
1	0	仅为输入（高阻）
1	1	开漏（Open Drain），内部上拉电阻断开，要外加

例如：

```
P1M1=0X07;
P1M0=0X01;
```

P1.0 为开漏，P1.1、P1.2 为高阻输入，P1.3～P1.7 为准双向口。

7.1.7 任务实施

任务实施

1. 硬件电路

广告灯控制电路如图 7-1-2 所示，硬件结构与任务 1.2 流水灯花样控制的一样，只是单片机由 89C51 换成了 STC12C5A60S2。

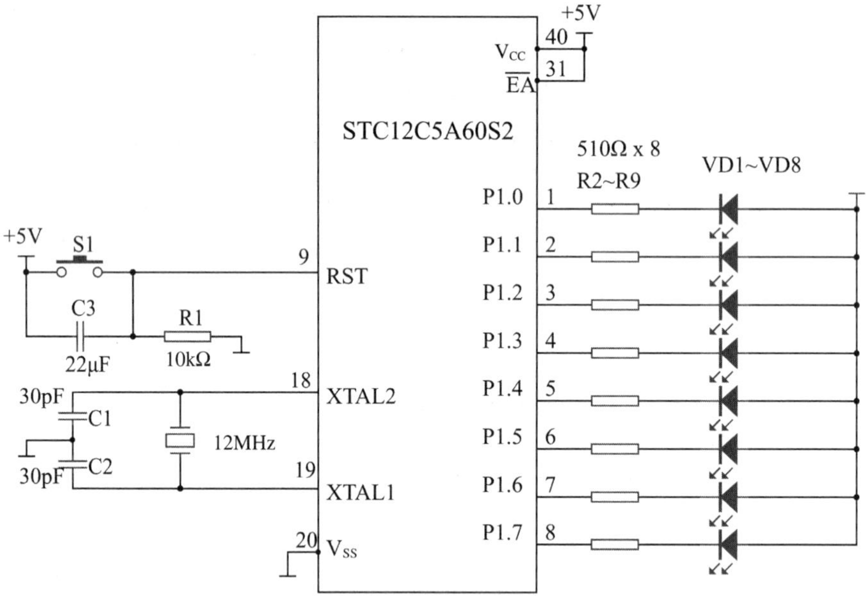

图 7-1-2 广告灯控制电路

2. 程序设计

广告灯控制方法与流水灯花样的控制方法一样，只是 STC12C5A60S2 单片机是 1T 模式，而 89C51 单片机是 12T 模式，要想达到相同的延时时间，延时函数中的参数要扩大 8～12 倍。广告灯程序流程如图 7-1-3 所示。

参考程序如下：

程序

```
#include <stc12c60s2.h>
void delay(unsigned int i);   //延时函数声明
void main()
{
    unsigned char i,m,n;
    while(1)
```

```
{   //VD1～VD8 显示
    m=0x01;  //左移灯显示字初值为 0x01
    n=0x80;  //右移灯显示字初值为 0x80
    for(i=0;i<8;i++)
    {
    P1=~m;              // 显示字取反后，送 P1 口
    delay(1000);        // 函数调用，延时
    m<<=1;              // 显示字左移一位
    }
      //VD8～VD1 显示
    for(i=0;i<8;i++)
    {
    P1=~n;              // 显示字取反后，送 P1 口
    delay(1000);        // 函数调用，延时
     n>>=1;             // 显示字左移一位
  }
 }
}
void   delay(unsigned int i)
{
    unsigned int j,k;
    for(k=0;k<i;k++)
      for(j=0;j<2500;j++);
}
```

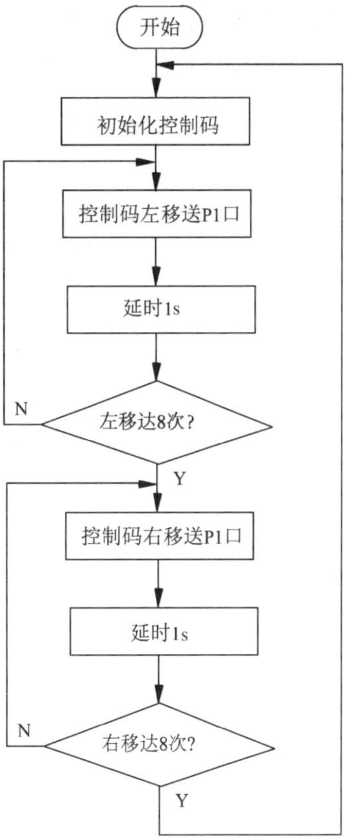

图 7-1-3　广告灯程序流程

任务 7.2　简易电压表设计

任务描述：设计一个简易电压表。采用 AD 采集 0～5 V 连续可变的模拟电压信号，转变为 12 位数字信号 0000H～FFFFH，送单片机处理，并在液晶屏上显示 0.0～5.0 V。0～5 V 的模拟电压信号通过调节电位器来获得。

A/D 简介

7.2.1　STC12C5A60S2 单片机 A/D 的简介

1. A/D 的简介

STC12C5A60AD/S2 系列带 A/D 转换的单片机的 A/D 转换口在 P1 口（P1.7～P1.0），有 8 路 10 位高速 A/D 转换器，速度可达到 250 kHz（25 万次/s）。8 路电压输入型 A/D，可做温度检测、电池电压检测、按键扫描、频谱检测等。上电复位后 P1 口为弱上

拉型 I/O 口，用户可以通过软件设置将 8 路中的任何一路设置为 A/D 转换，不需要作为 A/D 使用的口可继续作为 I/O 口使用。

STC12C5A60S2 单片机 ADC(A/D 转换器)的结构如图 7-2-1 所示。

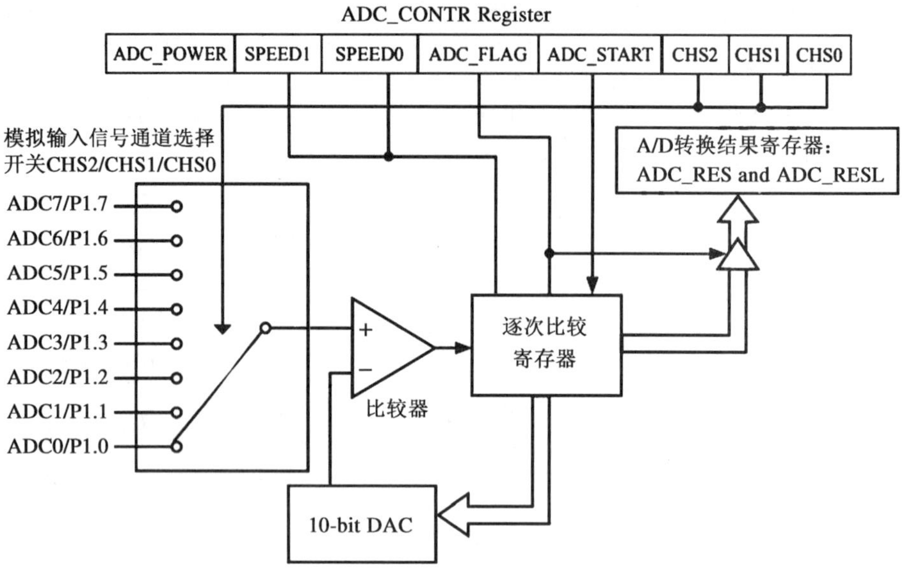

图 7-2-1　STC12C5A60S2 单片机 ADC(A/D 转换器)的结构

STC12C5A60S2 单片机 ADC 由多路选择开关、比较器、逐次比较寄存器、10 位 DAC、转换结果寄存器(ADC_RES 和 ADC_RESL)以及 ADC_CONTR 构成。

STC12C5A60S2 单片机的 ADC 是逐次比较型 ADC。逐次比较型 ADC 由一个比较器和 D/A 转换器构成，通过逐次比较逻辑，从最高位(MSB)开始，由高到底对每一输入电压与内置 D/A 转换器输出进行比较，经过多次比较，使转换所得的数字量逐次逼近输入模拟量对应值。逐次比较型 A/D 转换器具有速度高、功耗低等优点。

从图 7-2-1 可以看出，通过模拟多路开关，将通过 ADC0～7 的模拟量输入送给比较器。用数/模转换器(DAC)转换的模拟量与本次输入的模拟量通过比较器进行比较，将比较结果保存到逐次比较器，并通过逐次比较寄存器输出转换结果。A/D 转换结束后，最终的转换结果保存到 ADC 转换结果寄存器 ADC_RES 和 ADC_RESL，同时，置位 ADC 控制寄存器 ADC_CONTR 中的 A/D 转换结束标志位 ADC_FLAG，以供程序查询或发出中断申请。模拟通道的选择控制由 ADC 控制寄存器 ADC_CONTR 中的 CHS2～CHS0 确定。ADC 的转换速度由 ADC 控制寄存器中的 SPEED1 和 SPEED0 确定。在使用 ADC 之前，应先给 ADC 上电，也就是置位 ADC 控制寄存器中的 ADC_POWER 位。

2. 与 AD 转换相关的特殊功能寄存器

与 AD 转换相关的特殊功能寄存器见表 7-2-1。

表 7-2-1 与 AD 转换相关的特殊功能寄存器

符号	描述	地址	位地址及其符号 MSB							LSB	复位值
P1ASF	P1 Analog Function Configure register	9DH	P17ASF	P16ASF	P15ASF	P14ASF	P13ASF	P12ASF	P11ASF	P10ASF	0000 0000B
ADC_CONTR	ADC Control Register	BCH	ADC_POWER	SPEED1	SPEED0	ADC_FLAG	ADC_START	CHS2	CHS1	CHS0	0000 0000B
ADC_RES	ADC Result high	BDH									0000 0000B
ADC_RESL	ADC Result low	BEH									0000 0000B
AUXR1	Auxiliary register 1	A2H	—	PCA_P4	SPI_P4	S2_P4	GF2	ADRJ	—	DPS	x000 00x0B
IE	Interrupt Enable	A8H	EA	ELVD	EADC	ES	ET1	EX1	ET0	EX0	0000 0000B
IP	Interrupt Priority Low	B8H	PPCA	PLVD	PADC	PS	PT1	PX1	PT0	PX0	0000 0000B
IPH	Interrupt Priority High	B7H	PPCAH	PLVDH	PADCH	PSH	PT1H	PX1H	PT0H	PX0H	0000 0000B

如果要允许 A/D 转换中断则需要将相应的控制位置 1：

● 将 EADC 置 1，允许 ADC 中断，这是 ADC 中断的中断控制位。

● 将 EA 置 1，打开单片机总中断控制位，此位不打开，也是无法产生 ADC 中断的。A/D 中断服务程序中要用软件清 A/D 中断请求标志位 ADC_FLAG（也是 A/D 转换结束标志位）。

(1) P1ASF 寄存器

上电复位后 P1 口为弱上拉型 I/O 口，用户可以通过软件设置将 8 路中的任何一路设置为 A/D 转换，不需要作为 A/D 使用的口可继续作为 I/O 口使用。需要作为 A/D 使用的口，须先将 P1ASF 特殊功能寄存器中的相应位置为“1”，将相应的口设置为模拟功能。其格式见表 7-2-2。

表 7-2-2 STC12C5A60S2 系列单片机 P1 口模拟功能控制寄存器

符号	地址	描述	7	6	5	4	3	2	1	0	复位值
P1ASF	9Dh	P1 Analog Special Function	P17ASF	P16ASF	P15ASF	P14ASF	P13ASF	P12ASF	P11ASF	P10ASF	0000,0000

当 P1 口中的相应位作为 A/D 使用时，要将 P1ASF 中的相应位置 1。

P1ASF[7：0]	P1.x 的功能	其中 P1ASF 寄存器地址为：[9DH]（不能够进行位寻址）
P1ASF.0=1	P1.0 口作为模拟功能 A/D 使用	
P1ASF.1=1	P1.1 口作为模拟功能 A/D 使用	
P1ASF.2=1	P1.2 口作为模拟功能 A/D 使用	

（续表）

P1ASF[7∶0]	P1. x 的功能	其中 P1ASF 寄存器地址为：[9DH]（不能够进行位寻址）
P1ASF. 3=1	P1. 3 口作为模拟功能 A/D 使用	
P1ASF. 4=1	P1. 4 口作为模拟功能 A/D 使用	
P1ASF. 5=1	P1. 5 口作为模拟功能 A/D 使用	
P1ASF. 6=1	P1. 6 口作为模拟功能 A/D 使用	
P1ASF. 7=1	P1. 7 口作为模拟功能 A/D 使用	

（2）ADC_CONTR 寄存器

ADC_CONTR：A/D 控制寄存器，地址在 0BCH 单元，其格式见表 7-2-3。

ADC_CONTR 寄存器

表 7-2-3 ADC 控制寄存器

SFR 描述	地址	bit	B7	B6	B5	B4	B3	B2	B1	B0
ADC_CONTR	BCH	name	ADC_POWER	SPEED1	SPEED0	ADC_FLAG	ADC_START	CHS2	CHS1	CHS0

ADC_POWER：ADC 电源控制位。

0：关闭 ADC 电源；

1：打开 A/D 转换器电源。建议进入空闲模式前，将 ADC 电源关闭，ADC_POWER=0。

启动 AD 转换前一定要确认 AD 电源已打开，AD 转换结束后关闭 AD 电源可降低功耗，也可不关闭。初次打开内部 A/D 转换模拟电源，需要适当延时，等内部模拟电源稳定后，再启动 A/D 转换。建议启动 A/D 转换后，在 A/D 转换结束之前，不改变任何 I/O 口的状态，有利于高精度 A/D 转换。

SPEED1，SPEED0：模数转换器转换速度控制位，其格式见表 7-2-4。

表 7-2-4 模数转换器转换速度控制位

SPEED1	SPEED0	A/D 转换所需时间
1	1	90 个时钟周期转换一次，CPU 工作频率 21 MHz 时，A/D 转换速度约 300 kHz
1	0	180 个时钟周期转换一次
0	1	360 个时钟周期转换一次
0	0	540 个时钟周期转换一次

STC12C5A60AD/S2 单片机的 A/D 转换模块使用的时钟是外部晶体时钟或内部 R/C 振荡器所产生的系统时钟，不使用时钟分频寄存器 CLK_DIV 对系统时钟分频后所产生的供给 CPU 工作所使用的时钟。

优点：

① 可以让 ADC 用较高的频率工作，提高 A/D 的转换速度。

② 可以让 CPU 用较低的频率工作，降低系统的功耗。

ADC_FLAG：模数转换器转换结束标志位，当 A/D 转换完成后，ADC_FLAG＝1，要由软件清 0。不管是 A/D 转换完成后由该位申请产生中断，还是由软件查询该标志位 A/D 转换是否结束，当 A/D 转换完成后，ADC_FLAG＝1，一定要软件清 0。

ADC_START：模数转换器（ADC）转换启动控制位，设置为“1”时，开始转换，转换结束后为 0。

CHS2/CHS1/CHS0：模拟输入通道选择 CHS2/CHS1/CHS0，其格式见表 7-2-5。

表 7-2-5　模拟输入通道选择

CHS2	CHS1	CHS0	Analog Channel Select（模拟输入通道选择）
0	0	0	选择 P1.0 作为 A/D 输入来用
0	0	1	选择 P1.1 作为 A/D 输入来用
0	1	0	选择 P1.2 作为 A/D 输入来用
0	1	1	选择 P1.3 作为 A/D 输入来用
1	0	0	选择 P1.4 作为 A/D 输入来用
1	0	1	选择 P1.5 作为 A/D 输入来用
1	1	0	选择 P1.6 作为 A/D 输入来用
1	1	1	选择 P1.7 作为 A/D 输入来用

程序中需要注意的事项：

由于是 2 套时钟，所以，设置 ADC_CONTR 控制寄存器后，要加 4 个空操作延时才可以正确读到 ADC_CONTR 寄存器的值。原因是设置 ADC_CONTR 控制寄存器的语句执行后，要经过 4 个 CPU 时钟的延时，其值才能够保证被设置进 ADC_CONTR 控制寄存器。

A/D 转换结果寄存器

（3）A/D 转换结果寄存器 ADC_RES、ADC_RESL

特殊功能寄存器 ADC_RES、ADC_RESL 用于保存 A/D 转换的结果，其格式见表 7-2-6。

表 7-2-6　A/D 转换结果寄存器 ADC_RES、ADC_RESL

符号	地址	描述	B7	B6	B5	B4	B3	B2	B1	B0
ADC_RES	BDh	A/D 转换结果寄存器高								
ADC_RESL	BEh	A/D 转换结果寄存器低								
AUXR1	A2H	Auxiliary register1	—	PCA_P4	SPI_P4	S2_P4	GF2	ADRJ	—	DPS

AUXR1 寄存器的 ADRJ 位是 A/D 转换结果寄存器(ADC_RES,ADC_RESL)的数据格式调整控制位。

当 ADRJ=0 时,10 位 A/D 转换结果的高 8 位存放在 ADC_RES 中,低 2 位存放在 ADCRESL 的低 2 位中,见表 7-2-7;当 ADRJ=1 时,10 位 A/D 转换结果的低 8 位存放在 ADC_RESL 中,高 2 位存放在 ADCRES 的低 2 位中,见表 7-2-8。

表 7-2-7　ADRJ=0 存放结果

符号	描述	7	6	5	4	3	2	1	0	复位值
ADC_RES	A/D 转换结果寄存器	ADC_RES9	ADC_RES8	ADC_RES7	ADC_RES6	ADC_RES5	ADC_RES4	ADC_RES3	ADC_RES2	0000,0000
ADC_RESL	A/D 转换结果寄存器低							ADC_RES1	ADC_RES0	0000,0000
AUXR1	Auxiliary register 1						ADRJ=0			

表 7-2-8　ADRJ=1 存放结果

符号	描述	7	6	5	4	3	2	1	0	复位值
ADC_RES	A/D 转换结果寄存器							ADC_RES9	ADC_RES8	0000,0000
ADC_RESL	A/D 转换结果寄存器低	ADC_RES7	ADC_RES6	ADC_RES5	ADC_RES4	ADC_RES3	ADC_RES2	ADC_RES1	ADC_RES0	0000,0000
AUXR1	Auxiliary register 1						ADRJ=1			

ADRJ=0,模/数转换结果的计算公式如下:

取 10 位结果(ADC_RES[7:0],ADC_RESL[1:0])=1024×Vin / Vcc

取 8 位结果 ADC_RES[7:0]=256×Vin/Vcc

ADRJ=1,模/数转换结果的计算公式如下:

取 10 位结果(ADC_RES[1:0],ADC_RESL[7:0])=1024×Vin / Vcc

Vin 为模拟输入通道输入电压,Vcc 为单片机实际工作电压,用单片机工作电压作为模拟参考电压。

7.2.2　任务实施

任务实施

1. 硬件电路

输入信号用 1 k 或者 10 k 的可调电阻 RP 来产生。可调电阻 RP 两端分别接电源和地,中间接 P1.0,调节 RP,得到 0~5 V 之间不同电压。通过液晶显示器 LCD 显示 A/D 采集的电压值,形成简易的电压表。电路原理如图 7-2-2 所示。

2. 程序设计

简易电压表程序流程如图 7-2-3 所示。

单片机 P1.0 接可调电阻 RP,P2 口接 LCD1602 的数据口 D0~D7,P1.5~P1.7 分别接 1602 的 RS、RW、E 端。

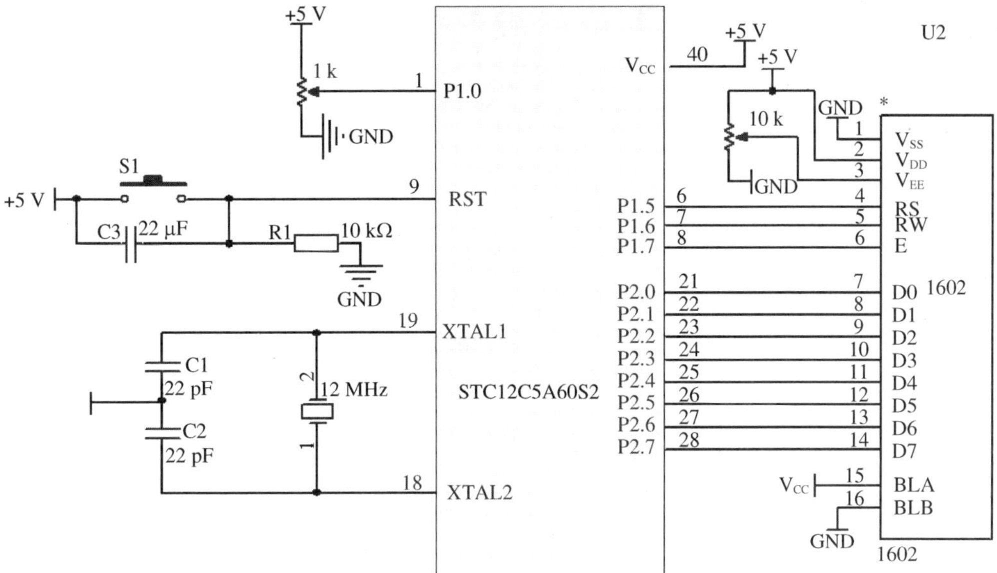

图 7-2-2　硬件电路

参考程序如下：

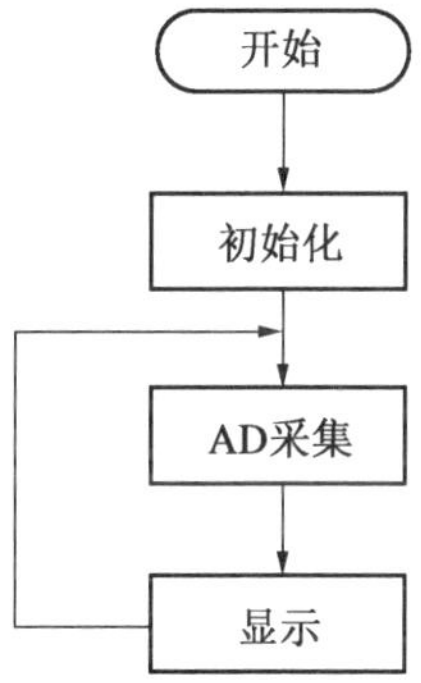

图 7-2-3　简易电压表程序流程

程序

```
#include<STC12C60S2.h>
#include<1602.h>
#include<ADC.h>
void main(void)
{
  uint ADtemp1,V0;
  LCD_init();
  AD_init();
  while(1)
    {
      ADtemp1= GetADCResult(0);  //内部 A/D 转换得电压
      V0=ADtemp1 * 5 * 10/1024;     //10 倍电压值
      lcd_display(V0);
      delay(1000);
    }
}
/*************** ADC.h ********************* /
#include <intrins.h>
#define uchar unsigned char
#define uint unsigned int
```

```
//AD I/O 初始化
void AD_init()
{
  P1ASF=0X01;
}
uint GetADCResult(uchar ch)
{
  uint ADtemp;
  ADC_CONTR |=ch;                    //A/D 通道选择
  delay(1);
  ADC_CONTR |=0x80;                  //打开 A/D 转换电源
  delay(1);
  ADC_CONTR |=0x00;                  //A/D 通道选择
  ADC_CONTR |=0x00;                  //选择 A/D 转换时间 540 个时钟周期
  ADC_CONTR |=0x08;                  //启动 A/D 转换
  _nop_();                           //4 个 CPU 时钟周期延时
  _nop_();                           //保证值被写入 ADC_CONTR 寄存器
  _nop_();
  _nop_();
  while (! (ADC_CONTR&0x10));        //等待 A/D 转换结束
  ADC_CONTR &=~0x10;                 //标志位清 0
  ADC_CONTR &=0xf8;                  // 通道清除
  ADtemp=ADC_RESL;
  ADtemp=ADtemp+((uint)ADC_RES)<<2;
  return(ADtemp);
}
/ ***** 1602.h ************************************** /
#include <intrins.h>
#define uchar unsigned char
#define uint unsigned int
sbit RS=P1^5;
sbit RW=P1^6;
sbit EN=P1^7;
uchar code table0[]={"ADC Test="};
void delay(uint z)
{
  uint x,y;
  for(x=z;x>0;x--)
```

```
    for(y=110;y>0;y--);
}
bit lcd_busy()                          //查忙
{
    bit result;
    RS=0;
    RW=1;
    EN=1;
    delay(50);
    result=(bit)(P2&0x80);
    EN=0;
    return result;
}
void lcd_com(uchar com)                 //写命令
{
    while(lcd_busy());
    RS=0;
    EN=0;
    RW=0;
    P2=com;
    delay(50);
    EN=1;
    delay(50);
    EN=0;
}
void lcd_date(uchar date)               //写数据
{
    while(lcd_busy());
    RS=1;
    RW=0;
    EN=0;
    P2=date;
    delay(5);
    EN=1;
    delay(5);
    EN=0;
}
void lcd_pos(uchar pos)
```

```
{
  lcd_com(pos|0x80);          //数据指针=80+地址变量
}
void LCD_init()//1602 初始化
{
  lcd_com(0x38);
  delay(50);
  lcd_com(0x38);
  delay(50);
  lcd_com(0x38);
  delay(50);
  lcd_com(0x0c);
  delay(50);
  lcd_com(0x06);
  delay(50);
  lcd_com(0x01);
  delay(2000);
}
void lcd_display(uint V)
{
  uchar i;
  lcd_pos(0x00);
  i=0;
  while(table0[i]! ='\0')
    {lcd_date(table0[i]);
    i++;
    }
  lcd_pos(0x09);
   lcd_date(V/10+0X30);
  lcd_date('.');
  lcd_date(V%10+0X30);
  lcd_date('V');
}
```

实物演示

习题 7

一、选择题

1. 以下用于选择 A/D 转换通道号的寄存器是(　　)。

A. ADC_CONTR　　B. P1ASF　　C. ADC_RESL　　D. ADC_RES

2. STC12C5A60AD/S2 系列带 A/D 转换的单片机的 A/D 转换口在 P1 口(P1.7～P1.0)有几路几位高速 A/D 转换器？(　　)。

A. 8,10　　B. 8,8　　C. 10,8　　D. 10,10

3. 将 P1.0 设置为 A/D 转换口,如何初始化寄存器 P1ASF 的值？(　　)。

A. P1ASF=0X01H；　　B. P1ASF=0XFFH；

C. P1ASF=0X00H；　　D. P1ASF=0XFEH；

4. 要采集 P1.1 的 A/D 转换数据,如何设置 A/D 转换控制寄存器 ADC_CONTR？(　　)。

A. ADC_CONTR=ADC_CONTR|0X01；

B. ADC_CONTR=ADC_CONTR&0XF8

ADC_CONTR=ADC_CONTR|0X01；

C. ADC_CONTR=00；

ADC_CONTR=ADC_CONTR|0X01；

D. ADC_CONTR=ADC_CONTR&,0X01；

5. RT-1602C 显示器可以显示的字符个数为(　　)。

A. 16　　B. 32　　C. 64　　D. 128

二、判断题

1. STC12C5A60S2 单片机是 1T 模式的单片机,而 89C51 单片机是 12T 模式。　(　　)

2. 将 P1.0、P1.1 同时设置为 A/D 转换口,只需将寄存器 P1ASF 赋值为 0X03 即可。　(　　)

3. A/D 转换的结果 10 位数字信号存放在特殊功能寄存器 AD_RES 、AD_RESL 中,当寄存器 AUXR1 中 ADRJ 为 0 时,高 8 位放入 AD_RES 中,低 2 位放入 AD_RESL 低 2 位。　(　　)

4. RT-1602C 显示器可以显示字符,也可以显示汉字。　(　　)

三、编程题

1. 如果电压值要保留小数点后 3 位,如何修改相应的程序？

2. 单路或者多路同时采集,分 2 行显示,试编写程序。

3. 编程实现 A/D 采集的结果,通过数码管显示。

项目八 直流电机的测速与调速

知识目标

● 了解 STC12C5A60S2 单片机 PCA/PWM 功能对应的引脚。

● 了解 STC12C5A60S2 单片机 PCA/PWM 的工作原理。

● 掌握 PCA 模块 4 种工作模式的区别。

● 掌握直流电机的测速原理。

● 掌握直流电机的调速原理。

技能目标

● 掌握 PCA 的应用。

● 掌握 PWM 的应用。

思政目标

● 坚持真理,深刻领会,前进需要反思。

● 团队协作,共创未来,实现伟大中国梦。

课程思政点

● 随着电机的转动,鼓励学生也要调节自己的 PWM,年轻时快速前进,同时也不忘放缓脚步,反思调整方向。

● 频率太低的脉冲信号其实没有用,无数个高频的脉冲信号才能灵活控制电压,引导学生在今后的职业道路上加强团队协作。

直流电机测速与调速的应用非常广泛,比如家用电风扇,可以通过按键或者触摸屏选择风速的挡位。风速的大小实际上就是电机转速的高低,风速挡位的调节实际是通过控制电机转速来实现的。本项目主要介绍直流电机测速与调速的原理,以及通过单片机实现直流电机的测速与调速。

任务 8.1 脉冲信号发生器

任务描述: 用单片机实现脉冲信号,频率要求为 1 Hz,脉冲信号由 P2.0 引脚输出。

如果在 P2.0 引脚上接一个发光二极管，可以看见发光二极管闪烁，闪烁的频率正好是 1 Hz。

8.1.1　PCA/PWM 的有关寄存器

STC12C5A60S2 单片机有 2 路可编程计数器阵列 PCA/PWM。PCA 含有一个特殊的 16 位定时器，有 2 个 16 位的捕获/比较模块与之相连。每个模块可编程工作在 4 种模式下：上升/下降沿捕获、软件定时器、高速输出或可调制脉冲输出。

STC12C5A60S2 系列：模块 0 连接到 P1.3/CCP0，模块 1 连接到 P1.4/CCP1，如图 8-1-1 所示。PCA 定时器是 2 个模块的公共时间基准，其结构如图 8-1-2 所示。寄存器 CH 和 CL 构成 16 位 PCA 自动增量计数器，CH 为高 8 位，CL 为低 8 位。PCA 计时器的时钟源可通过编程选择：1/12 振荡频率，1/8 振荡频率，1/6 振荡频率，1/4 振荡频率，1/2 振荡频率，振荡频率，定时器 0 溢出或 ECI 脚的输入（P1.2 口）。定时器的计数源由 CMOD SFR 的 CPS、CPS1 和 CPS0 位来确定。PCA 计数器由工作模式寄存器 CMOD 和控制寄存器 CCON 进行管理和控制。

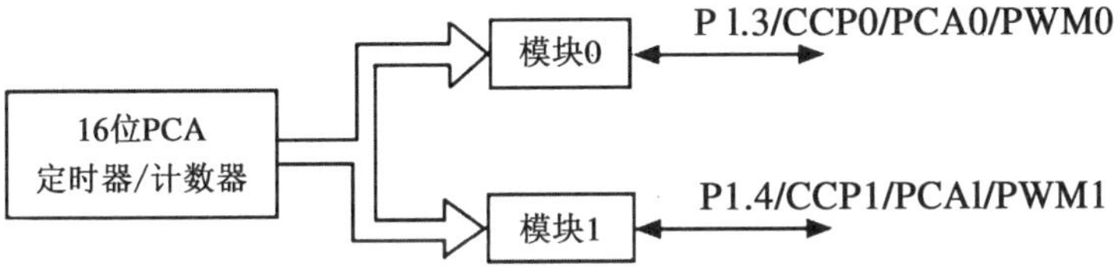

图 8-1-1　可编程计数阵列

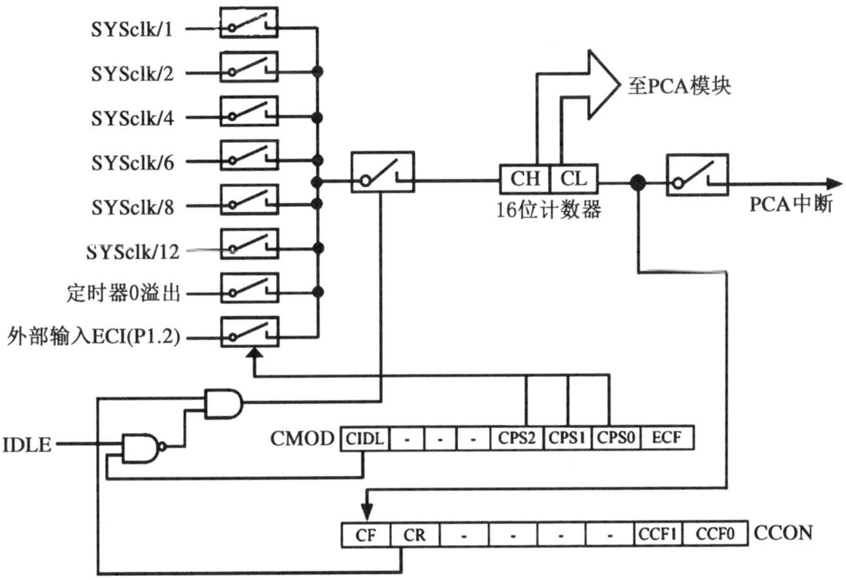

图 8-1-2　PCA 的定时/计数逻辑结构

8.1.2 PCA/PWM的功能简介

1. PCA模块模式寄存器CMOD

PCA模块模式寄存器CMOD,用于选择计数脉冲来源和计数中断管理,其格式见表8-1-1。

表8-1-1 PCA模式寄存器CMOD

SFR描述	地址	bit	B7	B6	B5	B4	B3	B2	B1	B0
CMOD	D9H	name	CIDL	—	—	—	CPS2	CPS1	CPS0	ECF

(1) CIDL位用于空闲模式下是否停止PCA计数。当CIDL=0时,空闲模式下PCA计数器继续计数;当CIDL=1时,空闲模式下PCA计数器停止计数。

(2) CPS2、CP1、CPS0位用于选择计数脉冲来源,见表8-1-2。

表8-1-2 PCA计数脉冲来源选择

CPS2	CPS1	CPS0	PCA计数脉冲来源
0	0	0	系统时钟/12
0	0	1	系统时钟/2
0	1	0	定时器T0溢出脉冲
0	1	1	ECI引脚输入脉冲(最大速率=系统时钟/2)
1	0	0	系统时钟
1	0	1	系统时钟/4
1	1	0	系统时钟/6
1	1	1	系统时钟/8

当CPS2/CPS1/CPS0=1/0/0时,PCA/PWM的时钟源是f_{osc},不用Timer0,PWM的频率为$f_{osc}/256$。如果要得到系统时钟/3来作为PCA的时钟源,应让T0工作在1T模式,记数3个脉冲即产生溢出。如果此时使用内部RC作为系统时钟(室温情况下,5V单片机为11~15.5 MHz),可以输出14~19 k频率的PWM。用T0的溢出可对系统时钟进行1~256级分频。

(3) ECF位为PCA中断允许控制位。当ECF=1时,允许PCA计数器溢出中断;当ECF=0时,禁止PCA计数器溢出中断。

2. PCA模块控制寄存器CCON

PCA模块控制寄存器CCON用于控制PCA模块16位计数器的运行计数脉冲源与记录PCA模块的中断请求标志。其格式见表8-1-3。

表 8-1-3　PCA 模块控制寄存器 CCON

SFR 描述	地址	bit	B7	B6	B5	B4	B3	B2	B1	B0
CCON	D8H	name	CF	CR	—	—	—	—	CCF1	CCF0

(1) CF 位为 PCA 计数器溢出标志。当计数器溢出时，CF 由硬件置 1，这时如果 CMOD 寄存器中的 ECF 为 1，则会向 CPU 发出中断请求。CF 位可通过硬件或者软件置 1，但只能通过用户软件清 0。

(2) CR 位为 PCA 计数器阵列运行控制位。当 CR=1 时，启动 PCA 计数；当 CR=0 时，停止 PCA 计数。CR 位通过软件置 1 或者清 0。

(3) CCF1、CCF0 分别是 PCA 模块 1 和模块 0 的中断请求标志位。当发生匹配或者捕获时由硬件置 1，需要用户通过软件清 0。

3. PCA 模块比较控制寄存器 CCAPMn

PCA 模块比较控制寄存器 CCAPMn(n=0～1)用于控制 PCA 模块的比较和捕获。其格式见表 8-1-4，工作模式设置见表 8-1-5。

表 8-1-4　PCA 模块比较/捕获寄存器 CCAPMn(n=0～1)

SFR 描述	地址	bit	B7	B6	B5	B4	B3	B2	B1	B0
CCAPM0	DAH	name	—	ECOM0	CAPP0	CAPN0	MAT0	TOG0	PWM0	ECCF0

表 8-1-5　PCA 模块比较/捕获寄存器 CCAPMn(n=0～1)工作模式

—	ECOMn	CAPPn	CAPNn	MATn	TOGn	PWMn	ECCFn	模块功能
	0	0	0	0	0	0	0	无此操作
	1	0	0	0	0	1	0	8 位 PWM，无中断
	1	1	0	0	0	1	1	8 位 PWM 输出，由低变高可产生中断
	1	0	1	0	0	1	1	8 位 PWM 输出，由高变低可产生中断
	1	1	1	0	0	1	1	8 位 PWM 输出，由低变高或由高变低均可产生中断
	X	1	0	0	0	0	X	16 位捕获模式，由 CEXn/PCAn 的上升沿触发
	X	0	1	0	0	0	X	16 位捕获模式，由 CEXn/PCAn 的下降沿触发
	X	1	1	0	0	0	X	16 位捕获模式，由 CEXn/PCAn 的跳变触发
	1	0	0	1	0	0	X	16 位软件定时器
	1	0	0	1	1	0	X	16 位高速输出

（1）ECOMn（n=0～1）为比较功能允许控制位，置1允许比较功能。

（2）CAPPn（n=0～1）为上升沿捕获控制位，置1允许上开治捕获。

（3）CAPNn（n=0～1）为下降沿捕获控制位，置1允许下降沿捕获。

（4）MAT（n=0～1）为匹配位控制位，如果MATn=1，当PCA计数值（CH、CL）与模块比较/捕获寄存器值（CCAPnH、CCAPnL）相等时，CCON寄存器中的中断标志CCFn将被置1。

（5）TOGn（n=0～1）为翻转控制位，如果TOGn=1，PCA模块工作于高速脉冲输出模式，当PCA计数值与模块的比较/捕获寄存器值相等时，将使PCAn引脚的输出状态翻转。

（6）PWMn（n=0～1）为脉宽调制模式控制位，如果PWMn=1，PCA工作于脉宽调制输出模式，PCA模块0和模块1的引脚用作脉宽调制输出。

（7）ECCFn（n=0～ 1）为PCA模块中断允许控制位，与CCON寄存器中的CCFn中断请求标志配合，用来产生PCA模快中断，ECCFn=1时，允许产生中断，ECCFn=0时，止产生中断。

4. PCA的16位计数器低8位CL和高8位CH

CL和CH地址分别为E9H和F9H，复位值均为00H，用于保存PCA的装载值。

5. PCA捕捉/比较寄存器CCAPnL（低位字节）和CCAPnH（高位字节）

当PCA模块用于捕获或比较时，它们用于保存各个模块的16位捕捉计数值；当PCA模块用于PWM模式时，它们用来控制输出的占空比。其中，n=0，1，分别对应模块0和模块1。复位值均为00H。它们对应的地址分别为：

CCAP0L—EAH、CCAP0H—FAH：模块0的捕捉/比较寄存器。

CCAP1L—EBH、CCAP1H — FBH：模块1的捕捉/比较寄存器。

6. PCA模块PWM寄存器PCA_PWMn（n=0，1）

PCA模块PWM寄存器的格式见表8-1-6。

表8-1-6 PCA模块PWM寄存器PCA_PWMn（n=0,1）

SFR描述	地址	bit	B7	B6	B4	B3	B2	B1	B0
PCA_PWM0	F2H	name						EPC0H	EPC0L
PCA_PWM1	F3H	name						EPC1H	EPC1L

EPCnH（n=0～1）：在PWM模式下，与CCAPnH组成9位数。

EPCnL（n=0～1）：在PWM模式下，与CCAPnL组成9位数。

8.1.3 PCA模块的工作方式

PCA模块可以编程实现4种工作模式：PCA捕获模式、软件定时器模式、高速脉冲输出模式和脉宽调制PWM输出模式。

1. PCA 捕获模式

要使一个 PCA 模块工作在捕获模式，寄存器 CCAPMn 的两位（CAPNn 和 CAPPn）或其中任何一位必须置 1。其逻辑结构如图 8-1-3 所示。当 CAPPn=1 时，上升沿捕获有效；当 CAPNn=1 时，下降沿捕获有效；当 CAPPn 和 CAPNn 同时为 1 时，则上升沿和下降沿都捕获有效。

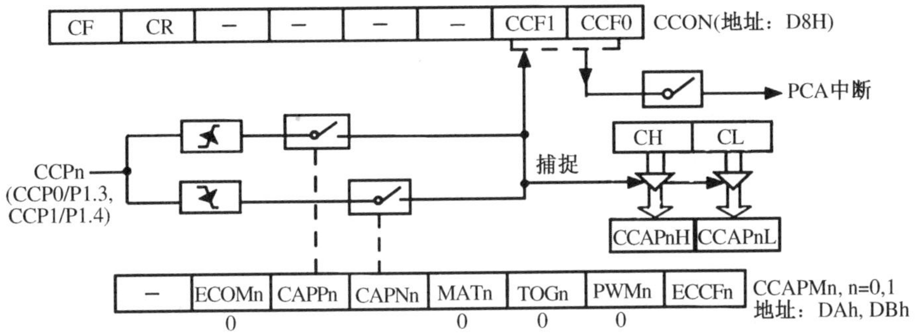

图 8-1-3　PCA 的捕获模式

PCA 模块工作于捕获模式时，对外部的引脚（P1.3、P1.4）的跳变进行信号采样。当采样到有效跳变时，PCA 硬件就将 PCA 计数器阵列寄存器 CH 和 CL 的值装载到模块的捕获寄存器 CCAPnL、CCAPnH 中，同时将中断标志位 CCFn 置 1。如果中断允许位 ECCFn=1，且 EA=1，则可向 CPU 申请中断，在 PCA 中断服务程序中判断是哪一个模块申请了中断，退出中断服务时需要通过用户软件清 0 中断标志位。

2. 软件定时器模式

当 CCAPMn 寄存器中的 ECOMn 位和 MATn 位为 1 时，PCA 模块将工作于 16 位软件定时器模式，其逻辑结构如图 8-1-4 所示。

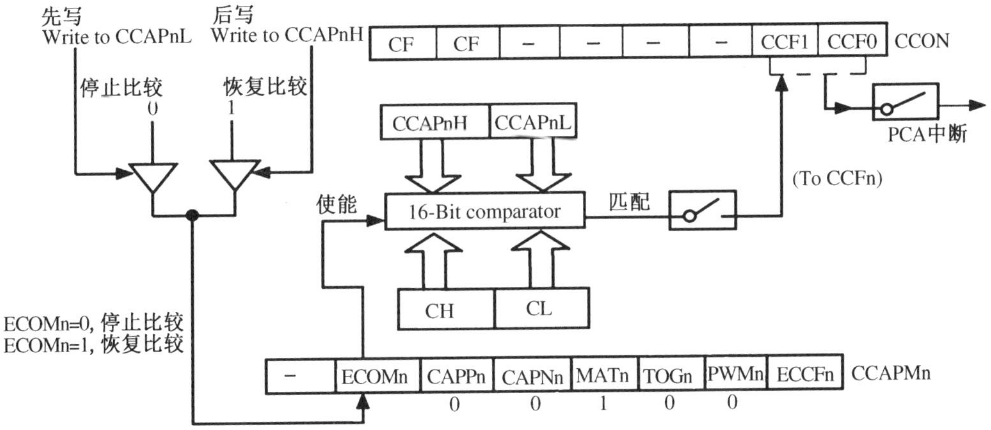

图 8-1-4　PCA 软件定时器模式

PCA 模块工作于软件定时器模式时，PCA 计数器 CH、CL 的值与模块捕获寄存器

CCAPnH、CCAPnL 的值进行比较，二者相等时自动置 1 中断标志位 CCFn，此时如果对应的中断允许位 ECCFn=1 且 EA=1，则可向 CPU 申请中断，在 PCA 中断服务程序中判断是哪一个模块申请了中断，退出中断服务程序时需要通过用户软件清 0 中断标志位。

通过设置 PCA 模块捕获寄存器 CCAPnH、CCAPnL 的值与 PCA 计数器时钟源，可以调整定时时间。赋值时，应先给 CCAPnL 赋值，再给 CCAPnH 赋值。一般情况下，PCA 的 16 位计数器 CH、CL 赋初值 0，PCA 计数器计数值与定时时间的计算公式如下：

PCA 计数器计数值(CCAPnH、CCAPnL 设置值或者步长值)=定时时间/计数脉冲源周期

3. 高速脉冲输出模式

PCA 模块工作在高速脉冲输出模式时，PCA 计数器 CH、CL 的计数值与模块/比较捕获寄存器 CCAPH、CCAPnL 的值相比较，二者相等时，PCA 模块的 CCPn 引脚状态将发生翻转，同时中断标志置 1，如果中断允许位 ECCFn=1，将产生 PCA 中断请求。使用高速脉冲输出模式触发引脚状态获得的定时信号，比用软件定时器在中断服务程序中通过位操作指令获得的定时信号要精确得多。高速脉冲输出周期的计算公式如下：

高速脉冲输出周期=PCA 计数器时钟源周期×计数次数([CCAPnH：CCAPnL]−CH：CL])×2

计数次数(取整数)=高速脉冲输出周期(PCA 计数器时钟源周期×2)

=PCA 计数器时钟源频率/(高速脉冲输出频率×2)

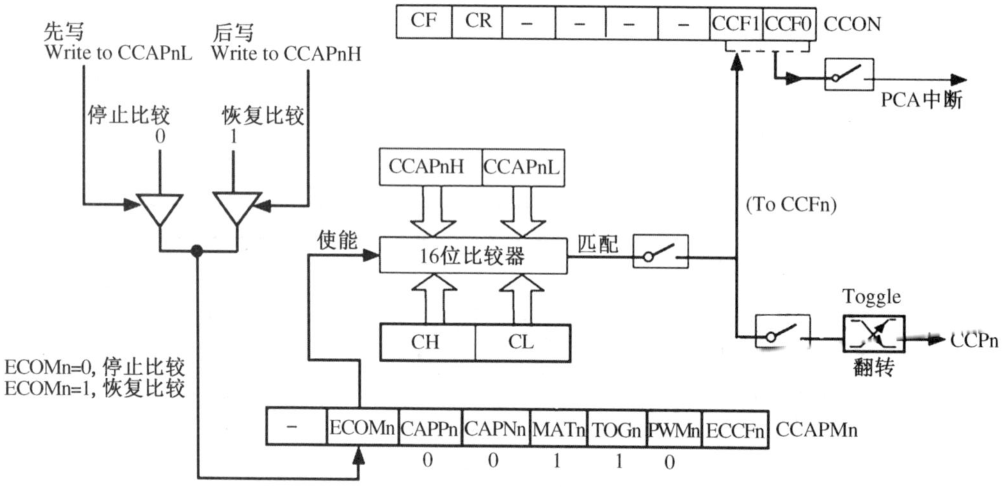

图 8-1-5　PCA 高速脉冲输出模式

4. 脉宽调制 PWM 输出模式

当 CCAPMn 寄存器中的 ECOMn 位和 PWMn 位都为 1 时，PCA 模块将工作于脉宽调制 PWM 输出模式，简称 PWM 模式。PCA 模块的 PWM 模式结构如图 8-1-6 所示。

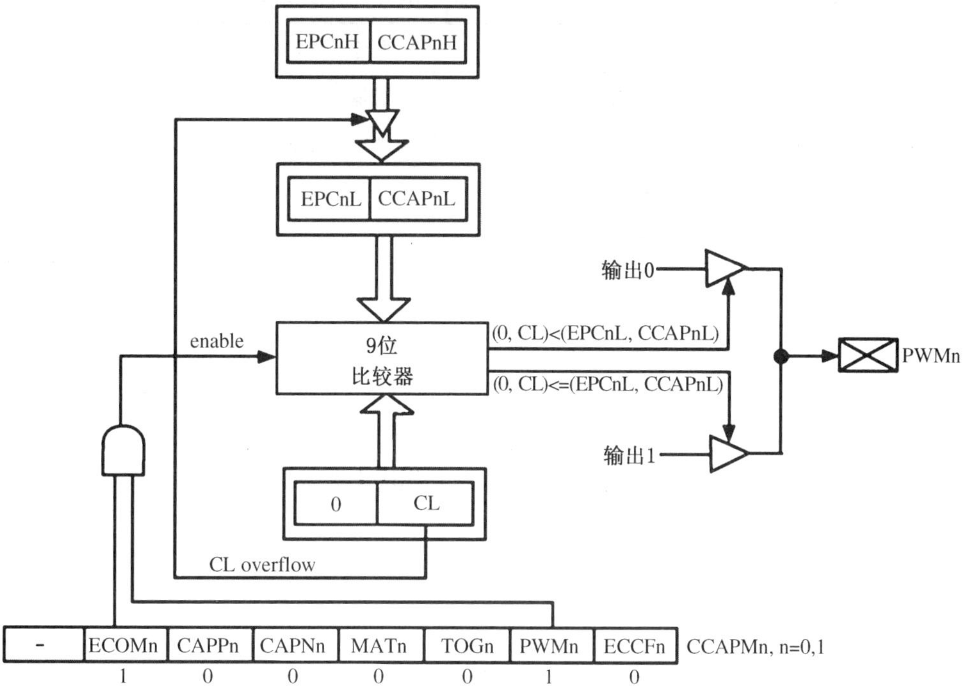

图 8-1-6 PCA 可调制脉冲宽度输出模式

由于所有模块共用仅有的 PCA 定时器，所有它们的输出频率相同。各个模块的输出占空比是独立变化的，与使用的捕获寄存器{EPCnL，CCAPnL}有关。当寄存器 CL 的值小于{EPCnL，CCAPnL}时，输出为低，当 CL 的值等于或大于{EPCnL、CCAPnL}时，输出为高。当 CL 的值由 FF 变为 00 溢出时，{EPCnH，CCAPnH}的内容装载到{EPCnL，CCAPnL}中。这样就可实现无干扰地更新 PWM。要使用 PWM 模式，模块 CCAPMn 寄存器的 PWMn 和 ECOMn 位必须置位。

由于 PWM 是 8 位的，所以，PWM 的频率＝ PCA 时钟输入源频率/256。

PCA 时钟输入源可以从以下 8 种中选择一种：

f_{osc}，$f_{osc}/2$，$f_{osc}/4$，$f_{osc}/6$，$f_{osc}/8$，$f_{osc}/12$，定时器 0 的溢出，ECI/P1.2 输入。

例如，要求 PWM 输出频率为 38 kHz，选 f_{osc} PCA/PWM 时钟输入源，求出 f_{osc} 的值。

由计算公式 $38\ 000 = f_{osc}/256$，得到外部时钟频率 $f_{osc} = 38\ 000 \times 256 \times 1 = 9\ 728\ 000$。

如果要实现可调频率的 PWM 输出，可选择定时器 0 的溢出率或者 ECI 脚的输入作为 PCA/PWM 的时钟输入源。

当 EPCnL＝0 及 ECCAPnL＝00H 时，PWM 固定输出高电平。

当 EPCnL＝1 及 CCAPnL＝0FFH 时，PWM 固定输出低电平。

当某个 I/O 口作为 PWM 使用时，该口的状态见表 8-1-7。

表 8-1-7　I/O 口作为 PWM 输出使用时的状态

PWM 之前口的状态	PWM 输出时口的状态
弱上拉/准双向口	强推挽输出/强上拉输出，要加输出限流电阻 1～10 k
强推挽输出/强上拉输出	强推挽输出/强上拉输出，要加输出限流电阻 1～10 k
仅为输入/高阻	PWM 无效
开漏	开漏

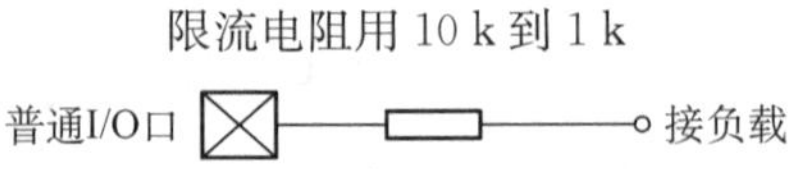

利用 PWM 输出功能可以实现 D/A 转换，典型的应用电路如图 8-1-7 所示。图中利用 RC 构成滤波电路，对 PWM 输出波形进行平滑处理，从而可在 D/A 输出端得到稳定的直流电压。

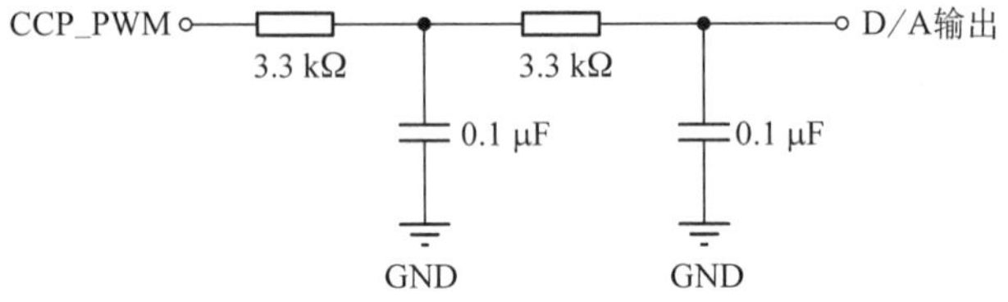

图 8-1-7　用 PWM 实现 D/A 转换器的典型电路

任务实施

8.1.4　任务实施

1. 硬件电路

用单片机实现脉冲信号，频率要求为 1 Hz，脉冲信号由 P2.0 引脚输出。在 P2.0 引脚上接一个发光二极管，硬件电路如图 8-1-8 所示。

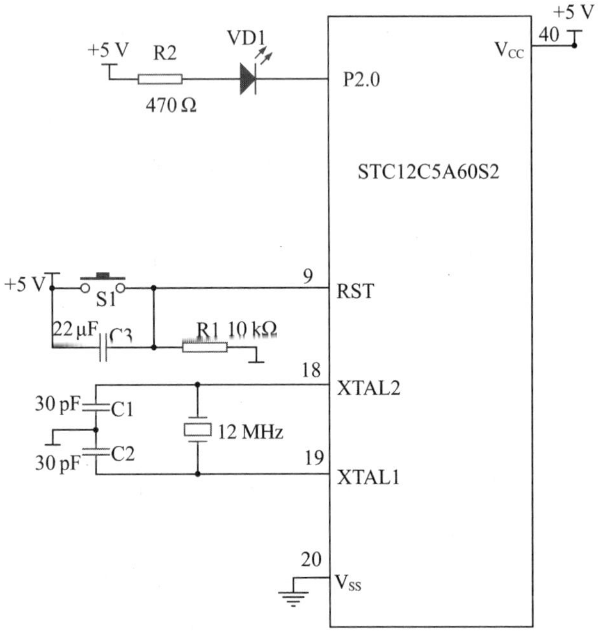

图 8-1-8　脉冲信号产生电路

2. 软件设计

频率为 1 Hz 的正方波脉冲信号，就是周期为 1s，占空比为 50%，1 个周期时间内，高电平、低电平各占 500 ms。在这里通过 PCA 模块的软件定时模式来实现，定时时间为 500 ms，选用 PCA 模块 0。初始化时，设置 PCA 时钟源为 $f_{osc}/12$。

假定系统时钟频率 f_{osc} 为 12 MHz。PCA 定时器是 16 位，最大的计数脉冲个数是 65 536，一次溢出最长的定时时间是 65.536 ms，故需要采用多次溢出才可以实现 500 ms 的定时。可以采用定时 10 ms，溢出 50 次，得到 500 ms 的定时。

与定时器使用的方法类似，PCA 模块的应用主要有两点：一是要正确的初始化，包括写入控制字、捕捉常数的设置等；二是在中断服务程序中编写需要的任务代码。

PCA 模块的初始化流程一般如下：

（1）设置 PCA 模块的工作方式，将控制字写入 CMOD、CCON、CCAPMn 寄存器。

（2）设置捕捉寄存器低字节 CCAPnL 和高字节 CCAPnH 初值。

（3）根据需要，开放 PCA 中断，并将 EA 置 1。

（4）置 1CR 位，启动 PCA 定时器开始计数。

程序流程如图 8-1-9 所示。

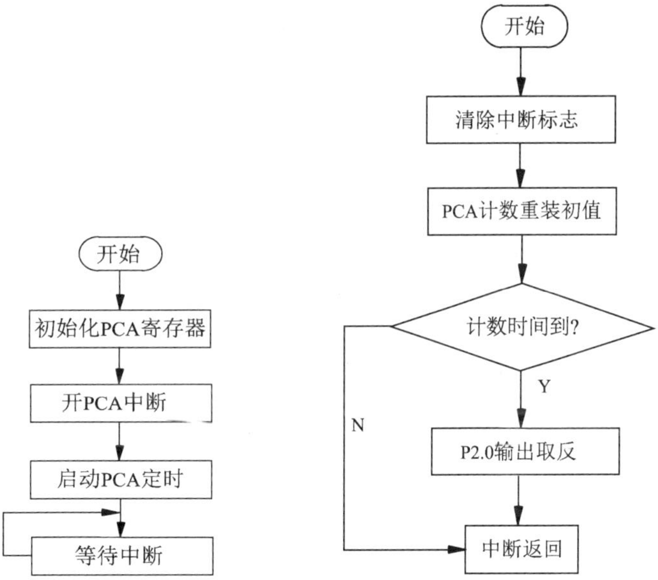

(a) 中断服务流程　　(b) 主程序流程

图 8-1-9　脉冲信号程序流程

参考程序如下：

```
/ **** P2.0 接一个发光二极管，低电平点亮 ********** /
#include "stc12c60s2.h"
#include "intrins.h"
#define FOSC 12000000
#define T100Hz (FOSC / 12 / 100)
sbit Pulse_LED =P2^0;    //脉冲测试 LED
unsigned  int  value;
```

```
unsigned char cnt;
void PCA_Routine(void) interrupt  7
{
  CCF0=0;                       //清除中断标志
  CL=0;                         //PCA 计数重装初值
  CH=0;
  value=T100Hz;
  CCAP0L=value;
  CCAP0H=value >> 8;            //更新比较值
  if (cnt-- == 0)
  {cnt=50;                      //计数 50 次
   Pulse_LED=! Pulse_LED; //取反
   }
}
void main()
{
  CMOD=0x00;         //设置 PCA 时钟源为 fosc/12,禁止 PCA 定时溢出中断
  CCON=0;            //初始化 PCA 控制寄存器,PCA 定时停止
                     //清除 CF 标志,清除所有模式中断标志
  CCAPM0=0x49;       //PCA 16 位软件定时模式,使能 PCA 中断
  CL=0;              // PCA 计数初值
  CH=0;
  value=T100Hz;      //初值 10000=2710H,代表 10 ms
  CCAP0H=value >> 8;
  CCAP0L=value
   EA=1;             //中断总允许
  cnt =50;           // 50×10000×1 μs=500 ms
  CR=1;              // 启动 PCA 定时功能
  while (1);
}
```

实物演示

以上程序中,如果将初始化 CCAPM 0 的值修改为 0X4D,其余不变,用示波器观察 P1.3 引脚输出,可以看到周期为 20 ms 的方波信号。实际上这是 PCA 高速输出模式的应用。

任务 8.2 直流电机测速

任务描述: 设计一个脉宽调速电路,实现对直流电机转速的控制。利用光电脉冲转

换、整形、门控电路和计数电路测出直流电机的转速，并在液晶屏上显示。

直流电机
测速原理

8.2.1　直流电机测速原理

1. 电机 H 桥驱动原理

H 桥（H-Brigde），即全桥。如图 8-2-1 所示，H 桥式电机驱动包括 4 个三极管和 1 个电机，因为形状酷似 H 得名，其中 4 个三极管组成 H 的 4 个垂直腿，电机就是 H 中的横杠。

要使电机运转，必须导通对角线上的一对三级管，根据三极管对的导通情况，电流可能从左至右，或从右至左流过电机，从而控制电机的转向。

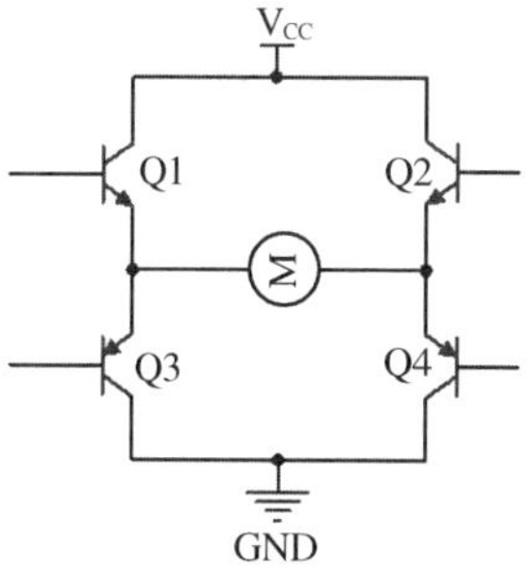

图 8-2-1　H 桥式电机驱动电路

例如，当 Q1 和 Q4 导通，电流就经 Q1 从左到右流过电机，经 Q4 回到电源负极，该流向的电流将驱动电机顺时钟转动，当 Q2 和 Q3 导通，电流经 Q2 从右至左流过电机，从而驱动电机逆时针旋转。

图 8-2-2　光电测速码盘外观

2. 光电测速原理

在电机轴上固定一个开孔圆盘，圆盘上开有断续的方孔，在圆盘侧面安装有一个槽形光耦，如图 8-2-2 所示，图中圆盘是 6 个方孔。圆盘左侧是对射光电传感器，由红外线发射二级管与红外线接收三级管组成。

电机转动时，红外线发射管通过开孔盘照射到红外线接收管使接受管导通，将光信号转为电信号输出，开孔圆盘上有固定数量的小孔，开孔盘每转动一周，红外线接收管上接收光的次数等于盘上的开孔数，因此，可以通过测量槽形光耦输出的脉冲频率，得到被测转速，即

$$n=\frac{60f}{N}(\mathrm{rpm/min})$$

式中，n 为转速；f 为脉冲频率；N 为圆盘开孔数。

槽形光耦将光信号转换成电信号，通过放大整形，最终得到输出频率，通过 MCU 采集计算得到对应的转速数据。放大整形电路如图 8-2-3 所示。

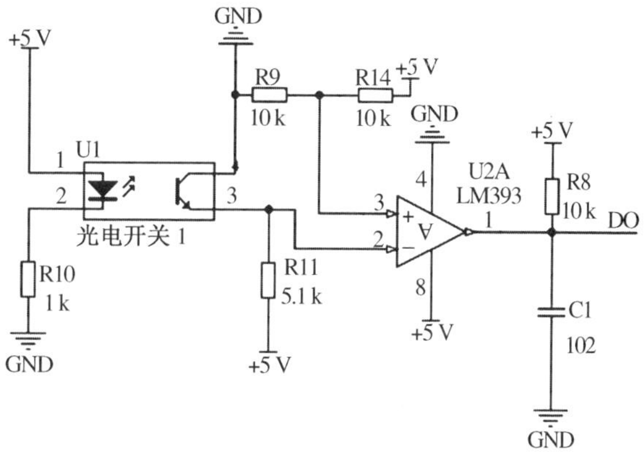

图 8-2-3　放大整形电路

8.2.2 PWM 的应用

PWM 应用

1. 硬件电路

电路连接如图 8-2-4 所示。采用 PCA 模块 0 实现 PWM 的功能，模块 0 控制寄存器 CCAPM0 的初始值设置为 0X42。用 P3.2、P3.3 引脚上的按键，实现初值的加减。从而改变模块 0 寄存器 CCAP0H 和 CCAP0L 的值，实现引脚 P1.3 输出脉冲宽度的调节。

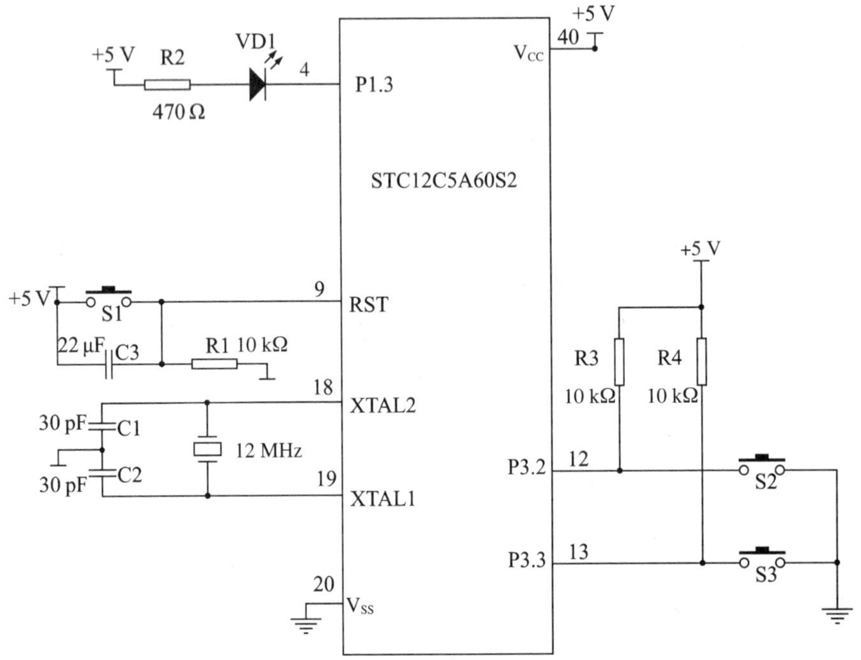

图 8-2-4　PWM 应用电路

2. 程序设计

通过按键来实现模块 0 寄存器 CCAP0H 和 CCAP0L 的加减，步进值可以设置为 50，由于 CCAP0H 和 CCAP0L 为 8 位寄存器，Vx*50 的值要小于 256，故 Vx 值是 1～5 之间的整数。程序流程如图 8-2-5 所示。

参考程序如下：

```
/ *************** 演示 PWM 的启动和调节 *************** /
/ *************** P1.3 接 1 个发光二极管，低电平点亮 * /
    #include<STC12C60S2.H> //头文件
    #define uchar unsigned char
    #define uint unsigned int
    uchar vx=1;
    sbit KEY_H=P3^2;
    sbit KEY_L=P3^3
```

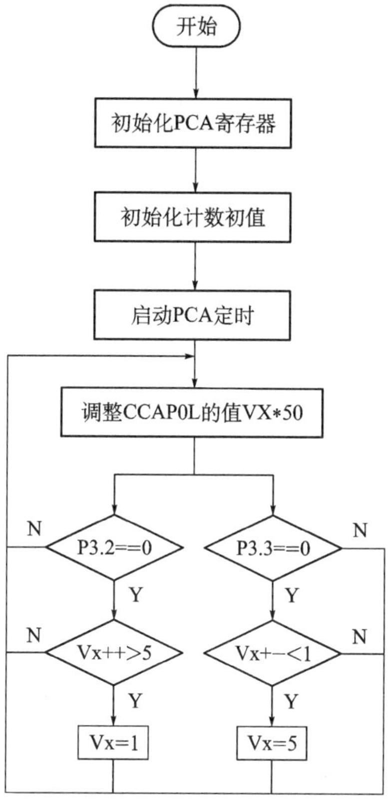

图 8-2-5　PWM 应用程序流程

```
void PWM_init (void)          //PWM 初始化函数
{
   CCON=0x00;
   CMOD=0x02;               //系统时钟 2 分频
   CCAPM0=0x42;             //PWM0 设置 PCA 工作方式为 PWM 方式
   CL=0x00;
   CH=0x00;
   CCAP0L=0x00;
   CCAP0H=0x00;
}
/ ************************************************************ /
  void PWM0_set (uchar a)   //PWM0 占空比设置函数
{
   CCAP0L=a;                    //设置值直接写入 CCAP0L
   CCAP0H=a;                    //设置装载值写入 CCAP0L
}
/ ************* 延时函数 *************************** /
```

```
void DelayM(unsigned int a)
{
        unsigned char n,i,j;
          while(--a! =0){
          for(n=1;n>0;n--)
                for(j=222;j>0;j--)
                      for(i=12;i>0;i--);
                            }
        }
    /***************** 主函数 *************************/
    void main(void)
    {
      KEY_H=1;KEY_L=1;
      PWM_init ();
      CR=1;                    //启动 PCA 定时器
    while(1)
    {
      PWM0_set(vx*50);
    /****************** 加调整 ******************/
    if (KEY_H == 0)
    {   DelayM(20);
       if(KEY_H == 0)
       {
         vx++;
         if(vx>5){vx=1;}
         }
       while(KEY_H == 0);
       }
    /************ 减调整 **********************/
       if (KEY_L == 0)
       {
        DelayM(20);
       if(KEY_L == 0)
       {
         vx--;
         if(vx<1){vx=5;}
        }
        while(KEY_L == 0);
```

```
    }
  }
}
```

用示波器可以观察到 P1.3 脚上输出的波形，同时，也可以用万用表测试 P1.3 上的电压。EPC0L＝0，CCAP0L＝50，100，150，200，250 等值 P1.3 脚输出电平情况如图 8-2-6 所示。从图中可知，CCAP0L 的值不同，脉冲的宽度不一样。

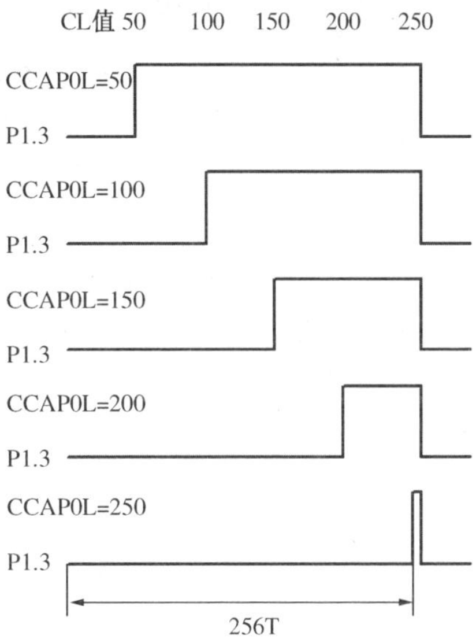

图 8-2-6　PWM 应用输出波形

8.2.3　任务实施

1. 硬件电路

被测电机选用 130 电机，参考电压 6 V，参考电流约为 0.45 A，转速约为 15 000～16 000 转，因此，选用 S8050 与 S8550 三级管搭建驱动电路，电机驱动电路如图 8-2-7 所示。

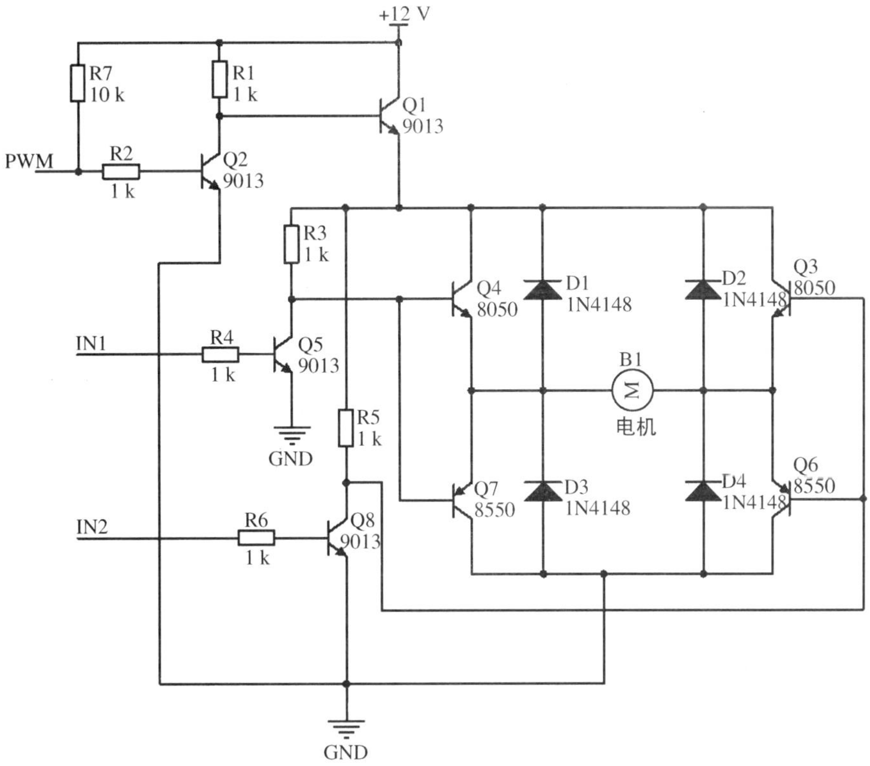

图 8-2-7　H 桥电机驱动原理

其中 IN1、IN2 控制电机运动方向，输出逻辑见表 8-2-1。

表 8-2-1　控制逻辑表

IN1	IN2	状态	IN1	IN2	状态
H	L	反转	H	H	快速制动
L	H	正转	L	L	快速制动

PWM 引脚接入 MCU 的控制信号，控制电机的转速，占空比越低，转速越快。

电机正常工作时，当 IN1 为高电平，IN2 为低电平，Q5 导通，Q8 截止，导致 Q4 截止，Q7 导通，Q3 导通，Q6 截止，电机反转；反之，当 IN1 为低电平，IN2 为高电平，Q5 导截止，Q8 导通，导致 Q4 导通，Q7 截止，Q3 截止，Q6 导通，电机正转。

当 PWM 端为高电平时，三极管 Q2 饱和导通，Q2 的集电极端电压约为 0.3V，Q1 截止，整个电机没电不工作；当 PWM 端为低电平时，三极管 Q2 截止，Q1 导通，整个电机正常工作。电机供电电压 $V=12(1-q)$，其中，q 为占空比，q 越小，V 越大，电机速度越快。控制 PWM 端脉冲信号的占空比可控制电机的转速。

图 8-2-7 中 4 个二极管保护三极管，不被反向击穿。电机是感性负载，在三极管关断的时候有反向电压加在三极管集电结，容易击穿三极管。

PWM 端接单片机 P1.3，电机驱动电路的 IN1、IN2 分别接单片机的 P1.0、P1.1。红外对管的检测放大整形后输出端 D0 接单片机 P3.3。4 个按键 K1～K4 分别接单片机的 P0.0～P0.3。采用 1602 显示，数据线 D0～D7 接单片机 P2 口，三个控制线分别接单片机 P0.5～P0.7。电路原理如图 8-2-8 所示。

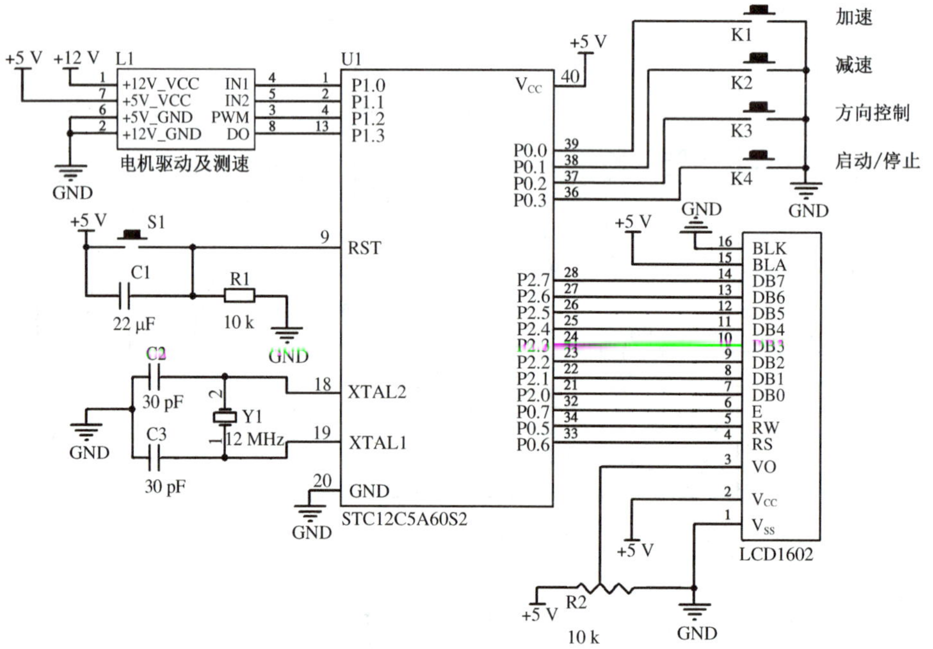

图 8-2-8　电机测速原理

2. 程序设计

在程序设计中，采用 T0、T1 来定时，定时器 0 用于提供一个测量周期，定时器 1 用于提供一个控制周期。考虑到定时器 0 的中断优先级比外部中断 0 要低，为了保证时间的准确，选用外部中断 1 接收红外对管输出的脉冲信号，优先保证时间测量的结果更准确。程序流程如图 8-2-9 所示。

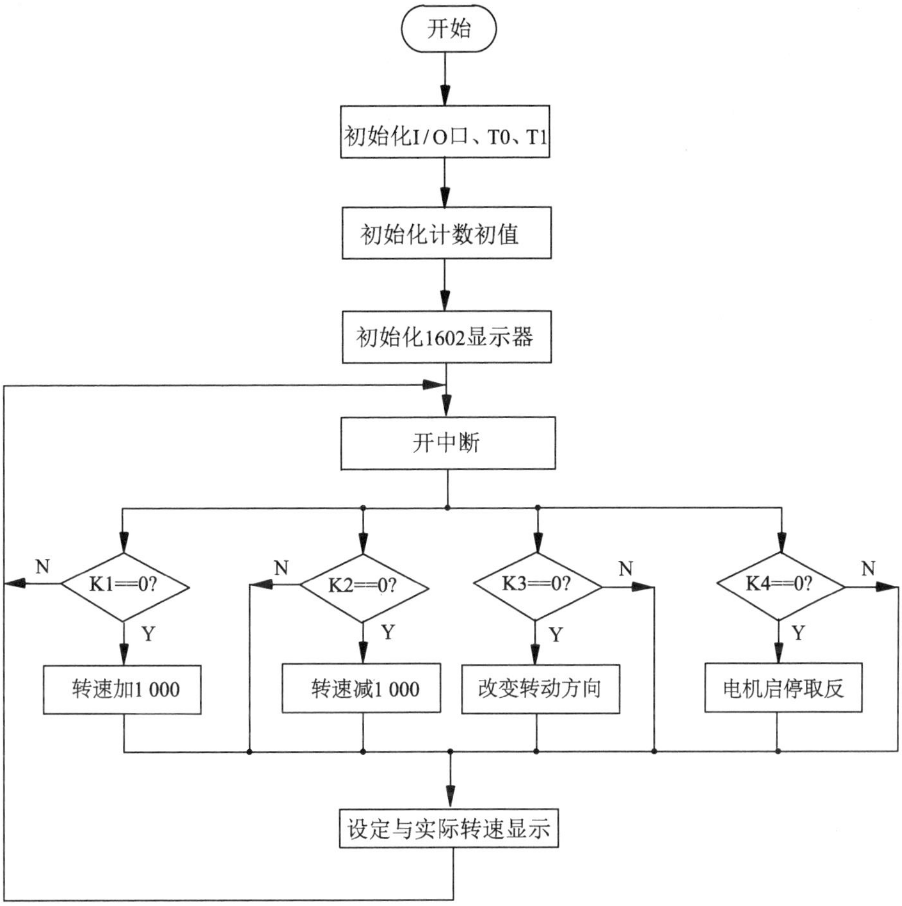

图 8-2-9　直流电机测速与调速程序流程

参考程序如下：

```
/ ************* 主程序 ******************************************* /
#include "stc12c60s2. h"
#include "LCD1602. H"
#include "M_Speed. h"
#include "uart. h"
#include "stdio. h"
sbit K1=P0^0;      //加转速按键
```

```
sbit K2=P0^1 ;      //减转速按键
sbit K3=P0^2;      //方向控制键
sbit K4=P0^3;      //开关控制键
void main()
{
  unsigned char str[9];
  P1M0|=0X03;
  P1M1|=0X00;              //将 I/O 口设置为推挽输出模式
  PCA_PWM_init();          //初始化 PCA_PWM
  Time0_Init();            //定时器 0 初始化
  Timer1Init();            //定时器 1 初始化
  Exter1_Init();           //外部中断 1 初始化
  Initialize_LCD();        //LCD1602 初始化
  EA=1;                    //开启总中断
  MOTOR_F;                 //正转
  ClearLine(0);
  ClearLine(1);
  PutString(0,0," set:     rpm/m");
  PutString(1,0,"real:     rpm/m");
  while(1)
  {
      if(K1==0)
      {
          Delay_ms(1);
          if(K1==0)
              Rev_Set_Data+=1000;
          while(! K1);
      }
      if(K2==0)
      {
          Delay_ms(1);
          if(K2==0)
              Rev_Set_Data-=1000;
          while(! K2);
        }                            //按键扫描设置转速
        if(K3==0)
        {
            Delay_ms(1);
```

```
            if(K3==0)
                Dir_Flag=~Dir_Flag;
            while(! K3);                //设置方向
        }
        if(K4==0)
        {
            Delay_ms(1);
            if(K4==0)
                Break_Flag=~Break_Flag;
            while(! K4);
        }
        if(Rev_Set_Data>16000) Rev_Set_Data=16000;
        if(Rev_Set_Data<1000) Rev_Set_Data=1000;      //数据有效性控制
        Data_ch(&str,Rev_Set_Data);
        PutString(0,5,str);//设定转速显示
        Data_ch(&str,Rev_Real_Data);
        PutString(1,5,str);//实际转速显示
    }
}
/********** #include "M_Speed.h" ***********************/
/********* 速度测量驱动头文件 ************************/
#include "stc12c60s2.h"
#include "pwm.h"
unsigned int speed=0;                   //中间变量
unsigned int motor=0;                   //外部中断计数值
unsigned int k=0;
unsigned int n=0;
unsigned int Flag=0;                    //测量完成标志位
unsigned int pwm_num=180;               //pwm 值
unsigned int Rev_Set_Data=10000;        //设定转速
unsigned int Rev_Real_Data;             //实际转速
bit Break_Flag=1;                       //制动标志位
bit Dir_Flag=0;                         //方向标志位

void Exter1_Init(void)      //初始化外部中断1,用于测量捕获边沿信号
{
    EX1=1;
    IT1=1;
```

```
}
void Time0_Init(void)//定时器 0 用于提供一个测量周期    1 ms@12 MHz
{
    TMOD=0x01;                      //设置定时器模式
    TL0=0x18;                       //设置定时初值
    TH0=0xfC;                       //设置定时初值
    TF0=0;                          //清除 TF0 标志
    ET0=1;                          //T0 溢出中断允许
    TR0=1;                          //定时器 0 开始计时
}
void Timer1Init(void)//定时器 1 用于提供一个控制周期//1 ms@12.000 MHz
{
    TMOD &= 0x0F;                   //设置定时器模式
    TL1=0x18;                       //设置定时初值
    TH1=0xFC;                       //设置定时初值
    TF1=0;                          //清除 TF1 标志
    TR1=1;                          //定时器 1 开始计时
    ET1=1;                          //T1 溢出中断允许
    TR1=1;                          //定时器 1 开始计时
}
unsigned int get_speed()
{
    if(Flag);                       //如果测量已经完成就返回数据
    {
      Flag=0;
      TR0=1;                        //启动 T0
      EX1=1;        /开外部中断 1
     return speed * 80;             //测量周期是 125ms,那么 1 min 转速为 speed * 8/6 * 60
    }
}
void Time0(void) interrupt 1
{
    TL0=0x18;                       //T0 定时 1 ms 的初值
    TH0=0xfC;
    k++;                            //k 自加 1
    if(k==125)                      //125 ms 时间到
    {
      speed=motor;                  //保存测量值
```

```
        Flag=1;
        TR0=0;
        EX1=0;
        k=0;                          //计数周期清0
              motor=0;
     }
}

void Exter1(void) interrupt 2         //外部中断1中断服务程序
{
     motor++;
   if(motor>65535) motor=0;
}
void Time1(void) interrupt 3
{
     TL1=0x18;
     TH1=0xfC;
     n++;
        if(n==1000)
         {
          n=0;
          Rev_Real_Data=get_speed();
          if(Rev_Real_Data>Rev_Set_Data) pwm_num-=1;
              //如果实际转速高于与设定转速,就增大占空比
          if(Rev_Real_Data<Rev_Set_Data) pwm_num+=1;
              //如果实际转速低于与设定转速,就减小占空比
          if(pwm_num>=255)pwm_num=255;
            if(pwm_num<=1) pwm_num=1;      //有效性控制
            if(Break_Flag==1)
              {
              MOTOR_STOP;
              pwm_config(0);
              }
            else
              {
               pwm_config(pwm_num);
              }
            if(Dir_Flag==1)
```

```
            {
            MOTOR_F;
            }
        else
            {
             MOTOR_BACK;
            }
    }
}

/*********#include "pwm.h"******************/
/*****PWM驱动及电机控制驱动************/
#include "intrins.h"
sfr PCAPWM0 =  0xf2;
sfr PCAPWM1 =  0xf3;
sbit MOTOR_A_EN  = P1^0;
sbit MOTOR_A_CON=P1^1;
#define MOTOR_F       MOTOR_A_EN=1;MOTOR_A_CON=0; //正传
#define MOTOR_BACK       MOTOR_A_EN=0;MOTOR_A_CON=1; //反转
#define MOTOR_STOP  MOTOR_A_EN=1;MOTOR_A_CON=1;//停止

//函数名称:PCA_PWM_init()
//入口参数:无
//出口参数:无
//函数功能:初始化PCA模块为PWM发生器
void PCA_PWM_init(void)
{

    CCON=0;                     //初始化PCA控制寄存器
                                //空闲模式下PCA计数器停止工作
                                //清除CF标志位
                                //清除中断标志位
    CL=0;
    CH=0;
    CMOD=0x00;                  //设置PCA计数器时钟源为Fosc/12
                                //能PCA timer溢出中断
    CCAP0H=CCAP0L =128;         //M0端口输出50%占空比的方波
    CCAPM0=0x42;                //PCA模块0工作在8位PWM模式下
```

```
    CR=1;                     //PCA 计数器开始运行
}
//函数名称:pwm_config()
//入口参数:unsigned char duty:装载值
//出口参数:无
//函数功能:设置正占空比大小范围为 0~255
void pwm_config(unsigned char duty)
{
    if(duty<=1) duty=1;
    if(duty>=255)duty=255;//有效性控制
    CCAP0H=CCAP0L=duty;


}
/************** LCD1602.h ************************************/
//8 位数据访问方式    LCD1602     标准程序
#define LineLength  16       //16x2
/*********************************************************/
#include    "STC12C5A60S2.h"
#include    "delay.h"
#define     LCD_BUS  P2
#define     LCD_BusData(dat)    LCD_BUS=dat
sbit    LCD_ENA   = P0^7;    //Pin 6
sbit    LCD_RW   =P0^6;    //Pin 5
sbit    LCD_RS   =P0^5;    //Pin 4
/*   total 2 lines, 16x2= 32 ************/
//first line address:  0~15  ,  80H 为起始地址
/* second line address: 64~79 ***********/
#define C_CLEAR             0x01        //clear LCD
#define C_HOME              0x02        //cursor go home
#define C_CUR_L             0x04        //cursor shift left after input
#define C_RIGHT             0x05        //picture shift right after input
#define C_CUR_R             0x06        //cursor shift right after input
#define C_LEFT              0x07        //picture shift left after input
#define C_OFF               0x08        //turn off LCD
#define C_ON                0x0C        //turn on  LCD
#define C_FLASH             0x0D        //turn on  LCD, flash
#define C_CURSOR            0x0E        //turn on  LCD and cursor
#define C_FLASH_ALL         0x0F        //turn on  LCD and cursor, flash
```

```
#define C_CURSOR_LEFT       0x10        //single cursor shift left
#define C_CURSOR_RIGHT      0x10        //single cursor shift right
#define C_PICTURE_LEFT      0x10        //single picture shift left
#define C_PICTURE_RIGHT     0x10        //single picture shift right
#define C_BIT8              0x30        //set the data is 8 bits
#define C_BIT4              0x20        //set the data is 4 bits
#define C_L1DOT7            0x30        //8 bits,one line 5*7  dots
#define C_L1DOT10           0x34        //8 bits,one line 5*10 dots
#define C_L2DOT7            0x38        //8 bits,tow lines 5*7 dots
#define C_4bitL2DOT7        0x28        //4 bits,tow lines 5*7 dots
#define C_CGADDRESS0        0x40        //CGRAM address0 (addr=40H+x)
#define C_DDADDRESS0        0x80        //DDRAM address0 (addr=80H+x)
#define LCD_DelayNop()  _nop_();
/*****************************************************************/
// 函数：void  CheckBusy(void)
// 描述：检测忙函数
// 参数：none
// 返回：none
/*****************************************************************/
void    CheckBusy(void)
{
    unsigned int i;
for(i=0; i<5000; i++)  {if(! (bit)(LCD_BUS&0x80))   break;}
}
/*****************************************************************/
// 函数：void IniSendCMD(unsigned char cmd)
// 描述：初始化写命令(不检测忙)
// 参数：cmd：要写的命令
// 返回：none
/*****************************************************************/
void IniSendCMD(unsigned char cmd)
{
    LCD_RW=0;
    LCD_BusData(cmd);
    Delay_ms(5);
    LCD_ENA=1;
    Delay_ms(5);
    LCD_ENA=0;
```

```
    LCD_BusData(0xff);
}
/*****************************************************************/
// 函数：void Write_CMD(unsigned char cmd)
// 描述：写命令(检测忙)
// 参数：cmd：要写的命令
// 返回：none
/*****************************************************************/
void Write_CMD(unsigned char cmd)
{
    LCD_RS  = 0;
    LCD_RW=1;
    LCD_BusData(0xff);
    Delay_ms(5);
    LCD_ENA=1;
    CheckBusy();                //check the LCD busy or not.
    LCD_ENA=0;
    LCD_RW=0;
    LCD_BusData(cmd);
    Delay_ms(5);
    LCD_ENA=1;
    Delay_ms(5);
    LCD_ENA=0;
    LCD_BusData(0xff);
}
/*****************************************************************/
// 函数：void Write_DIS_Data(unsigned char dat)
// 描述：写显示数据(检测忙)
// 参数：dat：要写的数据
// 返回：none
/*****************************************************************/
void Write_DIS_Data(unsigned char dat)
{
    LCD_RS=0;
    LCD_RW=1;
    LCD_BusData(0xff);
    Delay_ms(5);
    LCD_ENA=1;
```

```
    CheckBusy();                //check the LCD busy or not.
    LCD_ENA=0;
    LCD_RW=0;
    LCD_RS  = 1;
    LCD_BusData(dat);
    Delay_ms(5);
    LCD_ENA=1;
    Delay_ms(5);
    LCD_ENA=0;
    LCD_BusData(0xff);
}
/ ***************************************************************** /
// 函数：void Initialize_LCD(void)
// 描述：初始化函数
// 参数：none
// 返回：none
/ ***************************************************************** /
void Initialize_LCD(void)
{
    LCD_ENA=0;
    LCD_RS=0;
    LCD_RW=0;
    Delay_ms(100);
    IniSendCMD(C_BIT8);          //set the data is 8 bits
    Delay_ms(10);
    Write_CMD(C_L2DOT7);         //tow lines 5 * 7 dots
    Delay_ms(6);
    Write_CMD(C_CLEAR);          //clear LCD RAM
    Write_CMD(C_CUR_R);          //Curror Shift Right
    Write_CMD(C_ON);             //turn on  LCD
}
/ ***************************************************************** /
// 函数：void ClearLine(unsigned char row)
// 描述：清除 1 行
// 参数：row：行(0 或 1)
// 返回：none
/ ***************************************************************** /
void ClearLine(unsigned char row)
```

```
{
    unsigned char i;
    Write_CMD(((row & 1) << 6) | 0x80);
    for(i=0; i<LineLength; i++) Write_DIS_Data(' ');
}
/**************************************************************/
// 函数：void  WriteChar(unsigned char row, unsigned char column, unsigned char dat)
// 描述：指定行、列和字符，写一个字符
// 参数：row：行(0 或 1)，  column：第几个字符(0~15)，  dat：要写的字符
// 返回：none
/**************************************************************/
void  WriteChar(unsigned char row, unsigned char column, unsigned char dat)
{
    Write_CMD((((row & 1) << 6) + column) | 0x80);
    Write_DIS_Data(dat);
}
/**************************************************************/
// 函数：void PutString(unsigned char row, unsigned char column, unsigned char *puts)
// 描述：写一个字符串，指定行、列和字符串首地址
// 参数：row：行(0 或 1)，  column：第几个字符(0~15)，  puts：要写的字符串指针
// 返回：none
/**************************************************************/
void PutString(unsigned char row, unsigned char column, unsigned char *puts)
{
    Write_CMD((((row & 1) << 6) + column) | 0x80);
    for (;  *puts != 0;  puts++)          //遇到停止符 0 结束
    {
        Write_DIS_Data(*puts);
        if(++column >= LineLength)  break;
    }
}
void Data_ch(unsigned char *temp,unsigned int t)//液晶的字符转换函数
{
    temp[0]=t/10000+0x30;                 //分离出万位
    temp[1]=t%10000/1000+0x30;            //分离出千位
    temp[2]=t%1000/100+0x30;              //分离出百位
    temp[3]=t%100/10+0x30;                //分离出十位
    temp[4]=t%10+0x30;                    //分离出个位
```

```
}

/ ************* delay. h *********************** /
include "STC12C5A60S2. H"
void Delay_ms(unsigned int n)          //@12. 000MHz
{
    unsigned char i, j;
    while(n--)
    {
        i=12;
        j=169;
        do
         {
            while (--j);
        } while (--i);
    }
}
```

实物演示

习题 8

一、选择题

1. PCA 计数溢出中断使能位是(　　)。

A. CF　　B. ECF　　C. CR　　D. CCF0

2. PCA 模式寄存器 CMOD 中值为 00 时,PCA/PWM 时钟源信号为(　　)。

A. 1/12 振荡频率　　B. 1/6 振荡频率

C. 振荡频率　　D. 1/2 振荡频率

3. 启动 PCA 计时器工作的运行控制位是(　　)。

A. CF　　B. ECF　　C. CR　　D. CCF0

4. 选择 PCA/PWM 时钟源输入为系统时钟 F0SC 时,CMOD 寄存器 CPS2、CPS1、CPS0 的值为(　　)。

A. 000　　B. 001　　C. 010　　D. 100

5. PCA 计数器溢出标志位是(　　)。

A. CF　　B. ECF　　C. CR　　D. CCF0

6. STC12C5A6062 单片机 16 位 PCA 定时器参与计数的 2 个寄存器是(　　)。

A. CH、CL　　B. CCAP0H 、CCAP0L

C. CCAP1H 、CCAP1L　　D. TH0、TL0

7. STC12C5A6062 单片机 PCA 定时器中断号是（　　）。

A. 0　　B. 3　　C. 7　　D. 8

8. STC12C5A6062 单片机 PCA 比较/捕获模块寄存器 CCAPMn 中 n 的值可以为（　　）。

A. 0 和 1　　B. 0～5　　C. 0～10　　D. 0～31

9. 寄存器 CCAPM0 的值为 0X42 时，表示（　　）。

A. 16 位软件定时模式　　B. 高速输出模式

C. 可调制脉冲输出模式　　D. 上升/下降沿捕获模式

10. 单片机工作于 PWM 模式时，采用 1 模块时输出脉冲波形的引脚是（　　）。

A. P1.3　　B. P1.4　　C. P1.5　　D. P1.6

11. 光电测速电路中，在电机轴上固定的开孔圆盘，圆盘数为 6，如果测的每秒脉冲数为 1 200，则电机转速为（　　）转/分。

A. 200　　B. 12 000　　C. 1 200　　D. 7 200

12. S8550 型三极管是（　　）。

A. NPN 型　　B. PNP 型　　C. 复合型

13. 如图 8-2-7 所示 H 桥电机驱动原理中，当 IN1、IN2 分别为 1、0 时，三极管 Q5 工作于什么状态？（　　）。

A. 饱和状态　　B. 截止状态　　C. 放大状态

二、判断题

1. PCA 的中文全称为可编程计数器阵列。（　　）
2. PWM 的中文全称为脉冲宽度调节。（　　）
3. STC12C5A60S2 系列单片机有 2 路可编程计数器阵列 PCA/PWM，对应的引脚分别为 P1.3、P1.4。（　　）
4. CCAPMn 寄存器中的位 PWM(CCAPMn.1)用来使能脉宽调制模式。（　　）
5. PCA 定时器是 32 位计数结构。（　　）
6. 单片机采用脉宽调制模式时，初始化时，必须先设置 CCAPMn 寄存器中的位 PWM (CAPMn.1)为 1。（　　）
7. 光电测速码盘电路是将电信号转为光信号输出。（　　）
8. 电路中 IN1、IN2 用来控制电机运动方向。（　　）
9. PWM 引脚接入 MCU 的控制信号，控制电机的转速，占空比越低，转速越快。（　　）
10. CR=1；此语句表示 PCA 计数器开始运行。（　　）
11. AUXR=0X80；表示 T1 是采用 12T 模式。（　　）
12. 直流电机转动的快慢，是由加在电机上的电压决定的，电压越高，速度越快，反之，越慢。（　　）

三、编程题

1. 利用 PCA 模块的软件定时功能，在 P2.7 引脚输出周期为 2s 的方波，设晶振频率为 12 MHz。请编程实现。
2. 利用 PCA 模块的高速脉冲输出模式，在 PCA 模块 1 的 P1.4 引脚输出频率为 100 kHz的方波信号，设晶振频率为 12 MHz。请编程实现。
3. 利用 PCA 模块的 PWM 功能，从模块 0 输出占空比为 87.5%的 PWM 信号，从模块 1 输出占空比为 75%的 PWM 信号，设晶振频率为 12 MHz。请编程实现。

项目九

温度采集存储与回放

知识目标

- 了解单片机温度采集的方法。
- 掌握单总线接口芯片 DS18B20 的应用。
- 掌握 I^2C 芯片 AT2402 的应用。

技能目标

- 掌握单总线接口芯片的应用方法。
- 掌握 DS18B20 采集温度的方法。
- 掌握 AT2402 存储的方法。

思政目标

- 尊重规则，精益求精，培养严谨的科学态度。
- 合作共赢，顾全大局，严格遵守协议。

课程思政点

- 从传感器 DS18B20 和 24C02 读写时序，引导学生在为人处世中要严格遵守协议，珍惜时间，把握机会。
- 在学习中要具备坚持不懈的精神，在工作中要有团队协作精神，互帮互助，实现共赢。

在日常生活和工业生产中经常会应用到温度检测和控制，温度也是生产过程和科学试验中普遍且重要的物理参数之一，而数据的存储和回放是在各类参数检测过程中常需实现的功能。本项目将应用数字温度传感器芯片 DS18B20 实现温度的检测，应用 EEPROM 存储器 AT24C02 实现温度数据的存储，应用 LCD 显示模块 1602 显示测量和回放数据。

任务 9.1　数字温度采集显示

任务描述：使用温度传感器 DS18B20，通过单片机实现温度采集，在液晶显示器

LCD1602 上实时显示温度采集值。要求温度测量范围为−55℃～99℃，精度误差小于0.5℃。

9.1.1 DS18B20 引脚及内部结构

DS18B20 是常用的数字温度传感器，具有体积小、硬件开销低、抗干扰能力强、精度高、接线方便的特点。

1. DS18B20 的封装

DS18B20 的封装采用 TO－92 和 8-pinSOIC 封装。外形及引脚排列如图 9-1-1 所示。

DS18B20 引脚定义：

- DQ：数字信号输入/输出端。
- GND：电源地。
- V_{DD}：外接供电电源输入端（在寄生电源接线方式时接地）。
- NC：空引脚。

2. DS18B20 的构成

DS18B20 内部结构如图 9-1-2 所示。主要包含寄生电源、64 位只读存储器 ROM、温度传感器、内部存储器、配置寄存器五个部分。

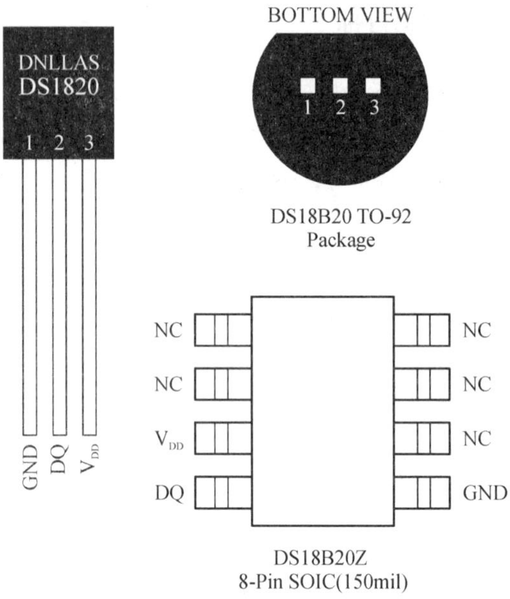

图 9-1-1　DS18B20 引脚及封装

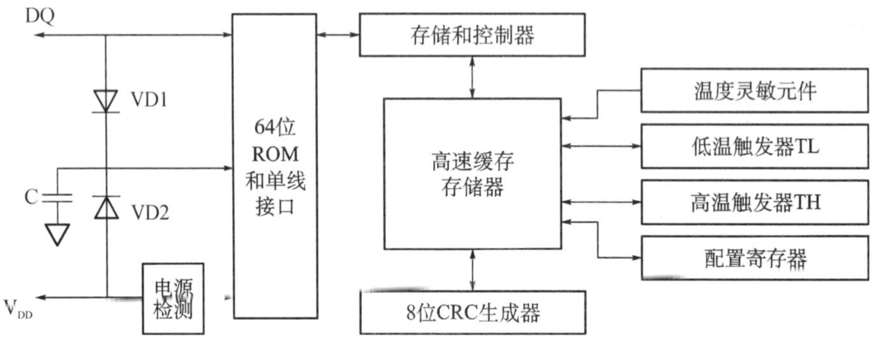

图 9-1-2　DS18B20 内部结构

（1）寄生电源

寄生电源由二极管 VD1、VD2、寄生电容 C 和电源检测电路组成。电源检测电路用于判定供电方式，DS18B20 有两种供电方式：3～3.5 V 的电源供电方式和寄生电源供电方式（直接从数据线获取电源）。当寄生电源供电时，V_{DD} 端接地，器件从单总线上获取电源。当 I/O 总线呈低电平时，由电容 C 上的电压继续向器件供电。该寄生电源的优点：一是检测远程温度时无需本地电源；二是缺少正常电源时也能读 ROM。

（2）64 位只读存储器

ROM 中的 64 位序列号是出厂前被光刻好的，它可以看作是该 DS18B20 的地址序列码。光刻 ROM 的作用是使每一个 DS18B20 都各不相同，这样就可以实现一根总线上挂接多个 DS18B20 的目的。64 位光刻 ROM 序列号的排列是：开始 8 位(28H)是产品类型标号，接着的 48 位是该 DS18B20 自身的序列号，最后 8 位是前面 56 位的循环冗余校验码。

（3）温度传感器

DS18B20 中温度传感器可以完成对温度的测量。温度测量范围为－55℃～125℃，可编程为 9～12 位 A/D 转换精度，测温分辨率可达 0.062 5℃，被测温度用符号扩展的 16 位数字量方式串行输出。

转换后的温度用符号扩展的二进制补码数表示，S 为符号位。表 9-1-1 是 12 位转化后得到的 16 位数据，高字节的前面 5 位是符号位，如果测得的温度大于 0，这 5 位为 0，只要将测到的数值乘以 0.062 5，即可得到实际温度；如果温度小于 0，这 5 位为 1，测到的数值需要取反加 1 再乘以 0.062 5，即可得到实际温度。DS18B20 部分温度数据关系见表 9-1-2。

表 9-1-1　温度转换结果

	D7	D6	D5	D4	D3	D2	D1	D0
LS Byte	2^3	2^2	2^1	2^0	2^{-1}	2^{-2}	2^{-3}	2^{-4}
MS Byte	S	S	S	S	S	2^6	2^5	2^4

表 9-1-2　DS18B20 部分温度数据

温度/℃	16 位二进制编码	十六进制表示
＋125	0000 0111 1101 0000	07D0H
＋85	0000 0101 0101 0000	0550H
＋25.0625	0000 0001 1001 0001	0191H
＋10.125	0000 0000 1010 0010	00A2H
＋0.5	0000 0000 0000 1000	0008H
0	0000 0000 0000 0000	0000H
－0.5	1111 1111 1111 1000	FFF8H
－10.125	1111 1111 0101 1110	FF5EH
－25.0625	1111 1110 0110 1111	FE6FH
－55	1111 1100 1001 0000	FC90H

（4）内部存储器

DS18B20 温度传感器的内部存储器包括一个高速暂存 RAM 和一个非易失性的可电擦除的 EEPROM。EEPROM 用于存放高温度和低温度触发器 TH、TL 和配置寄存器的内容。高速暂存器由 9 个字节组成，其分配见表 9-1-3。

第 0 和第 1 字节是测得的温度信息，第 0 字节的内容是温度的低 8 位，第 1 字节是温度的高 8 位；第 2 和第 3 字节是 TH 和 TL 的易失性复制，在每一次上电复位时被刷新（从 EEPROM 中复制到暂存器中）；第 4 字节是配置寄存器，每次上电后配置寄存器也会刷新；第 5～7 字节保留；第 8 字节是冗余校验码。

表 9-1-3　内部存储器分配

字节序号	功　能	字节序号	功　能
0	温度转换后的低字节	5	保留
1	温度转换后的高字节	6	保留
2	高温度触发器 TH	7	保留
3	低温度触发器 TL	8	CRC 校验寄存器
4	配置寄存器	—	—

（5）配置寄存器

配置寄存器用于确定温度值的数字转换分辨率，该字节各位的意义见表 9-1-4。

表 9-1-4　配置寄存器位定义

D7	D6	D5	D4	D3	D2	D1	D0
TM	R1	R0	1	1	1	1	1

低 5 位一直都是 1，TM 的测试模式位，用于设置 DS18B20 在工作模式还是测试模式。在 DS18B20 出厂时该位被设置为 0，用户不要去改动。R1 和 R0 用来设置 DS18B20 的分辨率，分辨率的默认值为 12 位，见表 9-1-5。

表 9-1-5　分辨率配置

R1	R0	分辨率/位	温度最大转换时间/ms
0	0	9	93.75
0	1	10	187.5
1	0	11	275.00
1	1	12	750.00

3. DS18B20 的使用方法

主机控制 DS18B20 完成温度转换必须经过三个步骤：初始化、ROM 操作指令、存储器操作指令。必须先启动 DS18B20 开始转换，再读出温度转换值。本程序仅挂接一个芯片，使用默认的 12 位转换精度，外接供电电源，读取的温度值高位字节送 WDMSB 单元，低位字节送 WDLSB 单元，再按照温度值字节的表示格式及其符号位，经过简单的变换即可得到实际温度值。ROM 指令见表 9-1-6，RAM 指令见表 9-1-7。

表 9-1-6　ROM 指令功能

指令	约定代码	功能
读 ROM	33H	读 DS18B20 温度传感器 ROM 中的编码(即 64 位地址)
匹配 ROM	55H	发出此命令之后，接着发出 64 位 ROM 编码，访问单总线上与该编码相对应的 DS18B20 使之作出响应，为下一步对该 DS18B20 的读写作准备
搜索 ROM	0F0H	用于确定挂接在同一总线上 DS18B20 的个数和识别 64 位 ROM 地址，为操作各器件做好准备
跳过 ROM	0CCH	忽略 64 位 ROM 地址，直接向 DS1820 发温度变换命令，适用于单片工作
告警搜索命令	0ECH	执行后只有温度超过设定值上限或下限的片子才作出响应

表 9-1-7　RAM 指令功能

温度变换	44H	启动 DS18B20 进行温度转换，12 位转换时最长为 750 ms(9 位为 93.75 ms)，结果存入内部 9 字节 RAM 中
读暂存器	0BEH	读内部 RAM 中 9 字节的内容
写暂存器	4EH	发出向内部 RAM 中第 3、4 字节写上、下限温度数据命令，紧跟该命令之后，是传送 2 字节的数据
复制暂存器	48H	将 RAM 中第 3、4 字节的内容复制到 EEPROM 中
重调 EEPROM	0B8H	将 EEPROM 中的内容恢复到 RAM 中第 3、4 字节
读供电方式	0B4H	读 DS18B20 的供电模式。寄生供电时 DS18B20 发送“0”，外接电源供电时 DS18B20 发送“1”

4. DS18B20 的通信协议及时序

由于 DS18B20 采用的是 1－Wire 总线协议方式，即在一根数据线实现数据的双向传输，而对 STC12C5A60S2 单片机来说，硬件上并不支持单总线协议，因此，必须采用软件的方法模拟单总线的协议时序完成对 DS18B20 芯片的访问。

由于 DS18B20 是在一根 I/O 线上读写数据，所以，对读写的数据位有着严格的时序要求。DS18B20 有严格的通信协议来保证各位数据传输的正确性和完整性。该协议定义了三种信号的时序：初始化时序、读时序、写时序。所有时序都是将主机作为主设备，单总线器件作为从设备。而每一次命令和数据的传输都是从主机主动启动写时序开始，如果要求单总线器件回送数据，在进行写命令后，主机需启动读时序完成数据接收。数据和命令的传输都是低位在先。

(1) DS18B20 的复位时序

DS18B20 的复位时序如图 9-1-3 所示。单片机先将 DQ 设置为低电平，延时至少 480 μs 后再将其变成高电平。等待 15～60 μs 后，检测 DQ 是否变为低电平，若已变为低电平则表明复位成功，可进入下一操作。否则可能发生器件不存在、器件损坏或者其他故障。

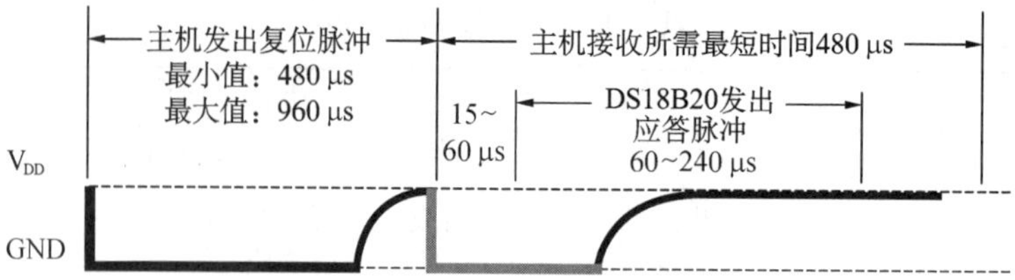

图 9-1-3　**DS18B20 的复位时序**

(2) DS18B20 的读时序

DS18B20 的读时序分为读 0 时序和读 1 时序两个过程。

DS18B20 写 0 时序和写 1 时序要求主机把单总线拉低之后，在 15 μs 之内就得释放单总线，以让 DS18B20 把数据传输到单总线上。DS18B20 完成一个读时序过程，至少需要 60 μs。DS18B20 的读时序流程如图 9-1-4 所示。

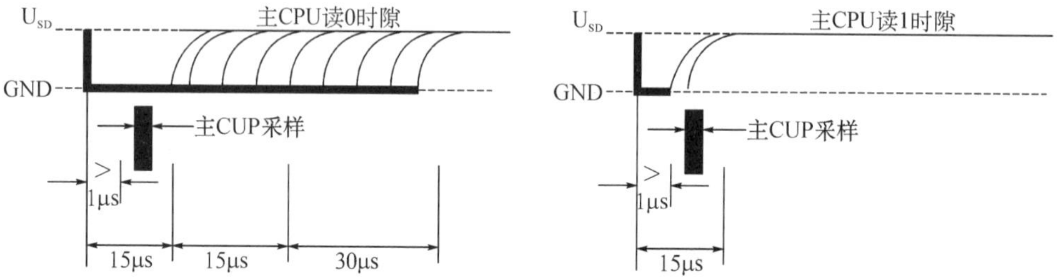

图 9-1-4　**DS18B20 的读时序**

(3) DS18B20 的写时序

DS18B20 的写时序仍然分为写 0 时序和写 1 时序两个过程。

DS18B20 写 0 时序和写 1 时序的要求不同，当要写 0 时序时，单总线要被拉低至少 60 μs，保证 DS18B20 能够在 15 μs 到 45 μs 之间能够正确地采样 I/O 总线上的“0”电平，当要写 1 时序时，单总线被拉低之后，在 15 μs 之内就得释放单总线。DS18B20 的写时序流程如图 9-1-5 所示。

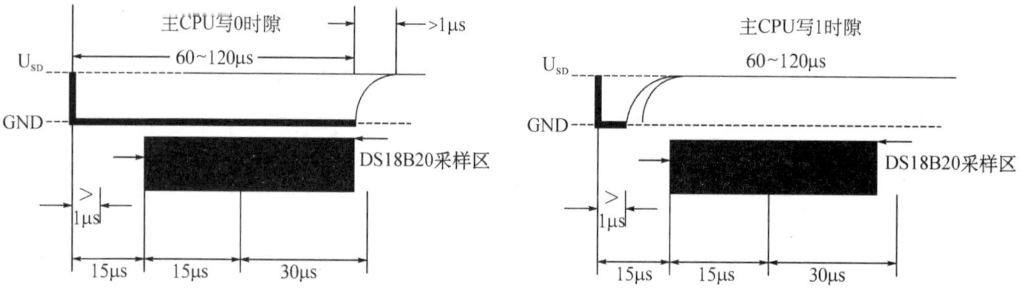

图 9-1-5　**DS18B20 的写时序**

5. DS18B20 使用中的注意事项

（1）较小的硬件开销需要相对复杂的软件进行补偿，由于 DS18B20 与微处理器间采用串行数据传送，所以，在对 DS18B20 进行读写编程时，必须严格保证读写时序，否则将无法读取测温结果。对 DS18B20 操作最好采用汇编语言实现。

（2）在 DS1820 的有关资料中均未提及单总线上所挂 DS18B20 数量的问题，容易使人误认为可以挂任意多个 DS18B20，在实际应用中却并非如此。当单总线上所挂 DS18B20 超过 8 个时，就需要解决微处理器的总线驱动问题，这一点在进行多点测温系统设计时要加以注意。

（3）连接 DS18B20 的总线电缆是有长度限制的。普通信号电缆 50 m，双绞线带屏蔽电缆可达 150 m。

（4）在 DS18B20 测温程序设计中，向 DS18B20 发出温度转换命令后，程序总要等待 DS18B20 的返回信号，一旦某个 DS18B20 接触不好或断线，当程序读该 DS18B20 时，将没有返回信号，程序进入死循环。

9.1.2　任务实施

1. 硬件电路

DS18B20 与单片机、数码管接口电路如图 9-1-6 所示，根据本实训测量的温度精度要求，选择了 4 联装共阳极数码管，根据选择的 4 联装数码管的

任务实施

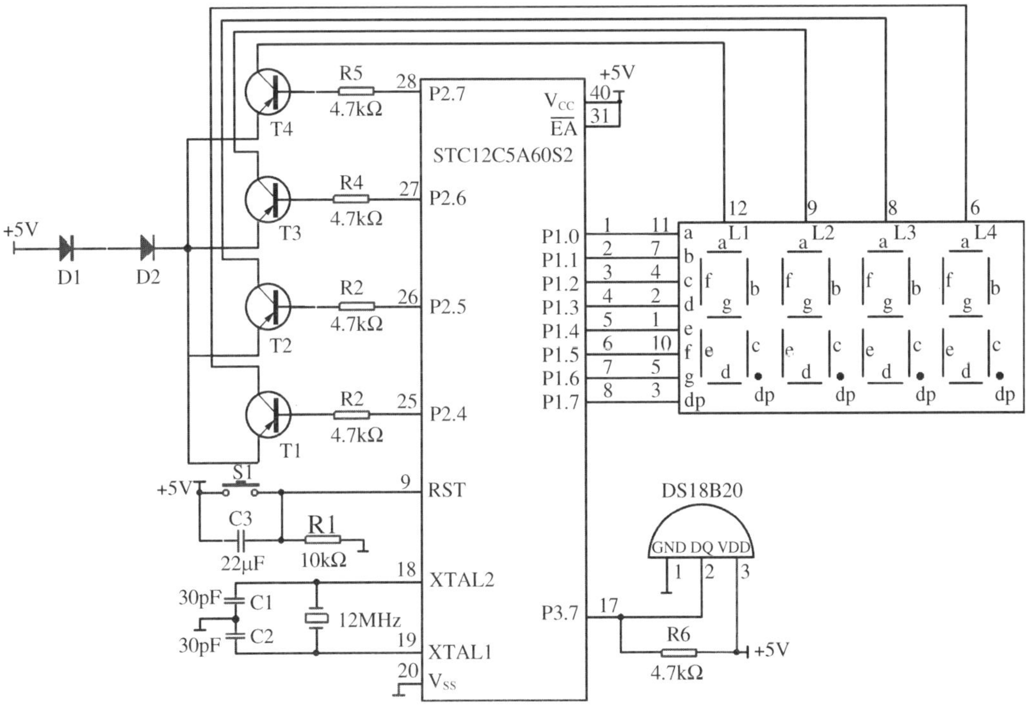

图 9-1-6　DS18B20 温度采集显示电路

管脚结构知道，数码管 11，7，4，2，1，10，5，3 管脚是段码，对应 a，b，c，d，e，f，g，dp，连接到单片机的 P1 口。数码管 12，9，8，6 管脚是位码，其中 12 脚是高位，6 脚是低位，分别连接到 T1，T2，T3，T4 的集电极，T1，T2，T3，T4 的基极分别连接到 P2.7，P2.6，P2.5，P2.4，低电平有效。DS18B20 的 DQ 连单片机的 P3.7。

2. 程序设计

硬件电路中只有一个 DS18B20 芯片，ROM 指令中选择跳过 ROM，约定代码为 CCH。测温分辨率选择为 0.062 5℃，编程为 12 位的 A/D 转换精度。程序设计流程比较简单，如图 9-1-7 所示。

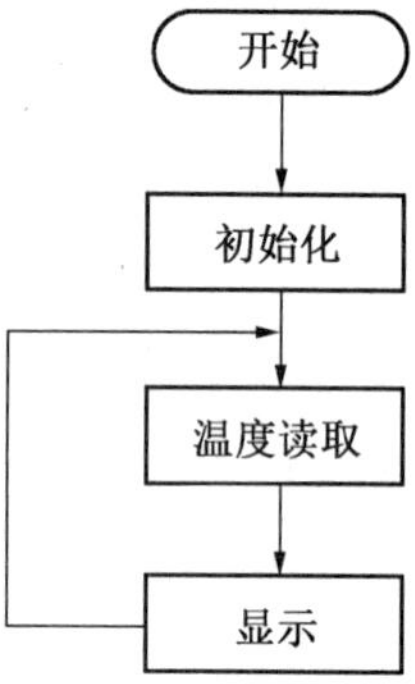

图 9-1-7　DS18B20 温度采集显示程序流程

参考程序如下：

```
#include<stc12c60s2.h>
#define uchar unsigned char
#define uint unsigned int
sbit DQ=P2^0;//ds18b20 与单片机连接口
uchar code dispbitcode[]={0x7f,0xbf,0xdf,0xef};//位选信号
//共阳极码型
uchar code sled_mun_to_char[]={0xc0,0xf9,0xa4,0xb0,0x99,0x92,0x82,0xf8,0x80,0x90};
uint temp,t;
uchar data disdata[5];
//延时程序
void delay_18B20(unsigned int i)
{
   while(i--);
}
void delay1ms(unsigned int ms)//延时 1 ms
{
     unsigned int i,j;
     for(i=0;i<ms;i++)
           for(j=0;j<100;j++);
}
// DS18B20 初始化
void Init_DS18B20(void)
{
   unsigned char x=0;
   DQ=1;               //DQ 复位
   delay_18B20(80);    //稍做延时
   DQ=0;               //单片机将 DQ 拉低
```

```
    delay_18B20(800)；    //精确延时大于 480 μs
    DQ=1；                //拉高总线
    delay_18B20(140)；
    x=DQ；
    delay_18B20(200)；
}

//从 DS18B20 读取一个 char 数据
unsigned char ReadOneChar(void)
{
    uchar i=0；
    uchar dat=0；
    for (i=8;i>0;i--)
    {
      DQ=0；              //将 DQ 拉低
      dat>>=1；
      DQ=1；              // 给脉冲信号
      if(DQ)
      dat|=0x80；
      delay_18B20(40)；
    }
    return(dat)；
}

//向 DS18B20 写一个 char 数据
void WriteOneChar(uchar dat)
{
    unsigned char i=0；
    for (i=8; i>0; i        )
    {
      DQ=0；
      DQ=dat&0x01；
      delay_18B20(50)；//50
      DQ=1；
      dat>>=1；
    }
}
//从 DS18B20 读温度值
```

```
unsigned int ReadTemp(void)
{
  unsigned char a=0;
  unsigned char b=0;
  unsigned int temp_value=0;
  Init_DS18B20();
  WriteOneChar(0xCC);
  WriteOneChar(0x44);
  delay_18B20(100);
  Init_DS18B20();
  WriteOneChar(0xCC);
  WriteOneChar(0xBE);
  delay_18B20(100);
  a=ReadOneChar();      //读取温度值低位
  b=ReadOneChar();      //读取温度值高位
  temp_value=b<<8;
  temp_value |= a;
  return temp_value;
}
//温度值显示,用数码管。由于是4联装数码管,不能显示符号位,代码中有符号位判断
void disp_led(uint t)
{
     uchar count;
     disdata[0]= t /100;            //百位数
     disdata[1]= t %100/10;         //十位数
     disdata[2]= t %10;             //个位数
      disdata[3]= t %10;
      for(count=0; count <4;count++)
     {
       P2= dispbitcode[count];      //送位选信号
       P1=sled_mun_to_char[disdata[count]];      //送段码
       if(count == 1)               //小数点
       {
           P1=sled_mun_to_char[disdata[count]]&0x7f;//01111,1111
       }
       delay1 ms(1);
     }
```

```
}
/ ******************** 主程序 ************** /
void main()
{
uchar tflag;                          //温度正负标志
    while(1)
    {
      temp= ReadTemp();
       if(temp <0x7ff)
       {
      tflag=0;                        //正温度
       }
     else
        {
        tflag=1;                      //负温度
        temp=(~temp)+1;
        }
     t=temp * 0.625;
    disp_led (t);                     //4 联装数码管显示温度
    }
}
```

任务 9.2　数据存储与回放

任务描述：设计一个数据存储及回放系统，要求利用 AT2402 存储芯片进行数据的存储。要存储的数据放在数组中，回放数据由 LCD 显示。

9.2.1　DS18B20 引脚及内部结构

AT24 系列 EEPROM 是美国 Atmel 公司推出的低功耗 CMOS 存储器，串行 EEPROM 简称 I^2C 总线式串行器件。串行器件不仅占用很少的资源和 I/O 线，而且体积大大缩小，同时具有工作电源宽、抗干扰能力强、功耗低、数据不易丢失和支持在线编程等特点。

I^2C 总线是一种用于 IC 器件之间连接的二线制总线。它通过 SDA(串行数据线)及 SCL(串行时钟线)两根线在连到总线上的器件之间传送信息，并根据地址识别每个器件，不管是单片机、存储器、LCD 驱动器，还是键盘接口。AT24C 系列串行 EEPROM，具有工作电压宽、擦写次数多、写入速度快等特点，典型芯片及其性能见表 9-2-1。

表 9-2-1　AT24C 系列 2 线串行 EEPROM 存储器芯片

AT24 系列	01A	02	04	08	16	32	64	128	256
容量	1 KB	2 KB	4 KB	8 KB	16 KB	32 KB	64 KB	128 KB	256 KB
内存组织形式	128×8	256×8	512×8	1 024×8	256×8	2 048×8	8 192×8	1 638×8	32 768×8
页写入方式	8B	8B	16B	16B	16B	32B	32B	64B	64B
通信协议	ISO/IEC 7816-3 同步协议，双线串行接口								
工作频率	1 MHz(5 V)，1 MHz(2.7 V)，400 MHz(1.8 V)								
工作电压	5 V，最低可至 1.8 V								
ICC 电流	读：1 mA，写：3 mA								
工作温度	0℃～70℃								
写/擦除次数	大于 1 000 000 次								
数据保护	100 年								
应用领域	数据存储								

1. 引脚分配

AT24C 系列 2 线 EEPROM 存储器芯片有 8 个引脚，如图 9-2-1 所示，引脚功能见表 9-2-2。

表 9-2-2　引脚功能

引脚名	功能
A0	地址输入
A1	地址输入
A2	地址输入
GND	地线
SDA	串行数据(输入/输出)
SCL	串行时钟(输入)
WP	写保护
V_{CC}	工作电压

图 9-2-1　AT24C 系列引脚排列及外形

SCL 串行时钟，串行时钟输入管脚用于产生器件所有数据发送或接收的时钟，这是一个输入管脚。

SDA 串行数据/地址，双向串行数据/地址管脚用于器件所有数据的发送或接收，SDA 是一个开漏输出管脚可与其他开漏输出或集电极开路输出进行线或 wire-OR。

A0、A1、A2 器件地址输入端，I^2C 总线协议规定，任何将数据传送到总线的器件作为发送器，任何从总线接收数据的器件为接收器，数据传送是由产生串行时钟和所有起始停止信号的主器件控制的。主器件和从器件都可以作为发送器或接收器，但由主器件控制传送数据（发送或接收）的模式通过器件地址输入端 A0、A1 和 A2 可以实现将最多 8 个 24WC01 和 24WC02 器件，4 个 242C04 器件，2 个 24WC08 器件和 1 个 24WC16 器件连接到总线上。

2. 器件寻址

AT24 系列 EEPROM 在紧接着开始状态后均需一个 8 字节器件地址（Device Address），以使器件能够进行读/写操作。

器件地址高 4 位为 1010，这对所有 AT24 系列的器件都是相同的。器件地址的低 4 位中，最低位为读写控制 R/W 位，该位为高电平时启动读操作，处于低电平时启动写操作。其余 3 位寻址码将因芯片容量的不同而有不同的定义。AT24C 系列器件地址如图 9-2-2 所示。

（1）对于 AT24C01/02（1 k/2 k），3 位器件寻址码是 A2，A1，A0 引脚。

（2）对于 AT24C04（4 k），仅用 A2 和 A1 器件寻址，第三位是存储器页面寻址位。

（3）对于 AT24C08（8 k），仅用 A2 器件寻址位，下面两位是存储器页面寻址。

	MSB							LSB
AT24C01/02(1k/2k)	1	0	1	0	A2	A1	A0	R/W
AT24C04(4k)	1	0	1	0	A2	A1	P0	R/W
AT24C08(8k)	1	0	1	0	A2	P1	P0	R/W
AT24C16(16k)	1	0	1	0	P2	P1	P0	R/W

图 9-2-2　AT24C 系列器件地址

（4）对于 AT24C16（16 k）无器件寻址位，这三位均用于存储器页面寻址。

页面寻址位应被视为随后数码管寻址的最高位。

如果设备寻址成功，EEPROM 将 SDA 总线上输出一个确认应答信号 ACK；否则，继续保持待机状态。

对串行 EEPROM 进行读/写操作的关键在于正确产生芯片的操作时序。下面逐一分析 I^2C 器件（AT24C 系列芯片）的操作时序。

（1）时钟和数据转换

SDA 和 SCL 通常各自通过一个电阻上拉为高电平。SDA 总线上的数据仅在 SCL 为低电平期间可能改变。如果在 SCL 高电平期间数据发生改变，表示定义“开始”或“停止”两种状态（图 9-2-3）。

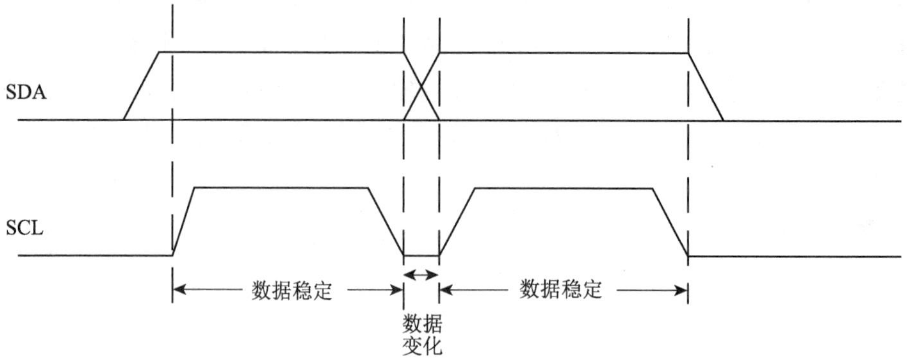

图 9-2-3 I^2C 数据的有效性时序

① 输出数据

当数据(包括地址和数据)由接口设备送往 AT24Cxx 时,称为输出数据(写数据)。数据总是按字节(8 位)逐位串行输出,每个时钟脉冲输出一位。SDA 总线上的数据应在 SCL 低电平期间改变(输出),在 SCL 高电平期间稳定。

② 输入数据

当单片机从 AT24C 系列的数据线上读取数据时,称为输入数据(读数据)。数据总是按字节(8 位)逐位串行输入,每个时钟脉冲输入一位。AT24Cxx 在 SCL 低电平期间将数据送往 SDA 总线,在 SCL 高电平期间 SDA 总线上的数据稳定,可供接口设备读取。

(2) 开始状态(START)

SCL 处于高电平时,SDA 从高电平转向低电平表示一个"开始"转态,该状态表示一种操作的开始,因此必须在所有命令之前执行,如图 9-2-4 所示。

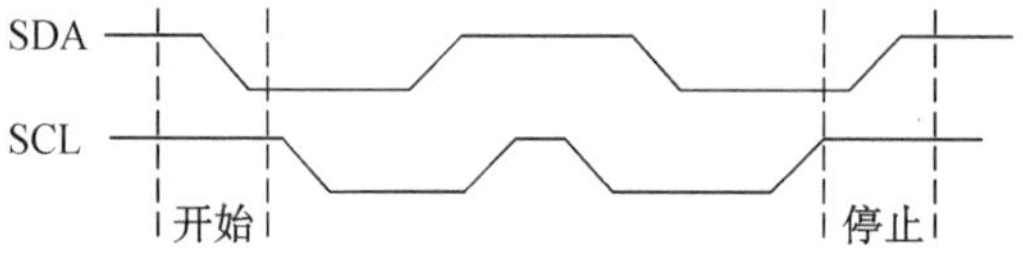

图 9-2-4 AT24C 开始/停止定义时序

(3) 停止状态(STOP)

SCL 处于高电平时,SDA 由低电平转向高电平,表示一个"停止"状态。该状态表示一种操作的结束并将终止所有通信。在一个读序列之后,停止命令置 EEPROM 于待机模式。

(4) 确认应答(ACK)

所有地址和数据字以 8 位码串行输入/输出 EEPROM,EEPROM 在收到每个地址或数据码之后,置 SDA 为低电平作为确认应答,该确认应答发生于第 9 个时钟周期,如图 9-2-5 所示。

当单片机向 EEPROM 发送完 8 位数据后,程序将产生第 9 个时钟脉冲,并从 SDA 线读入 ACK 位,此时 ACK 位的状态即为 EEPROM 的响应状态。当 ACK=1 时,表示

EEPROM 尚未接收到数据或内部定时写周期尚未结束，不能进行下一步操作；当 ACK＝0时，表示 EEPROM 已经接收到数据或内部定时写周期结束，可以进行下一步操作。

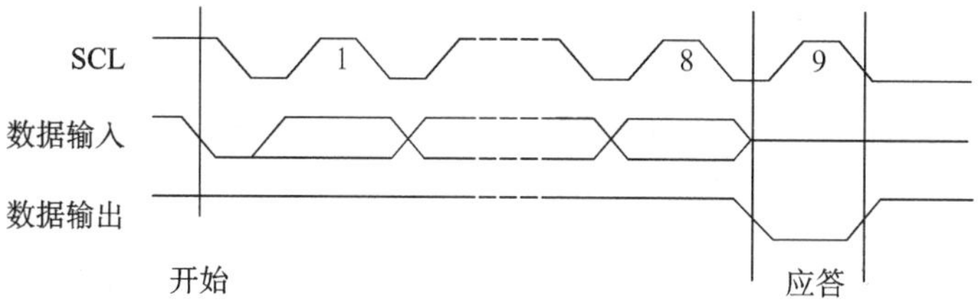

图 9-2-5 确认应答周期

(5) 写字节(BYTE WRITE)

对 AT24C 系列存储器写入数据有两种模式：写字节和写页面。

写字节时序如图 9-2-6 所示，要求在给出“开始”状态、器件的地址码和收到确认应答 ACK 后，紧跟着给出一个要写入的 8 位地址码(32 KB 的芯片是 2 个 8 位地址码)。EEPROM 收到地址码后发出确认应答 ACK。然后传送要写的 8 位数据到 SDA 线上，并进入 EEPROM 单元，每个时钟节拍送入 1 位。EEPROM 单元收到数据后，通过 SDA 线发出确认应答 ACK。数据传送设备必须用“停止”状态结束写操作。这时 EEPROM 进入内部定时的写周期，如图 9-2-7 中的 t_{WR}，在写周期期间，禁止所有其他操作直到写操作完成。

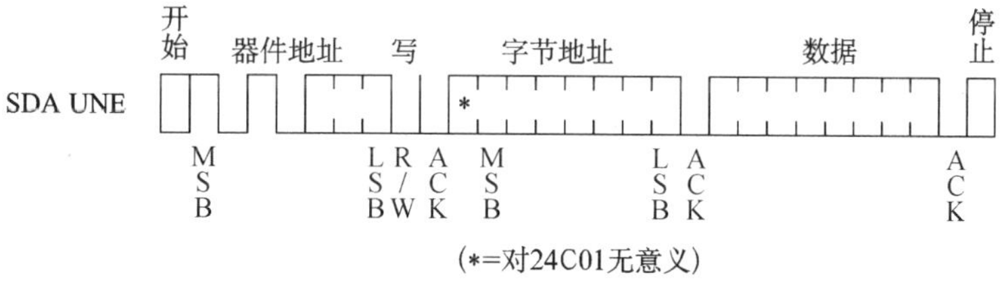

图 9-2-6 AT24C 系列写字节时序

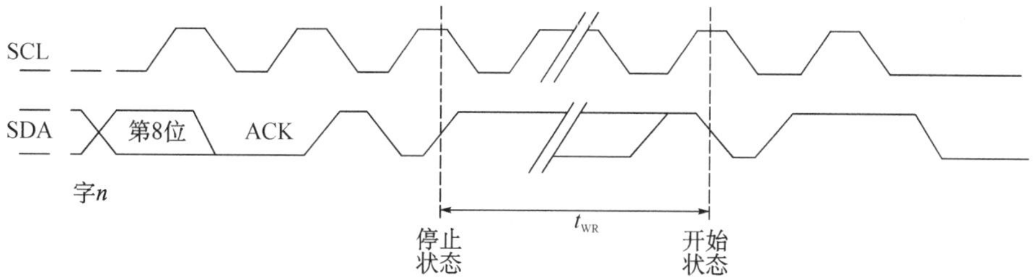

图 9-2-7 AT24C 系列写周期时序

(6) 读字节操作

AT24C 系列存储器的读操作与写操作相同，器件地址码中读/写选择位应置 1。读字节操作包括现行地址读操作、随机地址读操作和顺序读操作，这里介绍前面两种读操作。

① 现行地址读(Current Address Read)

内部数据字地址指针总是保持最后一次读/写操作中最后访问的地址，并递增 1。只要芯片保持上电，该地址在两次操作之间一直保持有效。如果最后一个操作是在地址 n 处读取，则现行的地址是 n+1；如果最后操作是在地址 n 处写入，则现行地址也是 n+1。在出现“滚动覆盖”的情况时，读操作的地址是从最后一页的最后一字节滚动覆盖到第一页的第一字节，而写操作的地址是从当前页的最后一字节滚动覆盖到同一页的第一字节。

一旦读/写选择位置于 1，器件地址随时钟输入，并收到 EEPROM 的确认应答，现行地址的数据码随时钟被 EEPROM 串行输出。此时数据传送设备(单片机)可在 SDA 上随时钟串行读入数据，读取数据结束后，单片机不是通过确认(低电平 ACK)来应答，而是使总线处于高电平(NO ACK)，随后产生一个停止状态，如图 9-2-8 所示。

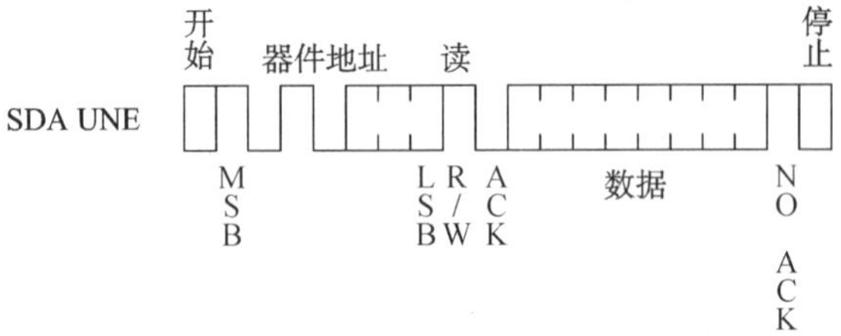

图 9-2-8　现行地址读时序

② 随机地址读(Random Address Read)

随机读取需要一个“空”字节写时序来载入数据地址，一旦器件地址和数据地址随时钟输入，并被 EEPROM 确认，传送设备必须产生另一个开始状态。此时送出的器件地址中读/写选择处于高电平，将启动一个现行地址读，EEPROM 收到器件地址后回送确认应答，并随时钟串行输出数据码，微控制器读取数据后不通过确认应答，而是使 SDA 总线处于高电平，随后产生一个停止状态，如图 9-2-9 所示。

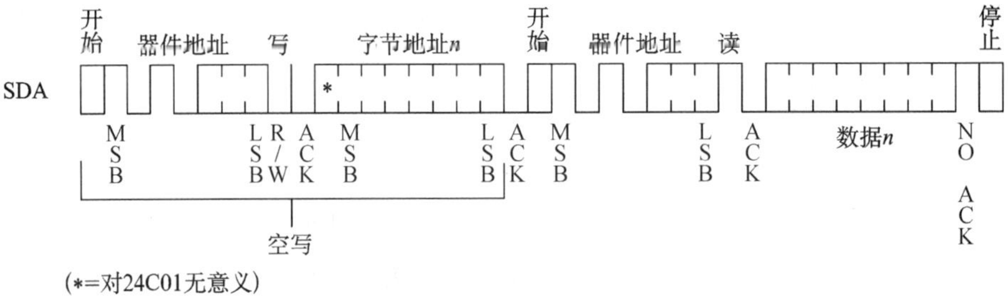

图 9-2-9　随机地址读时序

9.2.2　任务实施

1. 硬件电路

任务实施

数据存储与回放电路如图 9-2-10 所示。存储用串行 EEPROM 芯片 AT24C02 来实现，24C02 的引脚 1、2、3 是三条地址线 A0、A1、A2，用于确定芯片的器件地址。本电路中全部接地，则器件的地址 A2A1A0＝000。所以其器件写数据地址为 A0H，读数据地址为 A1H。引脚 5 为串行数据输入/输出端 SDA，接单片机的 P2.0；引脚 6 为串行时钟 SCL，接单片机的 P2.1；引脚 7 为写保护端 WP，高电平有效，本电路该引脚接地，允许写入。

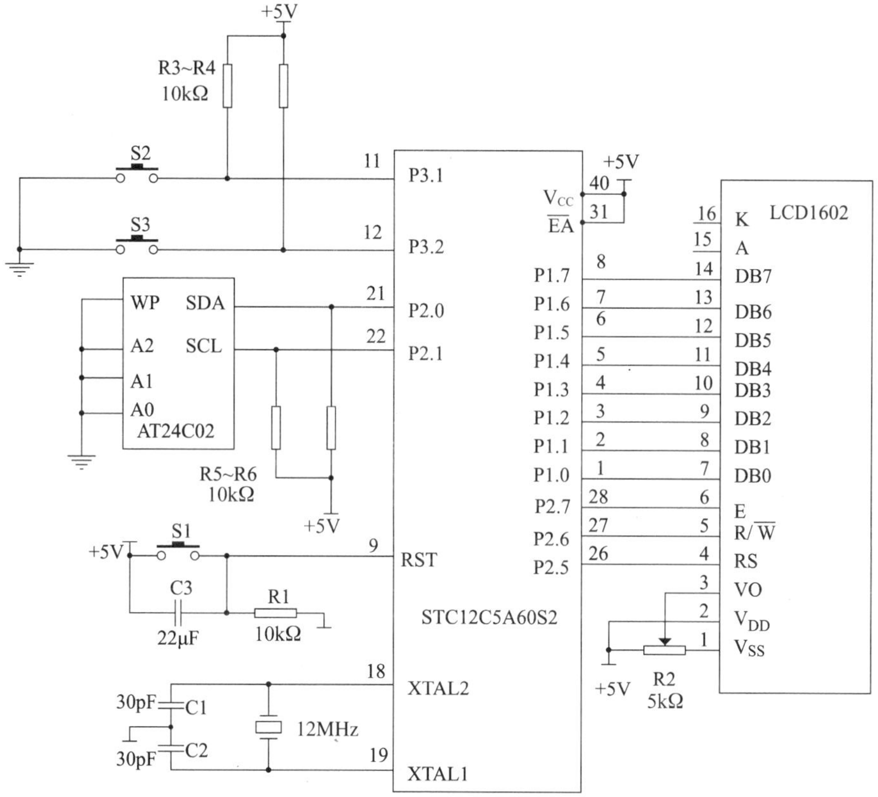

图 9-2-10　数据存储与回放电路

按键 S2 接单片机 P3.1，用于存储与回放界面的切换；按键 S3 接单片机的 P3.2，用于字符“ABCDEFGH”与数字“01234567”的切换。数据回放用 1602 显示，单片机的 P1 口接 1602 的数据端口。P2.7 为使能端 E，P2.6 为读/写选择端 R/W，P2.5 为数据/命令选择端 RS。1602 与单片机的接口形式与任务 4.3 中的一样，所以相应的显示库函数 1602.h 也一样。

2. 程序设计

实现对两组数据的存储与回放，具体程序流程如图 9-2-11 所示。首先进行标志位、

EEPROM 的读写地址、液晶显示器初始化；然后进入模式设置，由两个标志位来体现设置结果。按键 S2 用来实现存储模式与回放模式的切换。按键 S3 按下与否，由标志位 s_flag 来区分。

标志位 s_flag1 用于判断是读或写模式，标志位 s_flag1 判断写入数据 1(字母)还是数据 2(数字)；在写模式，LCD 显示写数据界面，同时根据标志 s_flag1 来选择存入 1 数据 1 至 EEPROM2402 芯片中；在读模式，把最近写入的数据组回放，至 LCD 显示。1602. H 程序与项目四中的一样。

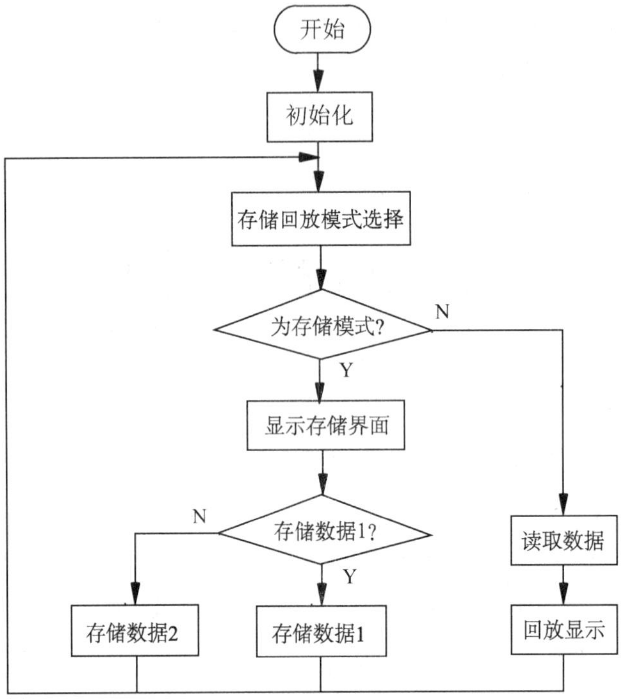

图 9-2-11　数据存储与回放流程

参考程序如下：

```
#include "stc12c60s2. h"
#include "intrins. h"
#include "2402. h"
#include "1602. h"
#  include "stdio. h"
void Welcome();                    //写数据界面
void BackFace();                   //回放数据界面
void KeyDelay(unsigned int t);     //按键去抖延时
void mode_switch();                //模式切换
void record_data();                //写数据
void ReadBack_data();              //回读存储值
```

```
sbit P3_1=P3^1;  //存储与回放切换
sbit P3_2=P3^2;  //字符(数据 1)与数字(数据 2)切换选择
bit s_flag=0;
bit s_flag1=0;
unsigned char i;
unsigned char aadress1=0x00;              //eeprom 存地址
unsigned char aadress2=0x00;              //eeprom 取地址
unsigned char data_buf[8]={0};
unsigned char seg_string[ ]={"WELCOME      "};
unsigned char seg_string1[ ]={"data:"};
unsigned char code data0[8]={'A','B','C','D','E','F','G','H'};
unsigned char code data1[8]={0x00,0x01,0x02,0x03,0x04,0x05,0x06,0x07};
/********** 主函数 ************/
void main()
{
    LCDint1();
    while(1)
    {
     mode_switch();
     if(s_flag==0)
         {  lcd_w_cmd(0x80);
            Welcome();
            record_data();
         }
    else
      {
         ReadBack_data();
         lcd_w_cmd(0x80);
         BackFace();
      }
   }
}
/**************** 写数据界面 ******************/
void Welcome()
{
    lcd_w_cmd(0x80);
    delay(2);
    for(i=0;i<13;i++)
```

```
    {
      lcd_w_dat(seg_string[i]);
      delay(2);
    }
}
/****************回放数据界面***************/
void BackFace()
{
   lcd_w_cmd(0x80);
   delay(2);
    for(i=0;i<5;i++)
    {
      lcd_w_dat(seg_string1[i]);
      delay(2);
    }
    for(i=0;i<8;i++)
    {
      lcd_w_dat(data_buf[i]);
      delay(2);
    }
}
/******************按键去抖延时************************/
void KeyDelay(unsigned int t)
{
while(t--);
}
/**************模式切换*******************************/
void mode_switch()
{
      if(P3_1==0)
      { KeyDelay(50);
            if(P3_1==0)
            {
            s_flag=~s_flag;
            }
      }
      if(P3_2==0)
      { KeyDelay(50);
```

```
            if(P3_2==0)
            {
            s_flag1=~s_flag1;
             }
        }
}
/ *************** 写数据 *************** /
void record_data()
{
   if (s_flag1==1)
      {
            for(i=0;i<8;i++)
            {
         write_eeprom(aadress1,(data1[i]+0x30));
         delay(200);
         ++aadress1;
         }
aadress1=0;
}
else
{
      for(i=0;i<8;i++)
       {
        write_eeprom(aadress1,data0[i]);
        delay(200);
        ++aadress1;
        }
      aadress1=0;
}
}
/ *************** 回读存储值 *************** /
void  ReadBack_data()
{
    for(i=0;i<8;i++)
        {
          data_buf[i]= read_eeprom(aadress2);
               delay(100);
               ++aadress2 ;
```

```
        }
        aadress2=0;
}
/*************** 2402.h ****************/
#include "intrins.h"
#define DELAY_TIME 5

/****** 定义 I2C 总线时钟线和数据线 **********/
sbit scl=P2^1;
sbit sda=P2^0;
/************** 总线中一些必要的延时 ***********/
void i2c_delay(unsigned char i)
{
    do
    {
     _nop_();
    }
    while(i--);
}
/********** 产生 I2C 总线启动条件 ********/
void i2c_start(void)
{
     sda=1;
     scl=1;
     i2c_delay(DELAY_TIME);
     sda=0;
     i2c_delay(DELAY_TIME);
     scl=0;
}

/****** 产生 I2C 总线停止条件 *********/
void i2c_stop(void)
{
     sda=0;
     scl=1;
     i2c_delay(DELAY_TIME);
     sda=1;
     i2c_delay(DELAY_TIME);
```

```
}
/ ****** 发送一个字节的数据 ************ /
void i2c_sendbyte(unsigned char byt)
{
        unsigned char i;
for(i=0; i<8; i++)
{
        scl=0;
        i2c_delay(DELAY_TIME);
        if(byt & 0x80)
sda=1;
       else
               sda=0;
    i2c_delay(DELAY_TIME);
    scl=1;
    byt <<= 1;
    i2c_delay(DELAY_TIME);
   }
scl=0;
}
/ ****** 等待应答 ************ /
unsigned char i2c_waitack(void)
{
unsigned char ackbit;
   scl=1;
   i2c_delay(DELAY_TIME);
   ackbit=sda; //while(sda);   //wait ack
   scl=0;
   i2c_delay(DELAY_TIME);
return ackbit;
}
/ ****** 接收一个字节数据 *********** /
unsigned char i2c_receivebyte(void)
   {
       unsigned char da;
       unsigned char i;
       for(i=0;i<8;i++){
             scl=1;
```

```
            i2c_delay(DELAY_TIME);
            da <<= 1;
            if(sda)
            da |= 0x01;
            scl=0;
            i2c_delay(DELAY_TIME);
        }
        return da;
}
/ ****** 发送应答 ************* /
void i2c_sendack(unsigned char ackbit)
{
        scl=0;
        sda=ackbit;   //0:发送应答信号;1:发送非应答信号
        i2c_delay(DELAY_TIME);
        scl=1;
        i2c_delay(DELAY_TIME);
        scl=0;
        sda=1;
        i2c_delay(DELAY_TIME);
}
/ ****** 读写操作过程中一些必要的延时 ******* /
void operate_delay(unsigned char t)
{
        unsigned char i;

        while(t--){
            for(i=0; i<112; i++);
        }
}
/ **************************************************
* 向 AT24C02(add)中写入数据 val
*  add - AT24C02 存储地址
*  val - 待写入 AT24C02 相应地址的数据
************************************************** /
void write_eeprom(unsigned char add,unsigned char val)
{
        EA=0;
```

```
    i2c_start();
    i2c_sendbyte(0xa0);
    i2c_waitack();
    i2c_sendbyte(add);
    i2c_waitack();
    i2c_sendbyte(val);
    i2c_waitack();
    i2c_stop();
operate_delay(10);
EA=1;
}
/******************************************
* 从 AT24C02(add)中读出数据 da
* add — AT24C02 存储地址
* da — 从 AT24C02 相应地址中读取到的数据
******************************************/
unsigned char read_eeprom(unsigned char add)
{
    unsigned char da;
     EA=0;
    i2c_start();
    i2c_sendbyte(0xa0);
    i2c_waitack();
    i2c_sendbyte(add);
    i2c_waitack();
    i2c_start();
    i2c_sendbyte(0xa1);
    i2c_waitack();
    da=i2c_receivebyte();
    i2c_sendack(1);
    i2c_stop();
    EA=1;
    return da;
}
```

实物演示

任务 9.3　温度采集存储与回放

任务描述： 设计一个温度采集存储及回放系统，要求利用 DS18B20 进行温度的采集，用 AT2402 存储芯片进行温度的存储。温度值由 LCD 显示器显示。

任务实施

9.3.1 硬件电路

温度采集存储与回放电路如图 9-3-1 所示。

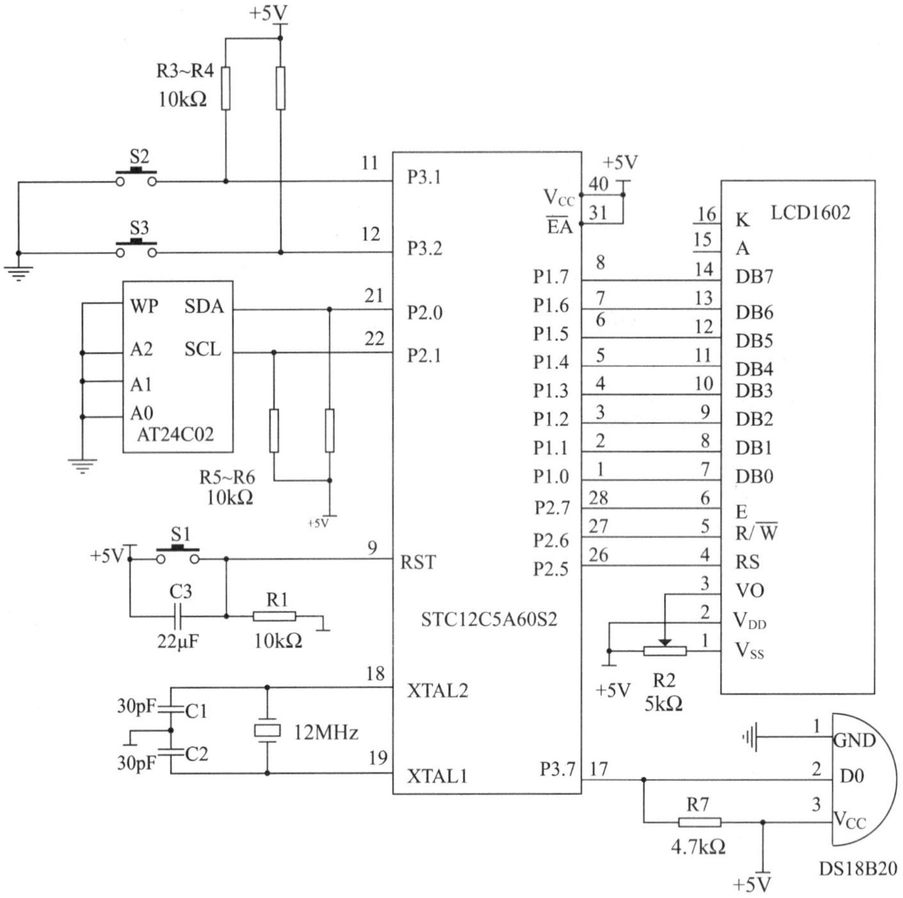

图 9-3-1 温度采集存储与回放电路

9.3.2 程序设计

实现对温度的实时检测和温度数据的存储回放，具体流程如图 9-3-2 所示。首先进行标志位、EEPROM2402 的读写地址、温度传感器、液晶显示器初始化；然后进入模式设置，由按键 S2 按下与否来区分，由标志位 s_flag 来体现设置结果。当 s_flag=0 时，为温度检测模式；当 s_flag=1 时，为回放模式。在温度检测模式时，进行测温并实时显示温度值，在此状态下，每按一下按键 S3，就将即时温度记录至 EEPROM，每记录一个温度值，存储地址 aadress1 加 2，当 aadress1 加至 8 时，aadress1 值清 0；在回放模式时，LCD 显示回放界面，在此状态下，每按一下按键 S3，就显示一个 aadress2 地址起存储的温度值，每显示一个温度值，aadress2 的值加 2，当 aadress2 加至 8 时，aadress2 值清 0。

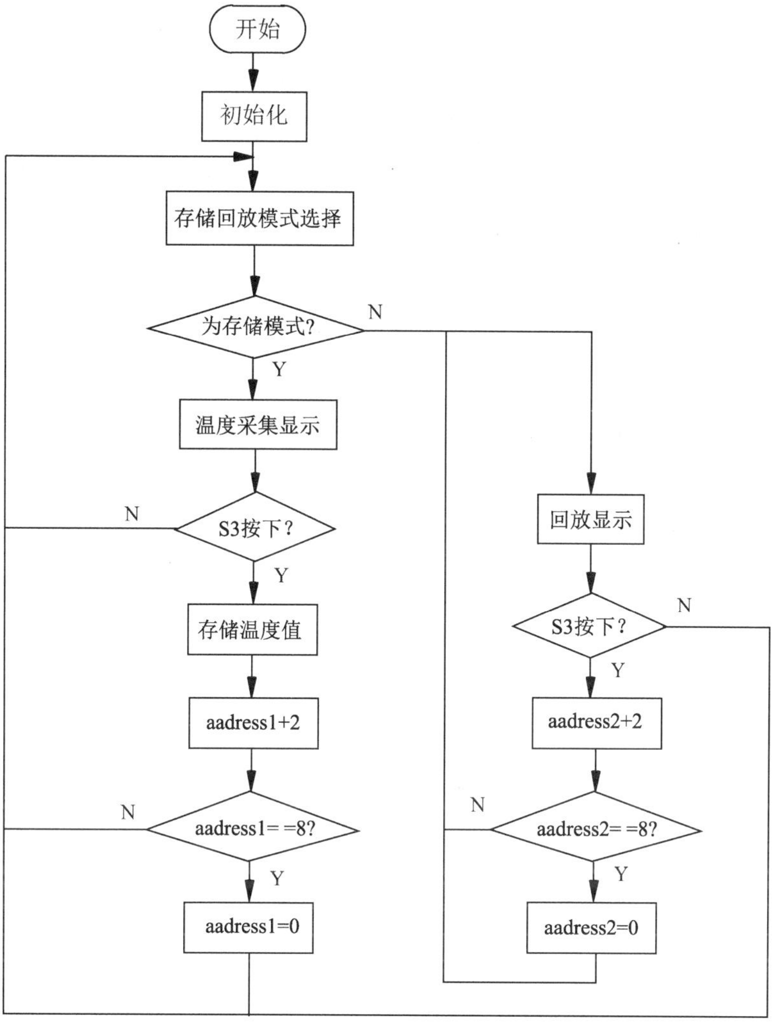

图 9-3-2　温度采集存储与回放流程

```
#include "stc12c60s2.h"
#include "intrins.h"
#include "18b20.h"
#include "2402.h"
#include "1602.h"
#include "stdio.h"
void ThermFace();                    //测温界面
void backFace();                     //回放界面
void KeyDelay(unsigned int t);       //按键延时去抖
void mode_switch();                  //模式切换
```

```
void record_wendu();              //记录测量温度
void palyback_wendu();            //回读存储值
bit s_flag=0;
sbit P3_1=P3^1
sbit P3_2=P3^2;
unsigned int i,num;
unsigned char aadress1=0x00; //eeprom 存地址
unsigned char aadress2=0x00; //eeprom 取地址
unsigned int temp0,temp1;//温度数据,回放数据
unsigned char temp11,temp10,temp01,temp00;
unsigned char temp_buf[]={"T:"};
unsigned char back_buf[]={"NO:"};
unsigned char seg_string[16];//放置温度显示字符串
unsigned char seg_string1[16];//放置温度回放字符串
/ ********* 主函数 *************************** /
void main()
{
LCDint1();
while(1)
{
temp0=ReadTemp();
delay(100);
mode_switch();
if(s_flag==0)
    {
        ThermFace();
        record_wendu();
        aadress2=0;
        num=0;
        temp1=0;
    }
else
{
        backFace();
        if(P3_2 == 0)
        {
          KeyDelay(100);
          if(P3_2==0)
```

```
                {
            palyback_wendu();
                    backFace();
                }
        }
      }
    }
   }
/***************测温界面******************/
void ThermFace()
{
sprintf(seg_string,"%s% 4.2f          %c%c","T:",temp0/16.0,'\r','\n');
lcd_w_cmd(0x80);
delay(2);
for(i=0;i<16;i++)
    {
     lcd_w_dat(seg_string[i]);
     delay(2);
    }
}
/**************回放界面***************/
void backFace()
{
sprintf(seg_string1,"%s%d%4.2f        %c%c","NO:",num,temp1/16.0,'\r','\n');
lcd_w_cmd(0x80);
delay(2);
for(i=0;i<16;i++)
    {
     lcd_w_dat(seg_string1[i]);
     delay(2);
    }
}
/******************按键去抖延时***************/
void KeyDelay(unsigned int t)
{
while(t--);
}
/*************模式切换*********/
```

```
void mode_switch()
{
if(P3_1==0)
{ KeyDelay(50);
      if(P3_1==0)
      {
      s_flag=~s_flag;
      }
}
}
/**************** 记录测量温度 ****************/
void record_wendu()
{
if(P3_2 ==0)
{
       KeyDelay(100);
       if(P3_2==0)
       {
          temp00=temp0;
          temp01=temp0>>8;
         write_eeprom(aadress1,temp00);
         delay(100);
         ++aadress1;
         write_eeprom(aadress1,temp01);
         delay(100);
         if(++aadress1==8){aadress1=0;}
       }
   }
}
/**************** 回读存储值 ****************/
void   palyback_wendu()
{
    temp10=read_eeprom(aadress2);
    delay(50);
    ++aadress2;
    temp11=read_eeprom(aadress2);
    delay(50);
    temp1=temp11;
```

```
    temp1=temp1<<8;
    temp1|=temp10;
     num= aadress2/2+1;
if(++aadress2==8)
      {
        aadress2=0;
        }
}
```

实物演示

习题 9

一、选择题

1. DS18B20 可编程为 12 位的 A/D 转换精度，其对应的测量分辨率是(　　)。

A. 0.5　　B. 0.25　　C. 0.125　　D. 0.062 5

2. AT24C02 芯片内部存储器容量是(　　)。

A. 1 KB　　B. 2 KB　　C. 4 KB　　D. 8 KB

3. 器件地址 A0 表示(　　)。

A. 读操作　　B. 写操作　　C. 读写都可以

4. SCL 处于高电平时，SDA 从低电平转向高电平表示一个(　　)状态。

A. 开始　　B. 停止　　C. 写字节操作　　D. 读字节操作

二、判断题

1. 温度传感器 DS18B20 芯片的引脚是数字信号输入/输出端。(　　)
2. AT24C02 是一种串行 EEPROM 芯片。(　　)
3. SDA 总线上的数据的改变，仅在 SCL 为低电平期间发生。(　　)
4. SCL 处于高电平时，SDA 从高电平转向低电平表示一个“开始”状态。(　　)

三、综合题

1. 如何编程实现波形(正弦波)采集与回放?
2. 用一个按键实现温度的采集存储，延时 1 s，再回放，试着编程实现。

参考文献

[1] 张桂红. 单片机基础及应用[M]. 合肥：合肥工业大学出版社，2017.

[2] 张毅刚. 单片机原理及接口技术[M]. 北京：人民邮电出版社，2020.

[3] 郭志勇. 单片机应用技术项目教程[M]. 北京：人民邮电出版社，2019.

[4] 陈希球. 单片机应用[M]. 北京：高等教育出版社，2017.

[5] 徐爱钧. STC15 单片机 C 语言编程与应用[M]. 北京：电子工业出版社，2016.

[6] 王静霞. 单片机应用技术(C 语言版)[M]. 3 版. 北京：电子工业出版社，2015.

[7] 张桂红. 单片机技术[M]. 北京：北京邮电大学出版社，2014.

[8] 乔之勇. 单片机应用系统设计项目化教程[M]. 北京：电子工业出版社，2014.

附录 A

MCS-51 单片机指令简表

分类	十六进制代码	助记符	功能	对标志位的影响				字节数	周期数
				P	OV	AC	CY		
算术运算指令	28～2F	ADD A,Rn	(A)＋(Rn)→A	√	√	√	√	1	1
	25	ADD A,direct	(A)＋(direct)→A	√	√	√	√	2	1
	26,27	ADD A,@Ri	(A)＋((Ri))→A	√	√	√	√	1	1
	24	ADD A,#data	(A)＋data→A	√	√	√	√	2	1
	38～3F	ADDC A,Rn	(A)＋(Rn)＋(cy)→A	√	√	√	√	1	1
	35	ADDC A,direct	(A)＋(direct)＋(cy)→A	√	√	√	√	2	1
	36,37	ADDC A,@Ri	(A)＋((Ri))＋(cy)→A	√	√	√	√	1	1
	94	SUBB A,#data	(A)－data－(cy)→A	√	√	√	√	2	1
	98～9F	SUBB A,Rn	(A)－(Rn)－(cy)→A	√	√	√	√	1	1
	95	SUBB A,direct	(A)－(direct)－(cy)→A	√	√	√	√	2	1
	96,97	SUBB A,@Ri	(A)－((Ri))－(cy)→A	√	√	√	√	1	1
	04	INC A	(A)＋1→A	√	×	×	×	1	1
	08～0F	INC Rn	(Rn)＋1→Rn	×	×	×	×	1	1
	05	INC direct	(direct)＋1→direct	×	×	×	×	2	1
	06,07	INC @Ri	((Ri))＋1→(Ri)	×	×	×	×	1	1
	A3	INC DPTR	(DPTR)＋1→DPTR	×	×	×	×	1	2
	14	DEC A	(A)－1→A	√	×	×	×	1	1
	18～1F	DEC Rn	(Rn)－1→Rn	×	×	×	×	1	1
	15	DEC direct	(direct)－1→direct	×	×	×	×	2	1
	16,17	DEC @Ri	((Ri))－1→(Ri)	×	×	×	×	1	1
	A4	MUL AB	(A)×(B)→BA	√	√	×	√	1	4
	84	DIV AB	(A)/(B)→A…B	√	√	×	√	1	4
	D4	DA A	对 A 进行十进制调整	√	×	√	√	1	1
逻辑运算指令	58～5F	ANL A,Rn	(A)∧(Rn)→A	√	×	×	×	1	1
	55	ANL A,direct	(A)∧(direct)→A	√	×	×	×	2	1
	56,57	ANL A,@Ri	(A)∧((Ri))→A	√	×	×	×	1	1
	54	ANL A,#data	(A)∧data→A	√	×	×	×	2	1
	52	ANL direct,A	(direct)∧(A)→direct	×	×	×	×	2	2
	53	ANL direct,#data	(direct)∧data→direct	×	×	×	×	3	2

（续表）

分类	十六进制代码	助记符	功能	对标志位的影响				字节数	周期数
				P	OV	AC	CY		
逻辑运算指令	48～4F	ORL A,Rn	(A)∨(Rn)→A	√	×	×	×	1	1
	45	ORL A,direct	(A)∨(direct)→A	√	×	×	×	2	1
	46,47	ORL A,@Ri	(A)∨((Ri))→A	√	×	×	×	1	1
	44	ORL A,#data	(A)∨data→A	√	×	×	×	2	1
	42	ORL direct,A	(direct)∨(A)→direct	×	×	×	×	2	1
	43	ORL direct,#data	(direct)∨data→direct	×	×	×	×	3	2
	68～6F	XRL A,Rn	(A)⊕(Rn)→A	√	×	×	×	1	1
	65	XRL A,direct	(A)⊕(direct)→A	√	×	×	×	2	1
	66,67	XRL A,@Ri	(A)⊕((Ri))→A	√	×	×	×	1	1
	64	XRL A,#data	(A)⊕ data→A	√	×	×	×	2	1
	62	XRLdirect,A	(direct)⊕(A)→direct	×	×	×	×	2	1
	63	XRL direct,#data	(direct)⊕ data→direct	×	×	×	×	3	2
	E4	CLR A	0→A	√	×	×	×	1	1
	F4	CPL A	(A)→A	×	×	×	×	1	1
	23	RL A	A循环左移一位	×	×	×	×	1	1
	33	RLC A	A带进位循环左移一位	√	×	×	√	1	1
	03	RR A	A循环右移一位	×	×	×	×	1	1
	13	RRC A	A带进位循环右移一位	√	×	×	√	1	1
	C4	SWAP A	A半字节交换	×	×	×	×	1	1
数据传送指令	E8～EF	MOV A,Rn	(Rn)→A	√	×	×	×	1	1
	E5	MOV A,direct	(direct)→A	√	×	×	×	2	1
	E6,E7	MOV A,@Ri	((Ri))→A	√	×	×	×	1	1
	74	MOV A,#data	data→A	√	×	×	×	2	1
	F8～FF	MOV Rn,A	(A)→Rn	×	×	×	×	1	1
	A8～AF	MOV Rn,direct	(direct)→Rn	×	×	×	×	2	2
	78～7F	MOV Rn,#data	data→Rn	×	×	×	×	2	1
	F5	MOV direct,A	(A)→direct	×	×	×	×	2	1
	88～8F	MOV direct,Rn	(Rn)→direct	×	×	×	×	2	2
	85	MOV direct1,direct2	(direct2)→direct1	×	×	×	×	3	2
	86,87	MOV direct,@Ri	((Ri))→direct	×	×	×	×	2	2
	75	MOV direct,#data	data→direct	×	×	×	×	3	2
	F6,F7	MOV @Ri,A	(A)→(Ri)	×	×	×	×	1	1
	A6,A7	MOV @Ri,direct	(direct)→(Ri)	×	×	×	×	2	2
	76,77	MOV @Ri,#data	data→(Ri)	×	×	×	×	2	1

（续表）

分类	十六进制代码	助记符	功能	对标志位的影响 P	OV	AC	CY	字节数	周期数
数据传送指令	90	MOV DPTR,#data16	data16→DPTR	×	×	×	×	3	2
	93	MOVC A,@A+DPTR	((A)+(DPTR))→A	√	×	×	×	1	2
	83	MOVC A,@A+PC	((A)+(PC))→A	√	×	×	×	1	2
	E2,E3	MOVX A,@Ri	((Ri))→A	√	×	×	×	1	2
	E0	MOVX A,@DPTR	((DPTR))→A	√	×	×	×	1	2
	F2,F3	MOVX @Ri,A	(A)→(Ri)	×	×	×	×	1	2
	F0	MOVX @DPTR,A	(A)→(DPTR)	×	×	×	×	1	2
	C0	PUSH direct	((SP))+1→(SP)	×	×	×	×	2	2
			(direct)→(SP)		×	×	×		
	D0	POP direct	((SP))→(direct)	×	×	×	×	2	2
			(SP)−1→SP		×	×	×		
	C8～CF	XCH A,Rn	(A)←→(Rn)	√	×	×	×	1	1
	C5	XCH A,direct	(A)←→(direct)	√	×	×	×	2	1
	C6,C7	XCH A,@Ri	(A)←→((Ri))	√	×	×	×	1	1
	D6,D7	XCHD A,@Ri	$(A)_{0\sim3}$←→$((Ri))_{0\sim3}$	√	×	×	×	1	1
位操作指令	C3	CLR C	0→CY	×	×	×	√	1	1
	C2	CLR bit	0→bit	×	×	×	×	2	1
	D3	SETB C	1→CY	×	×	×	√	1	1
	D2	SETB bit	1→bit	×	×	×	×	2	1
	B3	CPL C	/(CY)→CY	×	×	×	√	1	1
	B2	CPL bit	/(bit)→bit	×	×	×	×	2	1
	82	ANL C,bit	(CY)∧(bit)→CY	×	×	×	√	2	2
	B0	ANL C,/bit	(CY)∧/(bit)→CY	×	×	×	√	2	2
	72	ORL C,bit	(CY)∨(bit)→CY	×	×	×	√	2	2
	A0	ORL C,/bit	(CY)∨/(bit)→CY	×	×	×	√	2	2
	A2	MOV C,bit	(bit)→CY	×	×	×	√	2	1
	92	MOV bit,C	(CY)→bit	×	×	×	×	2	2
	1	ACALL addr11	(PC)+2→PC (SP)+1→SP (PCL)→(SP) (SP)+1→SP (PCH)→(SP) addr11→PC_{10-0}	×	×	×	×	2	2
	12	LCALL addr16	(PC)+2→PC (SP)+1→SP (PCL)→(SP) (SP)+1→SP (PCH)→(SP) addr16→PC	×	×	×	×	3	2
	22	RET	((SP))+2→PCL (SP)−1→SP ((SP))→PCH (SP)−1→SP	×	×	×	×	1	2

（续表）

分类	十六进制代码	助记符	功能	对标志位的影响				字节数	周期数
				P	OV	AC	CY		
	32	RETI	((SP))+2→PCL (SP)−1→SP ((SP))→PCH (SP)−1→SP	×	×	×	×	1	2
	*1	AJMP addr11	addr11→$PC_{0\sim10}$	×	×	×	×	2	2
	02	LJMP addr16	addr16→PC	×	×	×	×	3	2
	80	SJMP rel	(PC)+2+rel→PC	×	×	×	×	2	2
	73	JMP @A+DPTR	(A)+(DPTR)→PC	×	×	×	×	1	2
	60	JZ rel	(PC)+2→PC 若(A)=0,则(PC)+(rel)→PC	×	×	×	×	2	2
	70	JNZ rel	(PC)+2→PC 若(A)≠0,则(PC)+(rel)→PC	×	×	×	×	2	2
	40	JC rel	(PC)+2→PC 若(CY)=0,则(PC)+(rel)→PC	×	×	×	×	2	2
	50	JNC rel	(PC)+2→PC 若(CY)=0,则(PC)+(rel)→PC	×	×	×	×	2	2
	20	JB bit,rel	(PC)+3→PC 若(bit)=1,则(PC)+(rel)→PC	×	×	×	×	3	2
	30	JNB bit,rel	(PC)+3→PC 若(bit)=0,则(PC)+(rel)→PC	×	×	×	×	3	2
	10	JBC bit,rel	(PC)+3→PC 若(bit)=1,则 0→bit (PC)+(rel)→PC	×	×	×	×	3	2
	B5	CJNE A,direct,rel	(PC)+3→PC 若(A)≠(direct),则(PC)+(rel)→PC,若(A)<(direct),则 1→CY	×	×	×	×	3	2
	B4	CJNE A,#data,rel	(PC)+3→PC 若(A)≠data,则(PC)+(rel)→PC,若(A)<data,则 1→CY	×	×	×	√	3	2
	B8~BF	CJNE Rn,#data,rel	(PC)+3→PC 若(Rn)≠data 则(PC)+(rel)→PC,若(Rn)<data,则 1→CY	×	×	×	√	3	2
控制转移类指令	B6,B7	CJNE @Ri,#data,rel	(PC)+3→PC 若((Ri))≠data,则(PC)+(rel)→PC,若((Ri))<data,则 1→CY	×	×	×	√	3	2
	D8~DF	DJNZ Rn,rel	(PC)+2→PC (Rn)−1→Rn 若(Rn)≠0,则(PC)+rel→PC	×	×	×	√	2	2
	D5	DJNZ direct,rel	(PC)+2→PC (direct)−1→Rn 若(direct)≠0,则(PC)+rel→PC	×	×	×	√	3	2
	00	NOP	空操作	×	×	×	√	1	1

附录 B

ASCII 字符表

高位 / 低位		0	1	2	3	4	5	6	7
		000	001	010	011	100	101	110	111
0	0000	NUL	DEL	SP	0	@	P	、	p
1	0001	SOH	DC1	!	1	A	Q	a	q
2	0010	STX	DC2	“	2	B	R	b	r
3	0011	ETX	DC3	#	3	C	S	c	s
4	0100	EOT	DC4	$	4	D	T	d	t
5	0101	ENQ	NAK	%	5	E	U	e	u
6	0110	ACK	SYN	&	6	F	V	f	v
7	0111	BEL	ETB	’	7	G	W	g	w
8	1000	BS	CAN	(	8	H	X	h	x
9	1001	HT	EM	)	9	I	Y	i	y
A	1010	LF	SUB	*	:	J	Z	j	z
B	1011	VT	ESC	+	;	K	[	k	{
C	1100	FF	FS	,	<	L	\	l	|
D	1101	CR	GS	—	=	M	]	m	}
E	1110	SO	RS	.	>	N	↑	n	~
F	1111	SI	US	/	?	O	←	o	DEL

说明：

NUL 空

SOH 标题开始

STX 正文结束

ETX 本文结束

EOT 传输结束

ENQ 询问

ACK 承认

BEL 报警符

BS 退一格

DLE 数据转换符

DC1 设备控制 1

DC2 设备控制 2

DC3 设备控制 3

DC4 设备控制 4

NAK 否定

SYN 空转同步

ETB 信息组传送结束

CAN 作废

HT 横向列表
LF 换行
VT 垂直列表
FF 走纸控制
CR 回车
SO 移位输出
SI 移位输入
SP 空格
EM 纸尽
SUB 减
ESC 换码
FS 文字分隔符
GS 组分隔符
RS 记录分隔符
US 单元分隔符
DEL 作废